大贱年

1943年卫河流域战争灾难口述史

王　选◎主编　　馆陶卷

中国文史出版社

图书在版编目（CIP）数据

大贱年：1943 年卫河流域战争灾难口述史 . 馆陶卷 / 王选主编. —北京：中国文史出版社，2015.12
ISBN 978-7-5034-7207-7

Ⅰ. ①大… Ⅱ. ①王… Ⅲ. ①灾害 - 史料 - 馆陶县 - 1943
Ⅳ. ①X4-092

中国版本图书馆 CIP 数据核字（2015）第 297968 号

丛书策划编辑：王文运
本卷责任编辑：李晓薇
装 帧 设 计：王　琳　瀚海传媒

出版发行：中国文史出版社
社　　址：北京市西城区太平桥大街 23 号　　邮编：100811
电　　话：010 - 66173572　66168268　66192736（发行部）
传　　真：010 - 66192703
印　　装：北京中科印刷有限公司
经　　销：全国新华书店
开　　本：787mm × 1092mm　1/16
印　　张：16.75
字　　数：240 千字
版　　次：2017 年 9 月北京第 1 版
印　　次：2017 年 9 月第 1 次印刷
定　　价：860.00 元（全 12 册）

《大贱年——1943 年卫河流域战争灾难口述史》
编 委 会

目　录

路 桥 乡

南徐村乡

寿山寺乡

王 桥 乡

魏僧寨镇

柴堡乡

八义庄村

采访时间： 2008 年 9 月 1 日

采访地点： 馆陶县柴堡乡八义庄村

采 访 人： 刘　欢　陈　艳　王占奎

被采访人： 武富斋（男　83 岁　属虎）

武富斋

民国 32 年没下雨，到了秋后才下雨，粮食都没收。秋后下了几天，房子是土房，没有砖房，房子漏，墙有倒的。五月底、六月尖旱的，旱到秋后下雨，庄稼有长的，有不长的。秋后下了六七天。民国 31 年也不好，31 年、32 年都旱。麦子收了，一亩地收二三斗，60 来斤。挨饿了，咋没挨饿？逃荒要饭，不少。到关外，东南、贵阳、寿张，到梁山好一点了。西边那几个村都尽逃荒，我也逃了，十四五岁的时候。民国 32 年过了秋，在家没吃的，就逃荒要饭，秋后就逃荒了。秋后下雨啥都不长了，麦子耩上了。民国 34 年人回来了，到麦口了，就回来了。

得霍乱抽筋我十五六岁，过了民国 32 年，逃荒回来就得了，一天死八九口人。得霍乱就是吃糠咽菜，瘦了就得了。一会儿就死，我也得了。我后面有个老先生，扎的大筋，流的紫血。扎的胳膊，扎一次就好了。把血放了就好了。逃荒回来得的那病，民国34年春天得的。我不愿意扎，我九大爷摁着我扎的。得那病不知啥事，扎了半个钟头就好了。挤这（胳膊弯），出了血就好了，也不用吃药。扎不出血就完了。在家得的，没到地里去。在家坐着坐着就得了。我家就我和我母亲俩，我娘没得这病。邻居也得了，一天抬出七八个。那时咱小，不记得。有扎不过来的，扎不出血，就死了。扎出紫血，就好了。我们这一天死好多个，埋好多个，他们的名记不清。这病不是长期的，十天半个月就过去了。我就只害过这霍乱抽筋，我一辈子没害过病。灾荒年有病，不是传染病。霍乱抽筋一来是传染，二来是生活不好，吃糠咽菜就得了。

来过洪水，我11（岁）了，日本人来咱村，过了秋。我17（岁）当的兵。后来淹了，1956年一回，11岁淹了一回。民国32年没淹，下雨下得挺大，谷子有成籽的，不成籽的，都淹了。民国26年淹了一回，民国32年没淹，下雨不是下得大，水流坑里了，下雨没人串亲戚。生虫子，用飞机打蚂蚱，没解放，日本人在这了，灾荒年过了。地里生的蚂蚱多了，飞起来看不见月亮。

民国32年我逃西北去了。俺这以前是山东，后来以运河为界，划给河北。我要饭春天去的。秋天回来的。下雨的时候我在家，下雨没吃的了就出去了。日本人还在这。

俺这村可受日本人苦了，咱这村原来叫南广财，后来淹死了8个人，十冬腊月的，冰都这么厚，把冰砸开，把人往里推，他挖坑，男女老少围着墙站着。他往里推，有会凫水的，就跑了，不会凫水的，就淹死了。那一回淹死了8个。那会我20（岁）了。咱这是六区，房寨是八区。日本人来扫荡就往外跑，住在这住。一个区四五十个村，日本人杀人放火，皇协军抢东西，日本人不抢，有什么好衣裳都抢了。日本人他要你东西咋？他吃的东西挺好，罐头、饼干。不打小孩。

武金召

采访时间：2008 年 9 月 1 日

采访地点：馆陶县柴堡乡八义庄村

采 访 人：陈 艳 刘 欢 王占奎

被采访人：武金召（男 82 岁 属兔）

那时穷，年景孬，不上学。我一直在咱村。灾荒年，记得，咋不记得？灾荒年民国 32 年，现在都说公历了。民国 32 年有边乱了，平地里生老杂，日本（人）进中国了，老杂都边乱了，不能过了。一到黑抢东西，家里有二升麦子都被抢走了。庄稼长了都收不成，都被偷了，一黄点就被偷了。没化肥，长不了。一天天扣着锅，老杂还来抢你。收的东西不够吃。天不好，连下七天雨，一个礼拜。没淹。

霍乱抽筋，800 来口人，一天死 8 个。没人治，没医院，就使个偏方，有治过来的。霍乱抽筋，那时就这个名称。得那病一会儿就死，我见过，还抬过，你得买点干的吃，不买干的抬不动。离这十几里地，南辛庄，哪家都有死人。妇女都插个草，自卖自身，不能种地了，地种不上，草长得有房高。都逃荒，没人了。霍乱抽筋，没医院，街里土医生扎旱针。扎胳膊，放放血。有扎过来的，还有扎不过来的。霍乱，跑肚，上吐下泻。湖北有个人来赶集，三十来岁，就死了。下大雨就那一年，七天七夜雨。霍乱抽筋，死得多了，俺家没有，邻居有，想不起那名了。

下雨是六月底，七月边，一个劲，哗啦啦。土房，屋里支个被单，外下大雨，屋里漏。水没淹，地里长庄稼，雪好（非常好），高粱红边。那时论斗，一斗二三十斤。百十斤好年景。家里饿了，吃东西带着壳吃，不熟就吃了，熟了就挨饿了。

那时共产党不执政，老杂还抢。那时种不好，没粪，没化肥。咱这春天里旱，夏天淹。春天旱得很，地没种，那时没井，浇不上。靠天收，那年庄稼长得差不多，没收着，谁不到地里抢？

咱这走了老多人，有下东北的，有上日本找工的。没淹。不下雨了，七八天还在流水，路上也有水。深是不深，洼地淹了。没来洪水，洪水是后来，隔一年淹一回，淹了三回，没解放，那时已经有共产党了。民国32年还归蒋介石，还有奉军，国奉军，大奉军。

蚂蚱才多呢，把庄稼都吃了。那是哪一年？地里挖个坑，里面看着倒。这就是那几年的事，蚂蚱多了，送蚂蚱到北馆陶，一麻袋一麻袋地送，后来不叫送了，臭得不行了。蚂蚱是在日本（人）来以前的。

日本人来了我当民兵了，有枪了。那时我是老大队长，一把手抓生产，党员。我1948年入党，1949年建国，是建国前的老党员。

日本人住过一次，你有什么东西，皇协军都弄走，馆陶县没几个日本人。日本人一说话跟咱不一样，有点口音不带。日本人和皇协军不住一块，出发也不一块。日本飞机没见过，老奶奶见过，白旗红月亮。赶集死的那人叫啥拿不准，是民国32年秋天的事，正下雨的时候。咱喝的是旱井。没烧开，雨水大，井淹了，上河水，没井了。三年淹两回，哪年记不清了。后边淹的时候有日本人了。皇协军还来抢东西，蹚着水过来。民国32年收不能收，种不能种，年景孬。皇协军蹚着水过来，水是漳河水。这村都不能出，蹚着水出去，蹚着水回来。那年没得病，下七天雨那年得病。

俺这打死了8个人，叫八义庄。那8个人的名字我知道一部分，吴怀秀（音）、吴金祥（音）。

采访时间：2008年9月1日

采访地点：馆陶县柴堡乡八义庄村

采 访 人：刘 欢 陈 艳 王占奎

被采访人：武清江（男 78岁 属羊）

这村以前叫南广财，后来叫日本人打死8口人，叫八义村。没上过学，那时咱穷，上不起，要上，现在成大官了。俺想上，娘不叫上。家里7口人，2亩地，那会儿咱是贫农，那时划成分，有地主。后来平均地，平均房，斗地主，吃大房。现在一人种二亩地，那时七个人种二亩地。那时不长庄稼，一亩打三四十斤，人都饿死了。

武清江

闹年景那年一天死8口，我那会儿12岁，我记得呢！我正逃荒，要饭，第二年我13岁回了。灾荒年那年地种不上，天旱，不下雨，尽草地，草老高，没庄稼，地没人种，种不上。天旱，日本人来往，地种一点，也不长，满地尽荒草。天旱的时候麦子还没收。后来又下雨了，啥时候下的记不清了。靠天吃饭，天不下雨什么都种不上，好年景收四斗，最好的年景也不够吃，咱没地。地主家吃高粱面、花卷。麦子都没得卖了，我饿得走不动了。咱这饿死了很多人，多少记不清，那时小，光知道饿死人。妇女头上插个草，自卖本身，哪个给她买点馍，她就跟着走。

还有病死的，霍乱，霍乱抽筋，说死就死，那时没医院，看不起，得这病的人不少，都大人得，没小孩，现在尽孩子，那时没小孩。逃荒要饭的，自己还供养不好，还要孩子？我见过一个得霍乱抽筋的，他叫宝来。他是个官，得病是后来，躺炕上，“哈，哈”，嗷嗷叫。咱后街上有个土先生，在胳膊上扎，没血，没好，他得的病快。他是个干部，吃了点肉回来，到黑，一会儿就不行了。他光躺炕上。霍乱抽筋咋样咱不知道，听大人说的，那时得这病的不少，现在的人比原来多两倍半，原来光死不生。

咱村逃荒的多，除地主中农不逃，其他都逃荒，要饭。扛着柜，卖掉，换上粮，走了，往枣庄，东南，一到城外，走路上，你来我往，都是人，尽逃荒的人。咱爹、咱娘、俺妹妹在家，后来有个人要人到关外，叫我找几个人，给他钱，俺娘、俺妹，到关外，卖了当工。他们往关外，俺往东南，孩子给人家了。逃荒往哪边说不准，大部分往东南，河南。我见到黄河，黄河有个大堤，堤里没水，黄河淤，淤到上头了。

黄河跟运河不一样，运河不宽，水清。黄河很宽，水少。河没头，海没边，看不到边。走的时候不知道还有没有，回来的时候没有那病了。回来麦黄了，新粮食下来了，吃得可高兴了，慢慢地日子就过来了。

蚂蚱，过蚂蚱那年才厉害呢，满地尽蚂蚱，有会飞的，都盖严天了。地里没茬，光棒。那边有个飞行场，飞行打药，那时没日本人了。

灾荒年那年没蚂蚱，地里啥也没有，没生蚂蚱。地没种，长草了，没蚂蚱，没下雨。上水啥时候，忘了。1956年、1953年上水了。

逃荒那年下过雨，下了挺多，雪滑，日本（人）逮我的人，跳坑，挖个洞，码着人，就一尺，坑里水哗哗的。跳坑先问你八路军的枪、子弹、公粮，都说知不道，知不道就叫跳坑。皇协军干的，日本人没干。日本人后来孬了。他亡国（战败）了，就回去了。“三光”政策，抢光，杀光，烧光。皇协军多，日本人没干，日本人在后面跟着。日本人跟咱一个模样，就说话不中，听不准。皇协军尽外村人，他当皇协军还穿咱衣裳，日本人不穿，穿呢子，戴个铁帽，穿皮靴，擦得亮亮的，走路当、当、当。他跟我说话，我听不懂，要走。他拿枪挡我，不让走。他一伸手，我懂了，要东西，给他了，他放了我，皇协军把我抓了。

日本人飞机尽黑飞机，高粱都熟了，天上都飞很多，没撂炸弹，往前飞。灾荒年还在这。日本人不吃咱东西，好也不吃。皇协军把我抓走了，一车车尽拉来的东西。人都偷着吃，我饿了，我也偷着吃，他不知道。后来来了个日本人，拿本书在那看，就不敢吃了，他是个官。

抢东西不是日本人抢的，尽皇协军抢的。他抢，日本人不抢，光打仗。灾荒年没给咱东西。灾荒年那年吃水钻井，那时水浅，这会水深。日本人也吃咱水，东西不吃咱东西。好他也不吃。灾荒年上水没有记不清了，上大水那年棒子雪好。光记得淹了几回，1963年水深。

北阳堡

采访时间： 2008 年 9 月 3 日

采访地点： 馆陶县柴堡乡北阳堡

采 访 人： 石兴政　高灵灵　樊祎慧

被采访人： 郭蓝岭（男　80 岁　属蛇）

郭蓝岭

我叫郭蓝岭。

民国 32 年都饿得没法，死的死，逃的逃。灾荒年那年天气不咋样，有皇（协）军。家里有粮食都埋地下了，不敢做饭，谁家冒烟皇（协）军就上谁家去。我让皇（协）军逮着了，在钉子里待了好几天，不拿钱不让回。都把人活埋了，不拿公粮就活埋，让人自个儿挖坑。路桥白纪文、李纪贵一直没回家。

民国 32 年天旱，闹年景，马店成人市了。饿得都上别人手里抢东西吃。不记得下雨、上河水的事了。有得霍乱抽筋的，八路军马连长在我家住着。他是第一个得的，没死。村里死了有 20 多个。扎针，要出血就好了，不出血就好不了，轻的出红血，重的出黑血。抽筋时上河水了，在水里挖坑，埋人，后来有让水冲走的。下了七天七夜的雨，五月左右下的雨。到后来又来了河水。下雨时有人得霍乱。先有霍乱，后来上河水。

蚂蚱多，天上飞得把天都盖住了。

大队里有人来调查过霍乱。

柴庄村

采访时间：2008 年 9 月 2 日

采访地点：馆陶县柴堡乡柴庄村

采 访 人：刘文月　孟祥周　朱洪文

被采访人：阙灯朝（男　82 岁　属虎）

阙灯朝

我叫阙灯朝。记得灾荒年的事情，那时候我十六七（岁），大灾荒不下雨，地里旱，（民国）32 年不收。过年都没下雨，春天一直没有雨，旱到七月二十几，到后来下点，下得不大，下了没多会儿，时间不长。河里没有上过水，离河远。说不上来有没有雨。

旱灾时死了不少人，饿死了不少，俺爹娘都饿死了，俩兄弟要饭走了。那时候村里 500 多口人，反正死了不少，还剩下 300 多（口人）。吃树叶、树皮。有病死的，霍乱抽筋。八月里，下雨之后得的霍乱，霍乱厉害了。死了几十口子人。霍乱抽筋，肚里没饭，天潮地潮，得病就死，不知道传染不传染。霍乱闹了俩月。那时候饿死了。家里人没有得霍乱。都没钱，治不起，那时候喝井水，不是喝水喝的，是饿的。

地里没有闹过蚂蚱，没来到这儿。

那时候逃荒的不少，都逃到运城、鱼台。我也去逃荒，我去北京西北，我民国 32 年 11 月去逃荒，去那儿待了一年，第二年我就回来了，家里（人）都死了，就剩下我自己。饿死的饿死，逃荒的没有回来，我两兄弟没有回来。上南边逃荒去了，也不知道活没活着。

采访时间： 2008 年 9 月 2 日

采访地点： 馆陶县柴堡乡柴庄村

采 访 人： 刘文月　孟祥周　朱洪文

被采访人： 许玉成（男　85 岁　属猪）

许玉成

我叫许玉成。我上过两年小学。记得灾荒年的事情，民国 32 年，闹的旱灾。旱到七月初六七，立了秋之后才下的雨。民国 31 年、32 年都旱得厉害。31 年不收，32 年大灾荒，稍微收了一点，都剪高粱尖吃，民国 30 年就旱，半收。死了很多人。那时又是没啥吃。雨一共下了六七天，粮食有毒。当时村里有 400 多口人，死了一二百口子。有病死的，请不起医生，吃不起药，连饿带有点病。霍乱不少，是一种毒气，吃糠咽菜生毒。七八月，下雨以后起的霍乱。

下雨的时候，洼地也淹了一部分，啥都不能种，庄稼还种啥，立秋那时候能种点萝卜、荞麦。俺家还种了七八亩萝卜，种萝卜也晚了。

河水淹那旱。有大堤，淹不了地，1937 年上河水比较大。1937 年、1939 年、1956 年都上过水。民国 32 年没有上过水，河里有水，没有淹地。

霍乱到了冷了以后就不闹了，阴历都十月了，阳历都十一月了，霍乱死了不少人。那一年俺老奶奶死了，都 80 多（岁）了。俺家没有饿死的人，俺家做点买卖。我还跟公家吃，吃棒子。我就得过霍乱，八路军的后方医院就住在这儿，医生都挺好，打针吃点药就好了。那时候是 1943 年。我那时 20（岁）了，后方医院就在这驻着。后方医院没有那么大力量，住的人也不多，住两三个人。不是说得病都给治，敌人挺疯狂。日本人在这安炮楼，都不远。张骞、路桥都有钉子。

得霍乱死的人不少。饿死的三分之一，得病死的人多。得霍乱以后挺快，要不看，一天就死了。我下午得的霍乱，在地里种啥不记得，得了霍乱就不能动，二大爷在地里种瓜，都在地里，说病就病在地里了。不能动，挺厉害，生活不大好，吃糠咽菜，不是说吃什么东西，都是生活不好，生的毒气。我得霍乱以后也不吐也不泻。别人、医生都说是霍乱，一家有死好几口子，可能有点传染。那时候都钻井吃水。

闹过蚂蚱，过了灾荒年第二年闹的，那是1944年，挺多。过河，东边离河也不远，十几里地，卫河。头麦收开始闹的，时间不是很长，西南过来的到东北，不是说从小在这儿生的。

有往外逃荒的，不多，有六七家逃的，二三十人，上南边，阳谷、寿张。有的卖儿卖女。有到金乡、鱼台的。我没有逃过，我出去过，给家里卖棉衣服、铺盖啥的。上外边换点粮食。上阳谷去过两趟。那边是好年景，那时候上交很少，都叫分了，都是年。

那时候，日本人都挺疯狂，来的时候比较少。炮楼离这十几里二十几里，他不敢来。一般是搞"扫荡"，集合几个县。日本人在这儿杀过人，有烧死的，在地瓜窖里。拷打，死了两人。打仗埋了四五个。麻集有老人卖孩子，东边弄到坑里。日本人在这儿住过一次，打了几个人。有日本（人）有皇协军。皇协军来抢东西。土匪都是1937年一事变起来的。土匪也有几百成千的闹的。范筑先，范司令收了十几个纵队，范司令死了以后都散了，投日本（人）去了。

采访时间：2008年9月2日

采访地点：馆陶县柴堡乡柴庄村

采 访 人：刘文月　孟祥周　朱洪文

被采访人：许玉河（男）

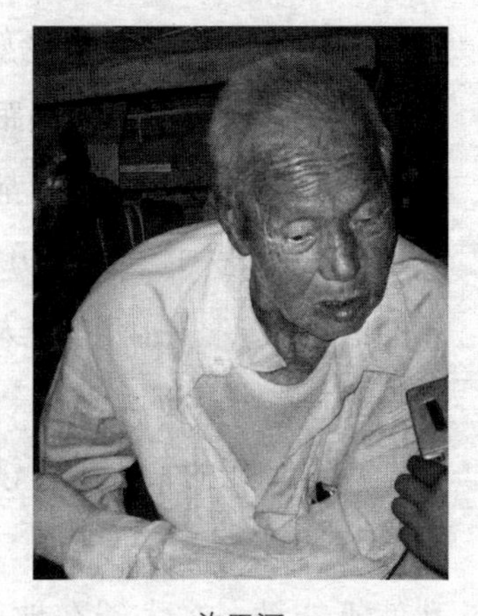

许玉河

我叫许玉河。我耳聋，听不见。民国32年大灾荒，受灾多了我去逃荒，逃到邢台要饭。霍乱抽筋，扎针，扎过来就活了，扎不过来就死了。后面有个做活的会扎。我弟兄三个都不好，都病了。俺哥死了，浑身扎，治不及，死了。我兄弟眼瞎了。现在享福了，那时候遭罪了。那一年上水下大雨，在地里耩棒子。逃荒的人不多。给人家干点活。俺表哥、姑、大爷一块去逃荒。

闹过蚂蚱，生了一地蚂蚱。在地里挖沟。打蚂蚱，谷子一会就被吃光了。三亩谷子吃光了。不知道闹了多长时间。

东富庄

采访时间：2008 年 8 月 31 日

采访地点：馆陶县柴堡乡东富庄

采 访 人：石兴政　高灵灵　樊祎慧

被采访人：焦海岭（男　80 岁　属蛇）

焦海岭

我叫焦海岭，今年 80 岁。我 16 岁当的民兵，17 岁（1945 年）入党，19 岁结的婚。日本鬼子来了，谁家有闺女都赶紧嫁出去。白天睡觉，晚上跟耗子似的出来打游击。晚上不敢在家里睡，怕被堵在家里让逮着。

民国 32 年在家里，人得霍乱抽筋，上哕下泻。上河水，涨的都是水，人死了，没法往地里埋，都埋在院子里。

八路军挖了沟，六尺多，村与村之间都是沟，看见日本人来了，就往沟里跑，日本人看不见。

那年发大水，东边卫河上水，阴历七月初。一下雨河水就涨。先发的水，又下的雨，从大堤上漫上来了，堤有五尺高。发了河水后没几天，就有人灾（霍乱）了。

我那时挂个小布袋，天天在树上摘杨叶，用水炸炸就吃。糠拿水拌拌，用手捧在篦子上，蒸蒸就吃。有饿死的，有逃荒的，下东北黑龙江，有得霍乱死的。那时就是地主、富农也没见过白面，就吃高粱。连饿带冷，没营养，就得了霍乱，吃的都是树叶。四周都是水，没法出村。来水之后又下的雨，比较小，下雨时河水还没下去。雨经常下，有大有小，下一个钟头两个钟头就不下了，有时隔一两天又下，下雨时也有得霍乱的。有病的话，打针吃药都有不好的，那时候有病还喝生水，吃树叶，能不死吗？到九月没霍乱了，我祖父九月初九死的，叫焦全祯。有一个人把我祖父抬到地里后，回来就死了，是李秉权之兄。我祖父当时也是上哕下泻。李士和家里死了三口，他祖母、他父亲、母亲都死了，埋在院里了。霍乱是水来以后来的，九月份没的。当时得霍乱死的有9个，这9个都是在家死的。李青泰的母亲、妻子、闺女都死了。

民国34年闹的蚂蚱，春天时闹的，32年没闹蚂蚱。民国32年上半年旱，六月份来的河水。来了霍乱，又下雨，九月霍乱没的。

民国32年在南馆陶卫河开的口子，民国26年、28年、1956年、1963年都开过口子。

采访时间：2008年8月31日

采访地点：馆陶县柴堡乡东富庄

采 访 人：石兴政　高灵灵　樊祎慧

被采访人：刘茂梅（女　81岁　属龙）

刘茂梅

我叫刘茂梅，今年81岁。六七月份旱，人们敲锣敲鼓地求雨，有上外面逃荒的。那时霍乱抽筋死好些人呢。下雨下的得病，扎针放血，扎不好的就死了。九月份（阴历）得的霍乱，天冷了，上水之后，河里淹的。河开口子，都淹了，房倒屋塌。那时种的高粱，我那年16岁，就是那年娶（嫁）的。那年日本人不上这儿来，光去大村。炮楼在河东里，在南徐村。不知道多少人得了霍乱。

采访时间： 2008 年 8 月 31 日

采访地点： 馆陶县柴堡乡东富庄

采 访 人： 石兴政　高灵灵　樊祎慧

被采访人： 张长山（男　78 岁　属羊）

张长山

我叫张长山，今年 78 岁。那年先旱后淹，有日本人来捣乱。逃荒要饭，妻离子散。旱了半年，上半年旱，下半年淹。有日本人搅乱，不叫人好过。淹是下雨下的，不是河水。下的雨大，地里全是水，埋人的时候用脚踩，踩出坑来就把人埋里边了。得霍乱抽筋病死人，生活不行，生活上跟不上，才得病。有医生给扎针，放放血，能扎过来，有扎好的。医生是村里的土医生。得霍乱死了不少人。那会儿我八九岁，还记得人都吃树叶，吃柳叶，榆树都拔光了，吃椿叶。那时人饿死的饿死，还有下河南逃荒的，去黄河边，跑到哪儿的都有。

那时我家在西北边的匣庄，那时有上千口人，灾荒年过后也不知道剩多少人。那会儿我家七八口人都没有了，就剩下我、我妈还有我哥。老的老，小的小，饿死的饿死。我父亲那会儿正饿着，饿死了。两个妹妹也死了。灾荒年那年东边卫河半槽水，后边淹是雨水下的。那雨不小，下了个数月，哩哩啦啦的。下雨时就有霍乱了。

那年见过日本人，我跟日本人还打过交道。我去要饭，他们说我是探子，我说我是要饭的，去儿寨要饭。

那年有蚂蚱，不少，满天飞，一群一群的，不知道从哪飞过来的。年景不强，蚂蚱成群呜呜地往北飞，跑高粱穗上吃高粱。谷子有秀穗的，有没秀穗的。蚂蚱都吃，是六七月份吧。闹不清那时下雨了没，闹蚂蚱时地上湿，什么时间也闹不清。不记得日本人撒毒东西。

樊　堡

采访时间： 2008年9月2日

采访地点： 馆陶县柴堡乡敬老院

采 访 人： 朱洪文　孟祥周　刘文月

被采访人： 韩凤州（男）

韩凤州

我叫韩凤州。我是樊堡人，记得过贱年的事情。那时候都饿死了，往北饿得都没有人了，邱县那边。没有粮食。钉子还天天来。地里收，不能干，皇（协）军在那儿。死的人都没人埋。皇（协）军一个劲来，地不能种。地里收得少，那时候三年不下雨。民国32年后来就种荞麦，收了老些荞麦。下雨那时过了伏天，下的雨不小，下了七天七夜，房子都弄塌了，谁家都漏。下雨之后没有淹过，河里水涨了。

民国32年生蚂蚱了，到八月生蚂蚱，高粱上老些蚂蚱，第二年就没有蚂蚱了。1956年、1957年飞机打药打蚂蚱。

闹灾荒前有500多人，闹灾荒后就没有多少人了，死得不清。那时候有霍乱，得霍乱的不多。俺爹俺娘都得霍乱，都没有治过来。连扎针带吃药。霍乱抽筋不知道怎么得的。

逃荒的才多了，往南。闹霍乱是八月来，下大雨下的。到第二年霍乱就好了。那时候都去河南逃荒。我没有去逃荒，家里除了父母还有一个兄弟。下着雨就有霍乱，医生都扎不及，不知道扎哪儿。

日本小鬼子老上村里扫荡。往北有钉子，日本鬼子围个大圈包围起来。三中队是馆陶县领导，和日本人打。

郭马堡

采访时间： 2006 年 7 月 17 日

采访地点： 馆陶县柴庄乡郭马堡

被采访人： 赵林之（男　80 岁　属兔）

日本人来的时候我才十一二岁，日本（人）走的时候才十九岁，到馆陶县的时候才十几岁，这个庄住过日本人，有多少说不准，开始的时候没皇协军，在别村有炮楼，这村儿没有，往西 20 多里有。日本人不抢东西，他带着的中国人抢东西，看见好的东西就抢，日本人在东北打死的人多。八路军来了，日本人就不来要粮了，皇协军来一次要一次粮食。八路军来的时候我也就十多岁，日本人不杀人，皇协军杀人。日本人到我家不敢进屋，把我喊出来，看我长得高就敲了一下，呼呼地流血。日本人不打小孩，皇协军在外边杀国人，但杀人也不多。土匪有一个俩也不多，北边是王来贤的兵，是北馆陶的，南边是吴祖修的兵，是南馆陶的。后来他俩都投了日本（人），哪个城市没人，他们就占哪个城市，八路军来了，皇协军、日本人就光占城市不出来。

八路军来的时候一排一排老些人的，把没人管的孩子放在马上就驮走了，给他们饭吃，让他们当通讯员，八路军要小米，棒子面也吃，八路军也给百姓要粮食，后来这里就成了根据地，这里的八路军是三中队，枪法很准，一枪打一个，三中队是县大队的，两个是一个部门。八路军经常招人，经常打一段不见就死一半多。八路军一来把地就分了，百姓吃饭就好了，日本人在的时候百姓都没地。

民国 32 年饿死的人很多，都在北边马路上，都逃荒，八路军已经过来了，成了根据地了。民国 32 年大旱，地里颗粒无收，那时候没井，八路军过来后才教给打井。民国32年八路军没来。

下了七天七夜大雨。下雨时在六月底快七月了。那时候我没在馆陶，在别的县干木活。春天就走了，那里也下了大雨，下雨的面积很大，得霍乱死了很多。我过了秋就回来了，回来后村里老人死了不少，回来后霍乱病就过去了，这病是没啥吃没啥喝饿的。五六月六七月得这病得多，我是秋后十月十一月回来的。得这病上吐下泻，听别人说是这样，老人死得多，治好的都吃中药。

民国32年没上河水。

后罗头村

采访时间： 2006年7月16日

采访地点： 馆陶县柴堡乡后罗头村

采 访 人： 杨文辉等小组成员

被采访人： 王维铎（男　92岁　属兔）

我4岁没了母亲，跟祖母、爷爷过，跟父亲就俩，净挨饿，东南河泊地净沙土岗子，有十来亩地，一亩地打五六十斤，耩点麦子，都屯住了，不长，地归群众所有。不够吃的，要饭，上河东要饭，爷爷、奶奶做小生意，做豆腐到河东卖，有摆渡船，来十次摆十次，来五次摆五次，赚个豆腐渣吃。我跟人家做活，跟人家轧花，使脚蹬，嘎嘎嘎，一天五毛钱，轧花时我才21岁，卖葱、韭菜，河东有开菜园，在河东罗头卖了，在罗头、要庄买，俺爷爷给我寻了个媳妇，13（岁）结婚，我媳妇16（岁），俺两家好结的亲，结婚后跟父母过，五个儿子一个闺女，有3个孩子时爷爷去世。我给人家做活，媳妇给小孩做饭，凑合着过，我给地主轧花，他买的轧铁。

那时土匪可多啦，腊月（的一天）下午4点钟来，日本（人）还没来，俺父亲借的窟窿叫我还，利息2分、2分5等，有经济、镇上摆摊的都收，我不给他干活啦，就撑船去啦，下水撑篙，向北到天津，向南来拉纤，我这辈子没好过了。

民国32年闰三月，我替北馆陶人家地主当兵去啦，在北馆陶训了3个月，就不训了，训练军队练枪法、步法、刺枪、打拳、刺刀，为了这个嘴，训了3月就回来了，在那合操练枪法，是为了跟日本拼刺刀，连长问："弟兄们学会敢打日本（人）不?"训练以后日本（人）从关外哈尔滨进入关内了。

民国38年（日本人）来到这个村，北馆陶、林西、南馆陶有，逮着社员的鸡就煮煮吃，不讲理，待见小孩，梨膏，他说："sato（糖），我的小孩，我的sato大大的有，我的tabacco（香烟）大大的有，你的xin jiao mi xi mi xi好好地，你的ba ji的有。"

咱这村小，靠河边，那时还有分队的，我1939年2月25日参军，跟山西过来的两分队30多个人，每枪5个子，光跑，三八五旅到油坊北边，三八六旅第一个县到宁津，第二个县到馆陶。我参加三八六旅，当兵站岗、学操、刺刀，连长王春芳是四川的，他一比画我就会。日本（人）后来把咱这边的机枪射手打死啦，叫我当机枪射手啦。在广平县、大名，二连把守广大路，三连把守馆丘路，四连把守威县，监视炮楼。民国32年跑到泊平、清平，离济南300里打，陈官营、临清以东，离这300里地。皇协军跟八路对头就打，到村里孬东西不要，替日本人当走狗，好东西给他孩子老婆。

天下雨，我这个连120口子人，没吃过馒头，没粮食吃，光吃马肉、牛肉，给老百姓两个钱不白吃，八路军的票叫边区鲁西票。

民国32年没下雨，没收粮食，庄稼人连个命都保不住，五六月有雨，六月（阴历）下得大，我在单县住了一年半，房都漏了，邯郸过来的水，水从西边过来了，我们村不睡觉了，挡水。

我这个村霍乱死了，500口子人剩了250、300口子人，又得病，再饿，就死了。下雨以前得病，扎针，村里没医生，还得找，花钱还没有。

茌平、博平、清平也有得的，在茌平，把百姓集中一起，脱掉裤子，取大便查有没有霍乱菌。我被打死也好，就不能受他（日本人）的气，我有枪敢跟他干，咱这边有侦察员，他那边也有。

以前没有霍乱病，民国32年、33年得开霍乱病了。

马店村

采访时间：2008年9月2日

采访地点：馆陶县柴堡乡马店村

采 访 人：王占奎　刘　欢　陈　艳

被采访人：武洪明（男　78岁　属羊）

武洪明

我上学有限，上了几年学，初小毕业，没上过六年级。民国32年逃荒，咱村往北，关外、山西、梁山、齐河都有人。一个是旱，不能浇。

这村就没给日本人纳过公粮，他（日本人）来了就奸淫烧杀。那北边村要公粮，不止要一次，都要穷了。咱那时旱，收得少，或者不收，就那年旱，皇协军不知要多少次呢。

灾荒年主要是旱，下雨不济问题，该15天下一次，它两个月才下，那不管用，那粮食收得少。小麦耩上了，因为旱没收，旱了它长不起来。那也不是一年的事，旱得狠了，耙沟，往沟浇水。抢种不能抢收，总句话来说，浇地才好了。那（时）不兴浇地，麦子、高粱100斤左右，收不多，又不兴化肥。咱这离卫河二十里地，卫东卫西两条河，不能浇，没机器，一个县没个汽车，没三轮。

那年饿死人的不少。那时800人，饿死130（人）。就1943年时候。往东往西往北都有逃的，都那年，没收就走了。我才13（岁），记不很清。能一天跑？都回来了，在外待一年就回来了。1944年就好一点了，第二年日本（人）就走了。

霍乱抽筋，那也是人肚里没饭，肠里没油。下雨下了七八天，那高粱正熟时下了8天，人吃生粮食跑肚，拉拉拉，死人，那年死100多（人）。那咋死的？又没人打，病死的。现在人吃生粮食也跑茅子，肚子胀，拉肚子啊！我见过少？我三大爷得这病死的。也有治好的，在大筋那扎。这病就一个秋季，来年就没了。俺大爷，武金峰，那年他不超过40（岁），在家得的病。他主要是吃新粮食吃的，八月得这病，得病就死了。

上过水，灾荒年没上水。往前日本1937年进中国，1939年上一次吧，那年不小，在街上流了多半。日本（人）来了没在咱村住，杀死8个多，应该不带秋贵他爷爷。杀人放火，那时他不要东西，他“扫荡”，找八路，八路能，他找不到八路。穿黄军装。白大褂？那是医院里。日本飞机，那时西南炸过一阵。牵马头天回去了，第二天过来炸了。

蚂蚱就是这个时候，吃棒子，吃谷子，有的也挡不着不生，有的很厉害，他那都是庄稼熟了就没它了。那时可是吃庄稼，麦子收的时候也生过，高粱熟也生过，那是后来了，记不清哪年了。

采访时间： 2008年9月2日
采访地点： 馆陶县柴堡乡马店村
采 访 人： 陈　艳　刘　欢　王占奎
被采访人： 武同忠（男　77岁　属猴）

武同忠

那年（民国32年）主要是旱，都没种上地，春天没种上。先旱后涝，下雨下得成灾了。谷子、高粱收了一点，七月份下雨。日本鬼子在这，炮楼离这五里地。咱这是解放区。

下雨下了七天七夜，屋漏，人得了霍乱抽筋，上哕下泻，抽筋，死的人不少，一天死8个。我见过得这病的。我那年12岁，那年咱村死了120多口。主要是老人，时间就和现在一样。雨下了七天七夜，地里没存水。咱这村东边高，西边洼。旱到了六月，后来下雨了。粮食不够吃，伪军还抢。我家没得霍乱的，就一个叔叔，饿的。他有点傻，在家得的病。

那年谷子，高粱种上了，没收多少。有逃荒的，我也逃了，逃济宁去了。我是秋后，冬天去的，第二年割麦回来的，日本人不张狂了。我和姥娘去的，姥娘死那了。逃荒的有往东北的，往山西的。各找门路，哪有水往哪去。

民国31年生的蚂蚱，高粱叶上一把一把的，盖严天了。村长叫逮，咱这有民兵，共产党，他们组织的。民国31年收得不好，有蝗虫。

霍乱是民国32年七八月的事，九月最严重，有土先生，拿锥子锥大腿根。有的扎好了，有的扎不好。我那叔叔叫武洪顺，那时30岁了，他得的晚，10月份，死得快，第二天就不行了。赵明生（音）他娘、他爹、他奶奶都是得这病死的，八九月份死的。

共产党那会儿没露面。我爹就是日本人杀的，一天杀八九个。他问你要枪，给他就不杀。日本人长得跟咱一样。1943年在这扎营住了8天，多少闹不准。日本人穿黄军装，没穿白大褂的。日本人没得霍乱的。这主要是生活问题，人家吃得不孬。咋村那时900多人，灾荒年过了（还有）700多人，死了120多人，还有逃的，还有被日本人抓去做苦力的。

采访时间： 2008年9月2日

采访地点： 馆陶县柴堡乡柴庄村

采 访 人： 刘文月　孟祥周　朱洪文

被采访人： 张成凤（女　80岁　属蛇）

我叫张成凤。民国32年灾荒年，那时候没多大，我十三四岁，那时

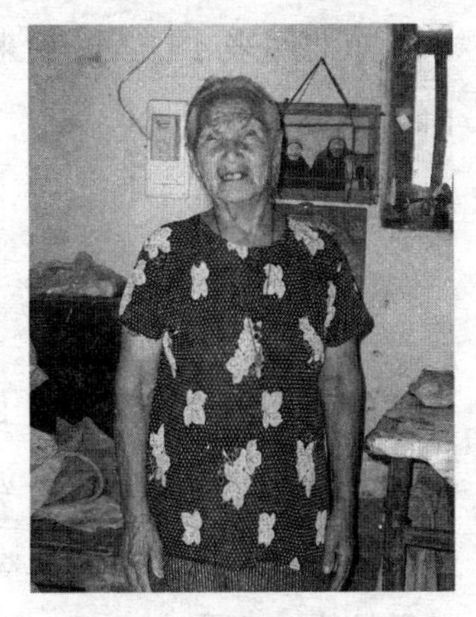
张成凤

候把人都饿死了，地里不收，不能浇，把人饿得东倒西歪的。都去南乡做买卖，弄点吃的。那时候我差点被俺娘卖了，我在马店，那时候天旱，地里不收，一年都旱，一亩地30多斤就是多的，没（化）肥，光靠天。

不知道什么时候下雨，第二年才下雨，不知道是几月下的，记不清。下雨天下得不大，下了七天七夜。

人都没有饭吃。死人都没有人埋。当时饿死了好几百个，马店那时多少人，我小不知道。先饿死，后来下雨，没有饭吃，来霍乱抽筋，老些人得，死的人不少，可能是七月下的雨，民国32年后半年下的雨。

这里没有上河水。霍乱闹了老些天。得了霍乱，跑茅子、泻，连吐带泻，一会儿就死了，地里湿得不敌。有医生，治不及，用针扎，吃药也有治过来的。扎扎，扎哪不知道，再吃点药就治过来了。

俺家没有人得霍乱，也没有饿死的。有集，河南人都上这儿来卖东西。老杂、日本人抢、砸。一村人烧死了13人。把人都烧死了。

吃红薯，树皮都吃。下雨下的，肚里没饭。那时候喝井里的水。

没有听说过日本人投毒的事情。日本人修那炮楼，天天"扫荡"，吓得俺成天地跑，在高粱地里睡。蝗虫也有，老些了。我去我老奶奶家去，在东北。是这个县的，不知道哪个镇。那日本人不打那一块。那是根据地里。俺家都走了。天上、地下都满满的，庄稼一夜就吃了，那时候种棒子刚出穗。记不清啥时候，不是过贱年的事。老些蚂蚱，有日本鬼子扫荡，蚂蚱闹了没有多长时间。

那时候逃荒的多，都去南乡河南、东北齐河。我没逃，村里逃荒的一家家的，都逃走了。那时候弄个小平车，木头的，挂着东西，在路上要饭。老杂多，不抢东西，抓人，让人拿钱去赎。皇协军抢东西，从东北来的，假皇协军，也是中国人。那时候老毛子不打人，让他吃喝就走了。后来从东北回来才打人，后来叫八路军打走了。烧人都是皇协军干的。土匪白天不见，夜里才出来。老毛子一闹哄，土匪就多了。后来就有正规军了，把日本（人）打走了，日本人和八路军成天打。

采访时间： 2008年9月2日
采访地点： 馆陶县柴堡乡马店村
采 访 人： 王占奎　刘　欢　陈　艳
被采访人： 张克亮（男　74岁　属猪）

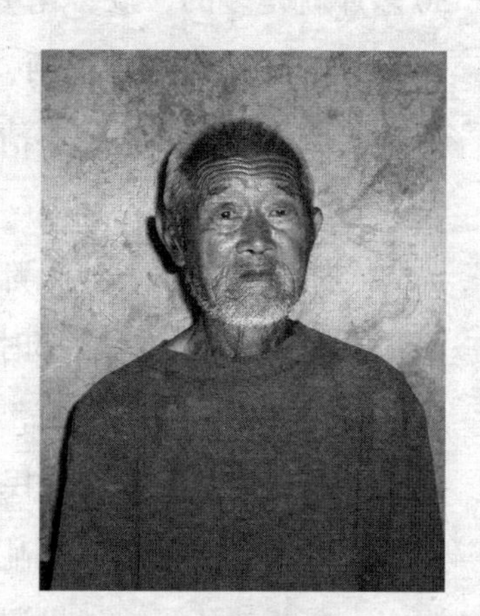
张克亮

民国32年，我记得。老天不下雨，从正月就不下，到了秋后，下得房倒屋塌，还有抽筋病，死的人没数，搁那没人埋，得了就不中了，扎针扎过来。天旱，旱到七月里，庄稼半收。

日本人过来就是抢。这尽钉子，皇协军、日本人都在那住。你不能动烟火，一动烟火看见就过来抢。四分队在这住，那时八路军不得力，你一来他就跑，一来就跑，背着小米。不敢动烟火，收谷子，挖点谷子，换个煎饼，自己不敢做，一动烟火他就过来抢。

民国31年尽吸大烟的，鸦片战争过来的大烟。馆陶县县长，姓刘的，见到吸大烟的就排（音，拿枪打死），排了老些人，你偷点东西他也排。俺家有吸大烟的，瓦房、好房子全都卖了，卖了吸大烟。俺家里爷爷吸大烟。民国32年不吸了，吸海面了，海面，白粉。海面也是外国来的。我也吸过，我有病，心脏病，天转地转，吸点就不难受了，好东西，贵。我没上瘾。俺爷爷民国32年死了，家里旁的人没吸的。

秋里下雨，下了七天七夜，八月十七开始下，那会儿没这房，下的房倒屋塌，墙都倒了，光剩前面。还有抽筋病，那时没柴火，下了七天七夜没柴火。人住哪？在家搭个被单，在地下躺着。得那病用针扎这（胳膊肘)，你要不出血，那就完了，出点血就好了。那病就喝了哕，哕了喝，光喝凉水。

民国32年淹了，水不大，民国32年淹了一回，秋天淹的。一下雨淹的，运河开口子，南边，漳河。得霍乱正下雨，这病到了腊月才下去。

逃荒的多了，死外头的也不少，没吃的，卖闺女。都往济宁、金乡、鱼台，都往山东逃。都是十腊月，耩上麦走了，死得不少。

有蝗虫，都盖严天了，就那年，麦子黄了，蝗咬麦，把麦头都咬了，麦子收了，收得不好，那会儿四月份，都盖严天了。我没吃的，逮蚂蚱吃。蚂蚱过了秋过去的，下雨后。蚂蚱过了秋来的。八九月来的蚂蚱，那时还不冷。

采访时间：2008年9月2日
采访地点：馆陶县柴堡乡马店村
采 访 人：陈 艳 刘 欢 王占奎
被采访人：张振生（男 82岁 属龙）

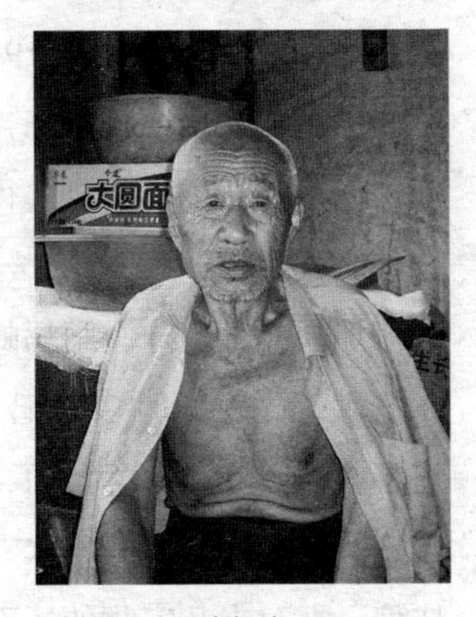

张振生

灾荒年我14岁，16岁逃荒。那年好多人都逃荒了。收得不孬。几月份逃的说不准，1943年那会儿这还有人市。有谷子、高粱，粮食收了，叫日本人弄走了。有水灾，到后边淹了，西地那边进水，大棚那一人深的水。后来上河水了，运河，东边馆陶那开的口子，我记得是六月，地里一人深水，谷子都冲走了，俺院里半人深水，南馆陶开的口子，那水淹老远，粮食都淹了。闹饥荒了，有死人的，得水肿病，没吃的，那年我16（岁）了。

民国32年我逃荒了，我上河南了，在那住了两年。民国32年里十腊月出去的，那时咱这已经发水了。在那住了两年，18岁回来的。我爷儿送我去的，送我到那去他就回来了，我在那要饭。俺父亲、母亲在家。俺奶奶是俺后奶奶。这要饭的不少，邢台、金乡、鱼台、济宁的都有，都是十来月走的，七八月走的，走了多少说不清，老的、少的都走了，都逃荒了，在家没吃的，秋粮没收，地种不上，没人种。我灾荒年走了。逃荒的往南逃的多，往河南，那没上水，就这上水。运河开了口子，水涨了就开口子，水雪高。哪来的水不清楚，那水不是下雨下的，六月上的水。那年下雨了，下雨下得房倒屋塌，阴了好多天，几月下的说不准。

有好多人得霍乱病，得那病的不少，这病传染，饿的，冻的，下雨下了好几十天。霍乱病是咋的？霍乱就是不得劲，难受，抽筋。吃蜜枣管这个病，吃了挡点事就完了。死的人不少，死多少闹不清，那时还小。枣是公家给的，八路军给的。咱这七里地就是炮楼。我见过得霍乱的，连下雨带饿就得了，几天死的说不清。得那病难受，身上胀，腿、脸、身上都胀，那叫水肿病，就是1943年的事，几月份说不清，水下去了。有水的时候也有那病，连饿带冻再有雨，水没来的时候没那病。那会儿都叫霍乱病，俺不知道传不传染。得那病的不少，俺这村里都有，咱家没有。得霍乱那时我走了，我16（岁），啥时候消下去的说不清。

那会儿没蚂蚱，闹蚂蚱是后来的事，都盖严天了，玉米叶、高粱叶上一把一把，我那时多大记不得了，我回来了。1943年春天天气咋样，我记不很清。80多（岁）了，我那会儿才十几（岁）。麦子收得不多好，一亩地收几十斤。那时吃水有钻井，家里有井。那时年年旱，不下雨就不长庄稼。那时十几家收的还不如现在一家收的。日本人也来咱村扫荡，汉奸抢东西，啥都要。外村没来咱村逃荒的。

采访时间： 2008年9月2日

采访地点： 馆陶县柴堡乡马店村

采 访 人： 王占奎　刘　欢　陈　艳

被采访人： 张子忠（男　77岁　属猴）

张子忠

我上过小学，灾荒年旱，旱得严重，上半年旱得都没粒了。旱到割谷子的时候，后来下雨了，啥事都不管了。下得不小，前面旱得雪狠。下了七八天，没淹。七八月下的雨，庄稼已经不收了。洼地存水，咱这洼地三分之一，洼地尺深水。庄上没水，往外流，流出去了。吃水靠钻井，钻井吃水，一个街三井，俩井。民国32年饿死人了，后半年地都没收，收不大点，这个庄饿死的人还少，越到北饿死的越多。

日本人在北边占着，咱这有时候有，有时候没有，那边都成他的地区了。当年有多少人不知道，饿死人庄上还剩800多口人，死多少说不上来，死得不少，六七月份的多，大部分饿死的，有得霍乱病死的，霍乱抽筋，那病浑身抽抽，抽着抽着就死了。咱这说不定一天死几个。咱这村死了还有人埋，北边村里死了也没人埋。常儿寨，北边那村。那病吃的好多活两天，吃的孬少活两天。有治好的，扎针扎好的。咱这村那会有两个会扎的。一部分扎得好，一部分扎不好。我见过得那病的，躺那，浑身抽抽，后来扎好了。得病一般四五十岁多。下雨那两天不能到地里去，潮湿。六七月份得的，下雨就那会。这病十二月以后消下去了。下雨存水是六七月，没多长时间就下去了。水下去得病的人少了。咋这得病的人不多，常儿寨、河道寨的多，连出去带死的，村里都没人了。咋知道？后边俺去那拾柴火，那会儿死了都没人埋，尸骨都在地里，没人埋，都烂了，光剩骨头架。

逃荒的有，我没逃。这十天是个集，我上集上开茶馆，卖水，用那事维持生活。他们往南逃，阳谷、寿张，那边年景好。大部分往南逃。别的还有年轻人给日本（人）打工的。哪给他啥钱？供他吃，下煤窑。哪里的说不准，那会儿都到冬季了，人没吃，挨饿，他不往外跑啊？大部分逃荒也是十腊月，在家没吃的，上外维持生活。

1942年、1943年闹的蚂蚱，高粱叶都吃了，六七月份上来的，没多少天下去了，共产党组织打蚂蚱，后来就没有了。那年收成不好，不够吃。1942年收的就不好，1943年更别说。挨饿那年没上河水，下雨也没上，光是洼地存水。

采访时间：2008年9月2日

采访地点：馆陶县柴堡乡马店村

采 访 人：王占奎　刘　欢　陈　艳

被采访人：赵思荣（男　79岁　属马）

赵思荣

我是咱村的，灾荒年13岁。年景不好，日本炮楼挨这，不准种地。老天爷不下雨，庄稼没种上，第二年灾荒年就出来，没吃的。不能种地，日本人、皇协军，一种地他就抢，不敢种地，灾荒年是民国32年，1943年。灾荒年没吃的，庄稼没种好，过了秋有瘟疫，霍乱病，死了老些人。

庄稼长不好，民国32年地有荒的，有没种的，有种了收不上，棉花那时候都种不上，收几颗。旱，不下雨。那一年没雨，到七八月，没个停，下了一月，下了晃晃，又下，霍乱病就闹开了。大瓜吃了不要紧，败火，越吃越好，它是去火的，霍乱就是火劲大。大部分吃了当事。扎针，出黑血。有好的，有伤的，伤了老些人。吃瓜有时吃好的，大部分都管用。咱这村伤了得100多人，得了三四个钟头就死了。抽筋，霍乱抽筋就是抽筋。不管老的、年轻的都得。这病不是一时得的，茶饭不好，火气大就得了，霍乱一抽筋，找医生赶紧扎，晚了就完了。几月份有的不记得了，下雨是八九月份，下雨有这病，旱的时候没有，那时候光饿，雨下来人没吃的就得了，都是八九月份死的，原来1000多口，后来800多口，有死的，有逃荒的，逃河南，都往河南，哪有吃的往哪去，有上关外的，黑龙江。哪时走的记不清了。麦前麦后都有走的，一亩地收二三十斤。

逃荒的一年，年半就回来了。

闹过蚂蚱，三月底，高粱才这么高（二十多厘米）。到了秋后又上大蚂蚱，天上飞得呼呼呼的，高粱叶子都吃光了，也就抽筋病那一年。第二年河水就淹了，连续几年都没好时候，河水淹的时候日本人刚走。

四月里，麦子熟了，日本飞机就来炸了，炸马固、徐庄，离这三四里地，八路军住那，头天来一个，第二天来四个，把那边炸了，日本人就走了。日本那飞机，炸了就跑。

霍乱那年，日本人还没走，来过好几回，没得那病的。来把东西都抢了，来了1000多人，有日本人、皇协军，把村围了。九月十八，日本人打死十几口人。下了七八天雨那年河水没，第二年淹的。河水淹的，不是下雨下的，运河离这十几里河水多了，就淤出来了，那是六月底，七月尖，谷子还没割。霍乱来了，第二年就来洪水。

马张屯

采访时间：2008年9月2日

采访地点：馆陶县柴堡乡马张屯

采 访 人：石兴政　高灵灵　樊祎慧

被采访人：谢贵芳（女　78岁　属羊）

谢贵芳

我叫谢贵芳。灾荒年以后过大军，过后来就是老毛子（日本人）过来的，老毛子走后就是解放军。老毛子戴着小铁帽，一开始还好，给小孩儿吃的，到后来越来越孬，打死人。

娘家民国32年闹年景，旱、蚂蚱，地里不收。一块高粱，蚂蚱过去之后，都吃没了。蚂蚱把庄稼都吃了之后又下的雨，秋后。没来河水，洼地淹了，这儿没淹。雨到后边儿下的，小谷穗都很小。连饿死带霍乱死了不少人。我娘家是邱县大蔺庄（音），当时没上这村来。光下大雨，河里没发水。过了麦以后，三四月开始死人。我村里那时三四千人，死了一千口子。有饿死的，有得霍乱抽筋死的，死得快，一会儿就死。得霍乱时下没下雨忘了。灾荒年时三个妹妹一个弟弟，父母和奶奶都死了。我就到这村来了。我爹叫谢学书，母亲叫刘蓝女，妹妹弟弟叫啥忘了。不知道怎么得的霍乱，当时也没人管这事。当时八路军还没来。先过大军（国民党），又过老毛子，最后八路军来了。

这村有逃荒上邢台去的，那边年景好，离皇军钉子（炮楼）远，年景稍好点。那时皇军要公粮。我来的时候，这儿霍乱抽筋还轻点儿，死了几口子，粮食收成比我娘家好点儿。这边有日本人，我跟老头子还上南边小屯子躲过。没记得这儿上过水，河开口子也没记得。

前罗头村

采访时间： 2006年7月16日

采访地点： 馆陶县柴堡乡前罗头村

采 访 人： 杨文辉等小组成员

被采访人： 薛近江（男　88岁　属羊）

我小时候日本（人）进中国。18岁出去干活当小工、盖房。头一年到南馆陶焦圈，俺街上领班的叫张之达，没给他要钱，学徒，老些年哩，反正干得不少年。俺母亲、哥三人，靠种地，地孬，风沙地稀少，俺哥拉船，我当小工，靠这生活，拉船给钱，从天津到南馆陶，那都不一定了，拉一段算一段，从天津拉到，港多着哩，有到南馆陶的，河南新乡、道口街，俺哥拉船，闲着时拉，忙的时候不拉，出去推脚，高邑县，装卸火车、刨沙地。

成天淹，每亩地淹了寸草不见，地孬没牛，也收不多，啥也没有，收得不多，反正收得不够吃的，没有种地主的地，穷得卖大粪，光种黑豆，干活，给他粮食，光见地方要钱，地方是后罗头哩，城里免税，他要，嘟嘟囔囔地要钱，他不厉害，说点好话，嘟嘟囔囔就走。

小时候读国民党的书，《国语》（白话文）、《三民主义》，一本《常识》，都这三本，国语头一课是“我的国，我的家，我的国家是中华”。

土匪该不多呀，老些小土马，南馆陶从高粱田里出来一个人，看我帽子里有三毛钱，没要，说了声对不起。

日本（人）来俺村一回，没做什么。日本（人）头一回从河东李圈来的，可能是1939年，将来（刚来）让村里接他哩，很好。第二回来，厉害啦，1944年，跟八路军打仗，在俺村打了一伙，日本扫荡，八路军骑兵连上俺村来啦，日本是一个大队，共产党八路军也是一个大队，骑兵连，骑兵连怕他，跑到村东头大堤，八路军占了堤东，日本随着撵来，占了村后坑里，两下里打开了，机枪，把我吓坏了，那时候我在，别人都跑了，我没跑，我在东头住着哩，东头最后一家，我藏那里啦，李金发房后。然后八路军过河，向东跑啦，没船，水不沉（深），都没损失，带走一个剃头的。八路军跑了，日本进了村挨家翻，一家不漏，把我翻出来了，翻出来以后，我说是老百姓好人，没有杠子（茧子），把我和李之文抓住了，后来我出来了，他（李之文）也说是老百姓，扇了几巴掌，让俺俩走，日本（人）在后面跟着，走到俺面上日本（人）拍枪，捅了我两刺刀，在大腿上，在右胸（约3cm），吓哭了，走吧，叫我走啦，到了村西头，薛金昌、仁昌，灌他辣椒水，踹金昌，金昌有气管炎，说他是八路军，庄稼人，啥都没干过。他摸摸你的手，拍拍你的胸口，看你扑腾不。

皇协军抓人要钱，要粮食，村里不给他粮食，八路军不让给他啦，上村里抓人，捂人，抓了好几回，抓住我一回，都跑到地里，住庵屋，怕他抓住，他经常来，不知道什么时候来，司令是吴作修，还有一个王来贤，这两个是土匪，收了老些枪，日本人来了投降了就日本（人），（遍地土司令，司令是个八灰头，进村就牵牛，又牵牛，又抓鸡，临走抢个大闺女），八路军来了以后，帮助农民解决困难，打倒地主、恶霸，为人民除害，谋利，救济粮，救济款，（八路）他来了也征税，也要粮食，还往下放粮食，还往下放钱。不知道八路征税、征粮重不重。

1943年，天旱，大灾荒，天旱不下雨，七月初二才下雨，庄稼都旱死了，民国32年不下雨都旱死了，寸草不见，谷子都长了穗，都旱死了，格旱的盒子（和高粱差不多，有皮不好脱去，比高粱难吃），挺难吃，蝗虫多啦，那一年三次，小蚂蚱，后来成蝗虫，后来带翅会飞，光啃棒子核，大了吃叶子，天旱带生虫，旱得很，都旱死了，两边旱得很，东边轻，河泊地旱得轻，下的雨不小，下了七八天，不住点，房倒屋塌，屋里水那么深（约30cm），床在水里。南馆陶，西堤都淹了。

1963年村里都塌了，一个没剩，数前罗头、后罗头倒得很，水往北流了，村没淹，挡了一圈把村围着，有堤，没进水。

霍乱是一种病，跑茅子，上吐下泻，谁得那病谁死，人就是饿的，下雨下的，人得了这种病，上唠下泻，俺这村不很多，死了十几个，西北邱县死得多，张寨一村死了500人，没有医生，先下雨，后霍乱，都那以后，晴了天以后就慢慢地没了，那以前也有，很少，不知道，闹不清，有这个说法，得病不知道，以后不记得。有河水，没进井。

后罗头有，抓到日本当劳工，都饿得皮包骨头，有的都断筋了。

小枣才长成个，吃榆叶，吃小枣，逃荒到江苏省沛县，没吃的时候去的，好的时候就回来了。黄河里没水，那给啥吃啥，哪还有好的呀，哪里黑了哪里住，随便野地住，人跟牲口样，好住庙里。

日本人对小孩宽大，不咋着小孩，俺庄受害不轻，点着火烧死了好几个，霍林北被烧死，是村长，霍运梅孬，他对日本人说八路军买粮食。从楼上扔下两个人叫大片、二片。柴堡让日本人弄死8个，改名叫八义庄。

我教了两年小学，不干了，到河东了，到冠县了，1945年、1946年教学，1947年到冠县了，待了十来年，在冠县清水当保管员啦。

采访时间：2007 年 1 月 30 日

采访地点：聊城市东昌府区幸福老年公寓

采 访 人：范 云 刘金盼 焦延卿

被采访人：薛蓬斋（男 76 岁 属猴

原籍馆陶柴堡公社前罗头村）

薛蓬斋

我上完完小后就没上。

说说抗日战争，在我 6 岁的时候，在这是二十九军，什么叫二十九军呢？卢沟桥事变，日本（人）进中国。卢沟桥，上关里，那时候蒋介石派宋子文向北边打仗，打日本，军队都走到那儿，蒋介石下令了不叫打，不叫打了，那咋了，军队都回来啦，军队搁家里都回来了，回来以后，把马拴到我家院子里。过了立秋以后没啥吃。

那以后皇协队走啦，土匪向村里有钱的户要钱，要东西，要粮食，不给，打，用皮鞭、皮套打，俺村死了好几个，俺村人上集挑了都是，都粮食，被土匪盯上，就打，给他 100 他要 200，给他 300 他要 400，都没头儿，麦秸点着，烧死啦，俺村烧死了三个，这个时候我都没十岁，那是特殊的事。

这个土匪大乱，占着一个县哩，北馆陶、南馆陶，北馆陶属谁管？王来贤、吴作修，王来贤是北边预备的，吴作修是替补的，他两个在馆陶县里头拉着兵，要这要那，瞎咋呼，你说乱不乱，这个王来贤你说坏不坏，这个范筑先，在聊城做司令，聊城专区军队都调这来保护聊城，王来贤被安排在北门，叫他在北门挡着日本，日本没来他就跑啦！跑到馆陶县了，回他老家了，领着兵，都领走了。日本从北门进来啦，范筑先才知道，已经跑不出去了，把范司令打死啦，死在聊城。

王来贤一到，有庄稼啦，截路，捆住他打，下到地洞里拿钱，拿一万，你拿（得）起？好几个都死啦，后来（王来贤）叫共产党枪毙啦。没有庄稼时，他下关外，到关外抢劫，有庄稼时就到馆陶，他起名叫皇协

（军），皇协（军）就是国民党后遗留的部队，他没跑，在县里胡作非为，在这个时候1941年、1942年、1943年日本（人）都来啦，来以后，现在我才知道，日本人在整个馆陶留了100人。他用了王来贤、吴作修，给点高薪，弄得我这一辈子13年没在家睡觉，抗战8年，解放5年。你在家睡觉，王来贤在后边堵，打不死你，把你抢啦。

那一回，让我去炮楼，馆陶西北，是个大村，那村盖的炮楼，南面有炮楼，在后罗头盖炮楼，白天拉砖，晚上我们给他砸砖，垒的都给他拆啦，到底炮楼没垒起来。

日本（人）来了以后，南馆陶到北馆陶没路，汽车没法跑，日本（人）修土路。在馆陶里要人，要的都是庄稼人，修公路时，日本人带的工，乡下有一两千人。修公路到晌午吃饭，把枪都窜到那儿，到路边吃饭，那时我十三四（岁）。我12（岁）当通信员，去啦，上修公路那儿，去了三四百人，身上都穿的庄稼人（的衣服），得给他们干活，定好啦。日本（人）上午已开工，12点吃饭，把枪窜到那儿，上路边吃饭，八路军一说"杀"，把枪抢走啦，一抢，他不吃饭，打，这时候腿上都带着刀子哩，照腿上一刀，就跪那儿啦，就打死啦，那次打死了500多人。都是卖国的奸臣，本村都100多人。到第二天，日本调兵过来啦，到南馆陶，安的大炮、机关枪，那时我在河西，跑啦，那时死了80多个，一个坑里有30多个，我就把死人压在我身上，装死，他就把两个死尸堆拉两刀，我躲过去，活到76啦。

南巡的岗楼也叫炮楼，那住的都是皇协军，王来贤、吴作修、李继坤在那儿打，白天抢，给八路、乡下人要柴火，吃的都是抢的，烧的也是抢的。有一个人叫宋淑香，还活着，听说在邯郸，有80多岁，那个人领着我们起五更去的。推着轱辘车，一走路吱扭吱扭，三里路都能听见，送到南巡港，起五更送，到那去了。一岗楼外面，挖的沟，群众不挖，咔哧一棍打，他那个楼有吊桥，不拉别人过不去，怕旁人侵略他，俺去了，吱扭吱扭，叫送柴火，推水车到一半，这时怪冷的，烤烤吧。那时不是电，是棉油，烤火，着的。下乡抢的时候把老百姓的镰都拿走啦，弄了一堆镰，去的时候没几个人，床上晒的，有人在打铺尘，是皇协军，日本人没几个。在烤火时，拿着枪，把那些人打死了五个，我们去了七八个人，赶紧跑，穿的也没穿好，打死以后，听说大铺尘的是地下党，那时候还不知道，群众他不知道。俺这儿没死一个。那个时候世界可乱了，你看这个时候，现在的社会高级得不能再好啦。旧社会一辈子没吃过白面，我这辈子饿了 4 回，民国 32 年、1959 年、1960 年。

民国 32 年大旱，那时我 12 岁，家里没啥吃，旱得麦子一亩不到一斗，一斗不到 32 斤，绿豆一斗是 32 斤。麦子算没收，麦打下去种谷带，那时是小棒子，那小棒子那地，一亩的好点打两布袋，一年 29 斤，一布袋 4 斗。种的地，打这一点粮食，还乱，还跑，跑到个年关不能过，过年煮鸡蛋，皇协军来啦，端锅跑，后来丢了，跑到黄马古。逮住以后，我那时小，就装不懂事的小孩。13 年没在家睡觉，就是跑，3 年没过过年关，那在最后，吓得没法，日本（人）下来大“扫荡”，那时是民国 34 年，二月初二，那一天，早起没吃早起饭，日本（人）、皇协（军），南边、东边、北边来啦，来了一个大“扫荡”。我们那个村（有个人）叫霍临碑，被逮住啦，从坑里窜到坑外，淹，用棍子，那次把霍临碑棍死啦。巩义庄，棍死了八个，叶庄叫西园村，（有个人）叫董西园，也被打死了，都是二月二那天，这都是一天做的。

那会儿吃麦糠，使细罗筛，吃了七天。过麦时大旱，过了八月十五后下雨，下了七天七夜。后晌，麦也没麦，我上地里勒熟的，回家一搅拌插糊涂里，苦得比黄连还苦。树叶都吃啦，榆叶、榆树皮，花子柄，掰一块都吃。闹霍乱抽筋，我认为是吃的（原因），一天抬过 7 口，我们村 800 多人，谁也不敢抬，怕传染。我自个家的爷爷、奶奶得这病死啦，姑奶奶来啦，哭丧，这没出殡就死啦。

那会儿群众顾不住，犁地犁着，皇协（军）就来啦，啥都没啦。套都拿走啦。

日本有飞机，一打仗，撒瓦斯，我亲眼看到撒了两回，头蒙、晕，还没觉得重咧，就跑啦，一是飞机，看不清标志，烟有时是灰色，有时是黄色，成团体的没见，黑烟，浓。他撒吃的，群众不敢吃。对小孩不赖，不杀，对青年人，一见面就杀。户好，他给你挟走，皇协（军）做的。我弟兄4个，我是老二，1947年、1948年走的，（老大）比我大4岁，今年3月去世啦，活了76岁，下面两个弟弟，都在石家庄，三兄弟在水利局。

霍乱抽筋，哕，我都朝前喷，后边泻，跑茅厕，直哕直泻，不停，得那个病，两个钟头死，最后不能动，再哕，腿一蹬，筋都蹬出来啦，还泻，一会儿，一听都死啦。我也得啦，扎针扎过来，爷爷、叔叔扎的，扎三里、尾中、上腕、中腕、下腕，不放血。喝水，爷爷天天没进过门，没传上，传染不行。扎得好的都好啦，晚了扎不过来。

庄稼蝗灾，12（岁）、13岁时，蚂蚱多的，一飞起来，看不见，铺天盖地，这家伙十来里地远，这一群，一个疙瘩，一个棒子，一会儿就吃啦，一落几十亩地，蚂蚱都恁深，连皮带粒都吃啦，整个半个街都没了。防治措施没，就打，把麦秸都压弯，吃蚂蚱有毒，多就有毒，吹谁家锅台上都有，裹脚的老妈妈，一脚（踩）四五个，一院一树，吹哪都有，跟刮大风样，上面是蚂蚱，下面是虫麦，掘沟，就掉沟里啦，庄稼裹上盖严，这是我亲身经历亲眼见，那是这个情况，直到1958年、1960年共产党来啦，共产党用飞机打的六六粉，10麻袋，拉拉五六里地，从那一回没蚂蚱啦。

八月十五，豆子都熟啦，叶子都没啦，河水出来啦，沿着河道剩了三四个角，还没顾哩，就怕水出来，水一下去，就把胶泥都冲啦，河水带的，粘的豆角很大，拇指那么粗，水下去，好豆，把胶泥晒干，豆都是烂的。

那个时候大堤不是现在这么大，一次次加宽加高的。一个水一天就开啦，大堤是冲开的，那里水紧，危险，不用大口，越冲越大。发水后霍乱抽筋，认为是吃臭粮食，乱七八糟都吃，树叶、椿叶，蒸了后好吃，吃过后胀脸，过年也没吃过白面，吃高粱。收得多，可靠点，高粱熟得早，下面豆子、棒子都在后面，吃高粱吃得不愿意咽，一方面是饿的，有的中毒，能吃一点儿。其他人没得，我家除了我，都没得。上水以后霍乱抽筋，抽血，不狠的不抽。那一季，死了80多口。从那到现在，再一回都没有。

那时没有地瓜干，还不种，不知道晒红薯干。

（现在）享了福了，共产党的福。妇女享三大福，思想解放，随便出门，裹脚，毛主席一声政令，都不裹。解放妇女，推翻旧社会，建立新社会。

申 林

采访时间： 2008年9月3日

采访地点： 馆陶县柴堡乡西庄村

采 访 人： 石兴政　高灵灵　樊祎慧

被采访人： 耿杏梅（女　70岁　属兔）

耿杏梅

我叫耿杏梅。（民国32年）家里逃荒要饭，上河南卖儿卖女。遍地是兵。灾荒年我在娘家申林，下雨下了七天七夜，跟天上泼水似的，庄稼都没收。有霍乱抽筋。我还上太原逃荒去。七月里下雨，一直下到农历七月十五，下着雨得的霍乱。七月又冷又饿，死人都没人抬。几年前在邯郸听说是日本人在南馆陶水里下的毒，喝了那水就得霍乱。地上到处是水，人直接在地上舀水喝。日本人杀、抢，村里人少，几个村都并起来。又冷又饿，又有得霍乱的，村里见天死人，一天死七八口子，光大人得，小孩不得。家里有东西，大人不舍得吃，都给小孩吃，小孩抵抗力强。下雨下得房倒屋塌，我家里不潮，都把小孩放我家里。得霍乱上哕下泻，发烧。村里有医生，都淹了，谁管这事啊。

日本人打邱县，又打东边北阳堡，八路军不敢明打。得霍乱抽筋时日本人都不来，下雨下得大。西边这家她爷爷她爹都让日本人挑死了，她才5岁，有人大胆，把她救走了。那时日本人来了，吓得村里人都跑到地里去。日本人在村里杀人还是少的，在邱县杀的人多。牲口都不得这病。日本人抓人当他的兵，你要不当他的兵，他就挑了你。皇协军结起伙来抢砸。皇协军没有得霍乱的。皇协军上村里抓人，不给饭吃，让家里送钱送粮去换。有的皇协军好，有的孬。

民国32年春天里旱，雨水小，七月里下大雨，初七八开始下，下了七天七夜，到七月十五停的，没来河水。下雨时开始得霍乱，八月里开始逃荒。八月二十九我家逃到太原。我舅到我家里住，住了三天就霍乱抽筋死了。民国32年春天旱，七月里下雨，二十来天水下去了，人们就都出去逃荒了。

民国33年又闹蚂蚱，又没得吃了。民国33年长谷子的时候生的蚂蚱，秋天，就跟现在差不多了。蚂蚱在地里连叶子都吃光了。把谷子都吃没了。那时没粮食，都逮蚂蚱吃，有吃得太多吃死了。我还整天上地里逮蚂蚱去。蚂蚱有头儿。头儿往哪儿飞，都跟着。有的地方没蚂蚱，马路西边邱县那边没蚂蚱。民国31年也旱，没闹过蚂蚱。

下雨时那边地高，也没被淹。那边霍乱没这儿厉害，就是饿死很多人。土匪老杂厉害着呢，也抢砸，日本人、皇协军、老杂都通着。皇协军抓人去修城墙，不给吃的，都逃，要是被抓住，打得可狠了。这一块儿，哪个村都是见天霍乱抽筋，最后都没劲抬人，都在水里挖坑埋了。那时候不敢出门。

老多人见日本人来了都上房顶跑，老多都死在房顶上了。

邱县那边没种粮食的，都种棉花。那时都没粮食，都卖地，卖给地主家，那时一亩能卖十块钱的话，一块钱就卖给地主，买粮食吃。灾荒年见过日本人飞机。不知道往下撒啥东西。那年没开口子，只有雨水。1963年七月初二上的河水，1958年六月二十八上的河水，都是这时候上的河水。

民国32年春天里旱，七月开始下雨，下到七月十五，下了七天七夜，把庄稼都淹了。那时候收得少，一个人一个月能吃三斗，一斗三十斤，那时人吃得多，吃小米，吃燎麦。立秋收，那时候啥庄稼也不长，只有荞麦收。荞麦蒸干粮挺好吃。荞麦面灰不拉叽的。农历六月底七月初是立秋，今年七月初七。荞麦产量低，产量低也是粮食啊。

市 庄

采访时间：2008 年 9 月 2 日
采访地点：馆陶县柴堡乡敬老院
采 访 人：刘文月　孟祥周　朱洪文
被采访人：陈登亮（男　77 岁　属猴）

陈登亮

我叫陈登亮。我是市庄的，大贱年的事情记得不是很准。闹灾荒闹得厉害，人都没饭吃。闹不清是什么灾的。那时候我没有多大，我家里也有饿死的，我父亲饿死了，日子挺难过的，死了一个哥。村里病死的多了，得抽筋，那叫霍乱抽筋，我不记得别的症状。死得快，都没有人治。记不很准有没有下大雨。

家里没有人去逃荒，村里人去得不少，都去济南，不知道活没活下来。

闹过蚂蚱，不是过贱年那一年，蚂蚱满天飞。大贱年没有闹过，不记得。家里还有母亲，母亲和我活下来了。吃树叶、树皮、菜籽饼。民国 32 年，没闹过水灾。日本鬼子常去村里，不杀人，皇协军也常去，日本鬼子不多，当时馆陶县让日本鬼子给占了。

宋马堡

采访时间：2006年7月17日

采访地点：馆陶县柴庄乡宋马堡

被采访人：宋金铃（男　78岁　属蛇）

我10岁的时候，日本人就到馆陶县了，城尔寨有日本炮楼，在这个村没有抓人，经常路过，皇协军来抢东西，这村小，日本（人）和皇协军都不来。八路军后方部队在这里住过5年，经常抬，只有一条道，从我家东屋开始。八路军有刀有枪有武器，有伤的占多数，没伤的是医生，没有警卫员。有一次日本人骑马撵县大队，八路军逃到洞里没盖好，是我妈妈给盖好的。伤员都是干部，里面的后方人员都是八路军，县大队是游击队。这村小，安全，日本人不大来，周围的禾臼寨也有后方医院。有个旅长叫王新的在这儿住，夫妻两个都在这儿住。那时候周围有土匪，经常抢东西，也抢人。皇协军只在这儿路过，土匪不断地来。那时候八路军不敢抓土匪。

民国32年，前边旱后边淹，春天里没下雨，到六七月里下的雨，下得大，下了七天七夜，下着下着卫河水都上来了，也下雨也上河水，把村子都淹了。那时候村里有八路军，他们的粮食都是上级发的，上级不给百姓东西吃，河水和雨水都没胸了。1963年河水没膝盖，房子没塌，饿死的不少，上级也给了点儿救济，逃荒的有几个，人不多。

那时候村里有90多口人，连病带饿死了30多口子。得霍乱病的多，俺家里没人得，家里共3口人，妈妈、妹妹和我。得病后呕泻，抽筋，找青筋放血，腿窝的青筋，有治好的也有没治好的，八路军医生给老百姓治病也给药吃，村里没有医生，外村里有先生，八路军不大露头，有五个医生，给人治病不要钱，医术好，白天在外面，一扫荡就进洞，穿和一般人一样的衣服。都知道这个病传染，外村儿的医生说得传染，知道这个病叫霍乱，没啥吃的，天气一潮就得病了。下雨后开始得的病，到七月底就没病了，有个把月就停了，死得很快，来不及治就死了。得这个病的很多，哪个村都有，死得老多。水是从南边过来的，（卫河）不知道从哪儿开的口子，没听说过是日本人挖的口子，不知咋开的。离这远。

塔头村

采访时间： 2008年9月1日

采访地点： 馆陶县柴堡乡塔头村

采 访 人： 刘　欢　陈　艳　王占奎

被采访人： 王青林（男　78岁　属猴）

王青林

灾荒年民国32年，我一直在村里，民国32年的事我记得。地里不长庄稼，下雨就长，不下雨不长。盼雨它不下，秋后下了一点，麦子不见收成，一亩地收二三斗，不够吃，逃荒要饭，往石家庄、北京、宝山（音），一伙去了，父母在家，走不动。过了秋去的，走了三四天，待了一年多。过了秋回来的。逃荒的，有逃北大荒的，往西的往山西，往山西的，都死那儿了。没回来的有一半，全村五六百人，秋粮收不上，麦子浇了，不长，秋后下了雨，几天就干。民国32年没淹，光旱，那年记得没来洪水。咱村有死的人，饿死也有。我见过得霍乱的，五月底，咱这村的不少，那时没医生，轻的活过来了，重的没有。

蚂蚱，又挖个坑，囤。民国32年以后飞机打药。

日本的飞机见过，日本人来过，戴个铁帽，说话呜呜呜，啃鸡，吃鸭。民国32年也来了几回，有皇协军，也有日本人。

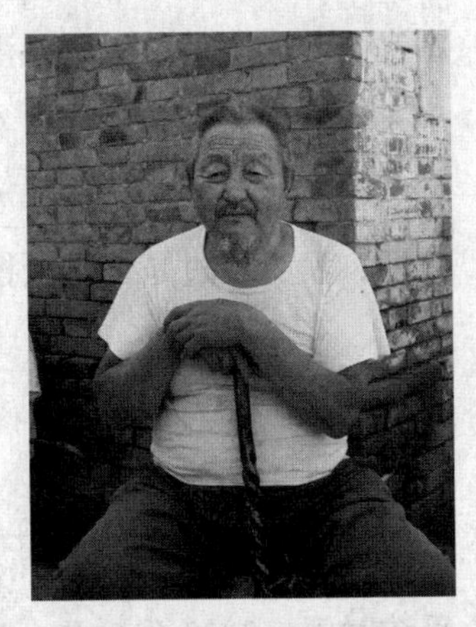
王占一

采访时间： 2008年9月1日

采访地点： 馆陶县柴堡乡塔头村

采 访 人： 陈 艳 刘 欢 王占奎

被采访人： 王占一（男 78岁 属马）

吴从义（男 77岁 属猴）

吴尚太（男 76岁 属鸡）

吴洪君

灾荒年，连旱三年，从民国31年开始，民国33年才下雨。民国32年最厉害，那时400多口人，庄稼跟没收一样。饿死老多，也有病死的，霍乱抽筋，上哕下泻，一会就死，也有扎扎缓过来的，不多，那时没药。也抽筋。俺几个都见过，上哕下泻，抽筋抽得厉害，一会就死，一家一天死两口。

吴从义

那是民国32年春天，六七月份，下大雨的时候。民国32年后半年下雨，下了七天七夜，屋里漏了。荞麦收得好，民国32年收的，秋收，下雨是六月底，七月边。没淹，雨下得不大，时间长，房倒屋塌，这是土房。这里没积水，地里也没积水。下完雨过了秋才得的霍乱病。民国32年旱到六月底，前边下雨也下得小，地耩不上。没井，光够人吃，耩地耩不上。没来洪水。

吴尚太

逃荒民国32年头半年就往南逃，河南、郓城，还有往江苏、石家庄。往河南的多，许昌。也有往关外去的。在家没吃的捋树叶，柳叶、杨叶、椿叶都吃，树叶都光了。

生过蚂蚱，是民国32年以后，民国32年没生。

（村里）没日本人，县城有。皇协军抢东西，日本人光啃鸡。皇协军衣裳、粮食啥都要。霍乱那会儿日本人也来。日本人没得霍乱的。这病是饿的，身体好的不得。死的人不少，也有扎过来的，这俩老医生。日本人不给扎针，死也不管。这没有别的病。霍乱传染，咋知道？人家说的，也有一家人得的。死了几十口。这皇协军多，日本人少，皇协军给日本人干事。这几个村都有得霍乱的，哪个村都一样，都是霍乱抽筋，都是饿的，吃饱了没病。

武张屯

采访时间： 2008年9月2日

采访地点： 馆陶县柴堡乡武张屯

采 访 人： 石兴政 高灵灵 樊祎慧

被采访人： 张俊江（男 78岁 属羊）

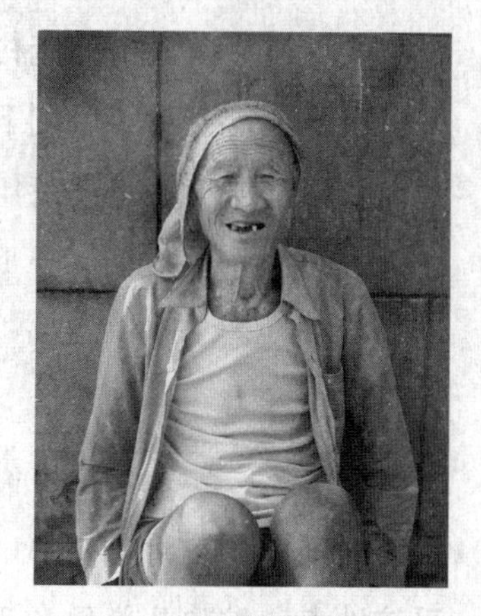

张俊江

我叫张俊江，民国32年天气旱，连旱几年，马店都成了人市，个人卖个人，自卖自身，那年没下雨，地里种麦子，没办法。

民国32年我才十一二（岁），那时得霍乱死老些人，张恩义就是得霍乱病死的，我哥得霍乱，后来扎针扎过来了，我哥叫张俊海。说不清多少人。小孩传给大人，大人就死了。小引大，剩不下；大引小，死不了。大人传给小孩，死不了，没事。说得就得，抽筋，上哕下泻，全身抽筋，发烧。32年后，我大娘浑身胀，吃老母鸡好了，把鸡脖子扎起来，憋死了，再煮着吃。

得霍乱那年下雨了，下得大，七天七夜，房都漏了，那年东边卫河开口子了，下雨下得大，人都上庙上去了，庙高。房都不行，都漏得不能睡，下了七天七夜，以前都扒沟，防敌人，水都漫过来了。我还去地里摸红薯。七八月吧，红薯都长成了。

得霍乱是灾荒年之后。我逃荒去了，那年是民国32年，过年走的，逃到济宁，离梁山10里地，济宁正西，梁山东面，前庄、李刘两个村，那里收成好。俺这里还好，马路北里人都死光了，邱县坞头严重。我们一家人逃荒在外住了一年多，在济宁要饭。那边人好，要饭人家给，一过梁山往南人就好了。黄河两边人孬，骂人。在那住了一年多，母亲纺花，我父亲和我就要饭，要不是逃荒，我们也得饿死。

天下雨是霍乱那一年，沟都漫出来，水还没下去呢，人都开始死了，有一个娘俩得霍乱死了，李保臣他娘死了。

闹蚂蚱在后，一个叶上捋一把，都是小蚂蚱，小囫囵。1958年有飞机来杀蚂蚱。灾荒年日本人在这儿呢，日本人来时我七八岁。日本人来过，没见过穿白大褂，俺村一个人（灾后）让日本人挑了，得霍乱死了十来多口子人，灾荒年后剩下多少人也不知道。灾荒年以前村里有四五百人吧。闹霍乱那年不是灾荒年，是以后。闹蚂蚱更靠后。

西富庄

采访时间： 2008年8月31日

采访地点： 馆陶县柴堡乡西富庄

采 访 人： 石兴政　高灵灵　樊祎慧

被采访人： 李云秀（男　83岁　属虎）

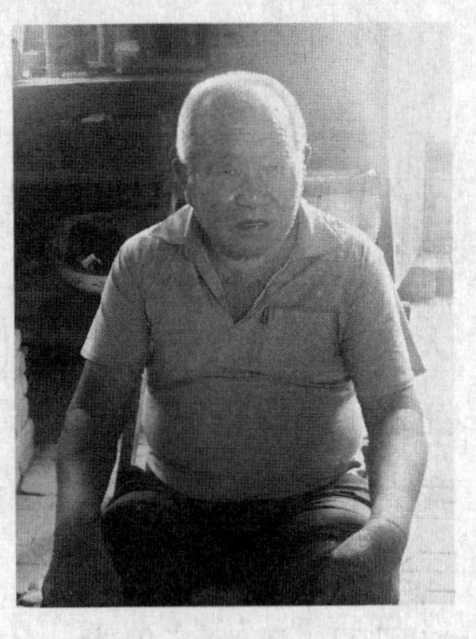

李云秀

我叫李云秀，今年83岁。那时候困难，没啥吃，吃糠咽菜。有得霍乱抽筋的，一天死了六个。天气不好，那时候上河水，河水将下去的时候得的霍乱，七月份来的河水，水是从南边漳河来的。三年上了两次河水。民国 32 年那年上了次河水，停了一两年又上了一次，都淹到了董固，往南到卢里镇。下雨下了九天，河水上来了，逃到亲戚家住了几天，回来之后房子都倒了。不下雨了，河水就来了。河水将下去的时候，霍乱来的。六月份下的雨，霍乱死了十来口子。我家里李印昌、李寿昌、李贵芳都得霍乱死了。李印昌、李寿昌是我叔叔，死的时候都是 50 多岁。死的时候连棺材都没有，都卖断了，用几扇门盖着。饿死的人多，有饿得狠的得黄疸肝炎就死了。

民国 32 年之前村里有五六百口子。逃荒的有下关外的。来水的时候没有淹死的，水不是一下子就来了，是慢慢地涨，涨了五六天，后来又慢慢地落，一天落五六寸。这村洼，挖了小沟，下雨的时候排水。那年庄稼也收点，不能说一点不收。发水的时候，高粱已经成粮食了。发水的时候瘴气大，得了霍乱。上河水，人们都靠那几亩地吃饭，上水没有办法，都不好过。那年闹过蚂蚱，在上水以前闹的，大概在六月份，谷子都抽穗了。

有土匪，一个头一帮，也互相打。

西庄村

采访时间： 2008 年 9 月 3 日

采访地点： 馆陶县柴堡乡西庄村

采 访 人： 石兴政　高灵灵　樊祎慧

被采访人： 王冠娥（女　80 岁　属蛇）

王冠娥

我叫王冠娥。民国 32 年闹年景，没吃的，老婆孩子都卖了，没粮食。那年有旱的时候，有淹的时候，淹是东边卫河来的水，高粱都不落穗，七八月份的时候。那时候霍乱抽筋都一家一家的得，死了好多人，那时正下雨。马屯的父母和姐姐都得霍乱死了。那时一个先生都没有，拿做活的大针自己扎，有扎好的，有扎不好的。名字都记不得了。我上这村来的时候15（岁），正是灾荒年。正月来的，二月就没啥吃，吃菜吃树叶。下雨是九月的，河水是六七月的。霍乱时河水都下去了。那时这村有多少人不知道，又不出门。

邢张屯

采访时间： 2008年9月2日

采访地点： 馆陶县柴堡乡邢张屯

采 访 人： 石兴政　高灵灵　樊祎慧

被采访人： 佚　名（男　75岁　属猴）

民国32年灾荒年，马店成人市，年轻人、闺女都没人要，有吃的就跟你走。那年旱，没收。后来下雨了，六月份，下得不大，没来河水。到后来就有得霍乱抽筋，死人都抬不及，死得不少，西边有一家死了3口子，有一个叫邢老生，死时70来岁，还有他儿子，小名叫大脑子，他媳妇，还有邢琴贵。得霍乱的有扎针扎过来的，治好的不多，扎得早就治过来了，扎得晚就死了。

头里旱，后来下大雨，雨水大，潮湿，就得病了。没来河水，下雨地里淹了。民国32年闹年景，不好过。民国31年收成还好点。

民国32年河没开过口子。郭庄那边厉害些。得霍乱抽筋死的不少，上哕下泻，说死一会儿就死。年轻人死得多，小孩老人死得少。

民国32年逃荒的很多，上关外，不逃荒不就饿死啊。

日本人在南徐村有炮楼。老杂不多。灾荒年以后皇协军打死好多人。扫荡打死好多人，到了就打你。站在道上开枪就打，用棍子打，再用刺刀撩。

那几年有蚂蚱，都赶到沟里埋起来。过来风，蚂蚱呜呜地飞，这是灾荒年以后。蚂蚱有头儿，说上哪儿飞都往哪儿飞。

采访时间：2008 年 9 月 2 日

采访地点：馆陶县柴堡乡邢张屯

采 访 人：石兴政 高灵灵 樊祎慧

被采访人：邢琴箱（男 79 岁 属马）

邢琴箱

我叫邢琴箱。那年（民国 32 年）上河水，把这儿淹了，七月份下大雨，下了七天七夜，房子上搭上席，到八月二十八，河水出来了，南馆陶开的口子，冲开的，不是挖开的。八月二十八河水来到我们这儿，水不多大，那会儿没人管事，没人挡，有日本人。

摇着船喊人出来堵口子，站房子上喊大家去堵口子，没堵住，冲开的口子，不是漫上来的，在南馆陶以西，现在县城那里。

我知道得霍乱的有四五个，本村有个先生，村里（有）没治好的，后来血都放不出来了，要是知道接着扎就行。我爷爷叫邢玉可，是得霍乱死的，邢琴贵也是得霍乱死的，我亲大爷也是那年死的，叫邢修勇，闹不清怎么死的。

得霍乱病，冷，抽筋，马上放血就好了，扎针扎得晚了，血就放不出来了。那个病快，头一天得的病，第二天就死了。没听说传染。

光灾荒年那年，叫日本人打死了好几个人，光这头儿就打死了 4 个，王老大是打死的。日本人说那天晚上一定要去邢张屯，后来来了。

灾荒年那年逃荒的多，到外边卖东西，换东西吃。灾荒年村里没死几个人，逃出去的都做买卖。有逃到河南的，有卖人的，到后边有回来的，也有不回来的。马路以北饿死人不少，那里种（棉）花，咱这里种粮食。我没逃荒。那时种棒子、高粱、谷子。灾荒年收成不好，棒子没长成，麦子更孬，都割不着。那年我跟着家里人去河南卖衣裳，新的衣裳，换点粮食。灾荒年逃荒的不少，马店都有人市。

先旱，到七月里，种啥也不行，种荞麦也没种子。前半年旱，后半年淹，到十月里打死的人多，是十月初十打死的人，七月里下了七天七夜，八月二十八河水来到这儿。得霍乱是九月里，没多长时间，半月十来天就过去了（有棺材顺着水冲过来的）。

淹了时出门得蹚水。到后来才逃荒，秋后才逃荒。民国33年就好点了，闹年景也不要紧了。那会儿棒子熟得快。得霍乱时地里有水，死的人都埋在家里，得病的是老人多，小孩不多，我那时才15岁。蚂蚱闹了好几年呢。民国31年也闹年景，贱年不怕，就怕连年贱。

也听说过霍乱病是日本人做的坏事，有人说日本人在东南角开口子河水那里撒药，没见过日本人往井里撒毒。见过日本人飞机扔炸弹，没人听说日本人飞机撒吃的，见日本人飞机时都有八路了。

蚂蚱多了去了，跟刮大风似的，从南边飞过来的，有落下来的，就吃庄稼，都能听见动静，这是民国32年以后吧。

闫张屯

采访时间： 2008年9月2日

采访地点： 馆陶县柴堡乡闫张屯

采 访 人： 石兴政　高灵灵　樊祎慧

被采访人： 闫金海（男　82岁　属兔）

我叫闫金海。那年（民国32年）收成不好，没下雨，灾荒年在家咪，那年天旱，到后来下雨了。这村里抽筋死了不少人。针扎出血就好了。民

闫金海

国32年死了好多人。得病是天气的事。闹不清死了多少人。

民国32年地里没收，吃树叶子、花生、糠，都往外逃荒，卖儿卖女，上黄河以南卖闺女。民国32年旱得没耩上庄稼，从春天开始旱。后来下雨了，过了一年多才下的雨，到北边20多里，饿得很严重。得霍乱抽筋死得不少，快得很，一会儿功夫就死了。得霍乱时天旱，后来下雨下得不大。

张可臣

采访时间：2008年9月2日
采访地点：馆陶县柴堡乡闫张屯
采 访 人：石兴政　高灵灵　樊祎慧
被采访人：张可臣（男　77岁　属猴）

我叫张可臣。民国32年大灾荒，有日本人，有皇协军，天旱，蝗虫吃。连三年，民国31年、32年、33年连三年贱年，旱，蝗虫吃，淹。民国31年旱，后来淹，蝗虫吃。

霍乱抽筋死的人不少，就是这个时候，上哕下泻，主要是下雨下得紧，下了七八天雨，那会儿卫河没大堤，有水就往外流。得霍乱抽筋病死的人多了，这个病没几天就过去了。农历的七八月里，主要是下雨下的潮湿。没听说过日本人在这儿放毒，主要是抢东西、建炮楼，外面住皇协军，日本人在县城。

村里得霍乱病的人不大多，条件好的、房子下雨不漏的得的少，漏的得的多。村里有医生，是老中医，扎好的多，扎了之后叫喝凉水，井里打的凉水，再扎，就扎过来了。不记得谁扎好了。

民国32年先旱，民国33年生蚂蚱，民国31年、32年也有蚂蚱，民国31年雨下得不大。饿死的多，民国32年旱，后来下雨，六七月份下雨，河水又上来了，淹，这儿都有水，水不大，高地上没水，洼地上有水。河没大堤。

逃荒的多了，有饿死的，饿死几十口子，逃荒的没往东北的，都往黄河以南河南。卖孩子，卖儿卖女的都有。我没逃荒。死的人不多，到西北角，离这20多里地，到邱县死人多。

民国33年麦子都让蚂蚱吃了，麦子长得矮。

灾荒年日本人打死这个村不少人，日本人扫荡，抓住就打死，有八路挖洞。

采访时间： 2008年9月2日

采访地点： 馆陶县柴堡乡闫张屯

采 访 人： 石兴政　高灵灵　樊祎慧

被采访人： 张可贤（男　74岁　属猪）

张可贤

我叫张可贤，我上过学，高小毕业，毛笔字写得可好了。

民国32年老些人得霍乱抽筋，那时有霍乱菌，现在没了。得霍乱的上哕下泻，那时医学落后，喝水好点。

民国32年八月上河水，先旱后淹，得霍乱时一直下雨，地里全是水。我弟兄三个，一个哥，一个兄弟都是得霍乱死的，叫张大和张三，有五六岁，说是霍乱传染。东边过道张咸正得霍乱死的，不记得死了多少人，听说霍乱遗传。

中富村

采访时间：2008 年 8 月 31 日

采访地点：馆陶县柴堡乡中富村

采 访 人：石兴政　高灵灵　樊祎慧

被采访人：李秉仁（男　79 岁　属马）

李秉仁

我叫李秉仁，今年 79 岁。民国 32 年就是 1943 年，我是 1930 年生人。有人得过霍乱病。灾荒年一开始旱，后来下大雨，连阴不停。当时日本人在当地很猖狂，他为了保护他的城市、地界，在必要地区派出部队。我听人们说过，日本人放毒。我个人认为，日本人放毒是不客观的。他们自己也在这儿活动，不可能放毒。得病是因为人们的生活水平低。七八月里，夏天，我村子小，村子净水。都死年轻人，小孩死得也不少。灾荒年死的人多，当时村里也就一百五六十人，到最后我走的时候，死了大半人，也就剩六七十人。我父母就是那时候死的。

灾荒年那年卫河发水了，开口子了。夏季淹了一回，上游来水开的口子。秋天下大雨又淹了一回。上水是阴历六月里，下雨是在阴历七月。来河水是有死人的，下雨的时候也有死人的。李丙发就是那年六月死的，用两扇门一夹，放在木板上，抬到泥窝里埋了。村子小，西边过道人都死绝了。那时旱，也下雨，蚂蚱很多。抽筋霍乱大部分都是 30 多岁的人得的。针一扎血管出血，那就好了。听说过有日本人放毒，但怎么放的，在哪放的，都不知道。当时谁也不知道是怎么回事，后来才听说是日本人放毒，是听老人家聊的。得霍乱死的年龄跟我差不多的有七个人，有李文女、凤女、二老霍（音），其他名记不住了。不知道是不是上吐下泻。李焕成他母亲还有申双河的母亲都是得霍乱死的。因霍乱死的女的一共有 4 个。

听说村里因霍乱死了30多口子。当时一百二三十口子，有逃荒到外死了的。饿死、病死的有30多口子。得霍乱病治好的也有，有3个，放血放好的，是李昌忠、李恒发、王凤林，都是男的，都比我大，他们儿子都比我大。

春天旱得很，蚂蚱很厉害，飞起来都看不见天了。地里的苇子、树叶都吃光了，那年蚂蚱特别厉害。高粱都啃光了，也就是五月底六月初那会儿吧。闹完蚂蚱河水上来淹，河水上来后没有蚂蚱了。地里什么也没有，也没有蚂蚱。

先来河水，后来又下雨，又发水。来河水时就下雨，后来又下大雨，街里都老深的水。村子洼，一下雨水就排不出去。上水时日本人没来，水下去之后，日本人来过。给日本人喝热水，日本人嫌热，打中国人。来水由西南向东北，这么个地势。

没听说过日本人挖口子，他在这儿，他不挖。十里堡那里有口子，水往北流，不往这流。口子不是挖的，是冲开的，我是这样理解的。后来下大雨，西南那边下大雨，河水多，上河水，开口子。是五六月份吧，上了水之后又下的雨，没有河水大，河水把屋淹倒了。

七八月份霍乱病多，到九月份，天气冷了以后就没有霍乱病了。

采访时间：2008年8月31日

采访地点：馆陶县柴堡乡中富村

采 访 人：石兴政　高灵灵　樊祎慧

被采访人：李树有（男　78岁　属羊）

我叫李树有，今年78岁。那时天儿不好，旱。五六月里旱，开春也旱。庄稼种上了，不长。到后边，下点雨，也不管用。东边卫河发水，死人不少。抽筋霍乱，听说日本人那年放毒，扎血管扎胳膊放血就好了。

房 寨 镇

东孟良寨

采访时间： 2008 年 8 月 29 日

采访地点： 馆陶县房寨镇东孟良寨

采 访 人： 石兴政　高灵灵　樊祎慧

被采访人： 郭炳银（女　75 岁　属狗）

张云德（男　80 岁　属蛇）

郭炳银

张云德

民国 32 年，没下雨，地里苗都旱死了。都逃荒到关外、黑土地。后来下了新粮食，得了霍乱，死了好几口子。霍乱传染，用针扎，不除根，这是老人的办法。

那时候得病，听人们说得的是霍乱，不拉肚子，长病两个来月。

那时日本人还没来，有八路军。张云德的哥哥当兵，现在在无锡。家里穷，八路给发小米。皇协军抓人，皇协军最坏，是当地人，帮日本人。

民国 32 年逃荒，很多逃荒的，都回不来了，逃到山西，在外面成家或死在外边。

日子记不得了。

那时谷子面连糠带面，摊成黄馍馍。地里种花生、棉花、小麦，不种大麦。长了玉米再耩麦子，苗都旱死了，井里都没水。先旱，苗旱死了，又下雨，苗又活了，然后生了蚂蚱。闹霍乱时正闹蚂蚱，烧蚂蚱吃。都拿棍子赶蚂蚱。过了秋后，人们都吃蚂蚱。

1956年上水，房子都塌了，庄稼都死了。民国32年没发水，下雨下得不大，房子没倒，日本鬼子抓劳工，抓到日本，不让回来。有苏福堂、苏林堂、平林德、靖风林、王秋贵，日本投降后回来的，王秋贵死日本了。广平、怀峪（音）离这八里地，都有炮楼，那时炮楼可多了。日本人经常来“扫荡”，过贱年时没来。土匪少，到山区多。村原来穷，在家里过不好，都往关外走，去关外了。到黑龙江拾棒子，过一年就回来了，那边地多人少，地都没人种，黑土地，在里边拾棒子、谷子。

有红枪会，有八路军就都闹不起来了。

采访时间：2008年8月29日

采访地点：馆陶县房寨镇东孟良寨

采 访 人：石兴政　高灵灵　樊祎慧

被采访人：王金环（女　79岁　属马）

王金环

我叫王金环，今年79岁。我娘家也是这个村的，17岁结的婚。民国32年旱，阴历六月旱，六月底七月初下大雨，雨下了七天，房子下得塌了，泥墙下塌了。新粮食下来，人们吃了得水肿病。

民国32年，日本人已经来了，离这里8里地，有一个日本人的炮楼。村民吃了晚饭都跑（躲日本人）。这里是八路军的老根据地，当时村里八路军挺多，村里人不跟日本人。九月二十六日本人打死了4个民兵，村里人跑也来不及了。当时一说日本人来了都跑。我 8 岁时日本人进中国，日本人三天两头来。广平县韩（音）村都往这边跑，家家藏人，藏在高粱地里。

得病死的老人多，年轻人各（gě）活（生命力强）。一天死好几口人，都是老人，得的水肿病。反正都是一年死的，七八月份，高粱下来时，死三五十口人。有抽筋病，王付江之妻就是得抽筋病死了；还有张生他爹（哑巴）也是霍乱病死的。霍乱病说死一会儿就死了。霍乱传染，哑巴家里人没被传染上，他是往地里推粪种麦子时得的病，第二天就听说哑巴死了。穷人吃都没得吃，没人给治病。

八路军来了又跑，跟日本人转。八旅、九旅驻这儿，三天两头在这儿驻。日本人不定哪天来，说来就来了，老百姓看着日本人来了就都跑。我 13 岁往地里埋粮食，住了五天，往合寨跑了。日本人不打老婆儿，不打小孩儿，来抢东西时打人。当时日本人穿军装，不穿白大褂。有一个民兵，当时 30 岁，让日本人打死了，脸上的肉让日本人割去了，叫靖书来。

民国 32 年蚂蚱多，一块高粱都吃光了。从高粱上捋一把蚂蚱，都吃蚂蚱。当时有二亩多高粱，我们去拾麦子，回来高粱都（被蚂蚱）吃光了。三月里种高粱，是阴历四五月闹的蚂蚱，闹多少天不知道。

后来死的死，跑的跑。民国 32 年，逃荒往西。我大爷往关外走了，一家全逃荒了，后来回来了。我大爷民国 32 年出去的，后来死在外面了，婶儿走了。民国 32 年那会儿，吃秕谷子、糠，推了吃了还算好的，枣很青就吃，吃野菜。地里种谷子、高粱，那年没种上麦子。天不下雨，没种上麦子，都种红高粱。清明前后种红高粱。那会儿不种花生，有种棉花的，不多。

上水不上水不知道。民国 32 年先旱后来下大雨。不旱了又闹蚂蚱，那时高粱都发红了。

采访时间： 2008年8月29日

采访地点： 馆陶县房寨镇东孟良寨

采 访 人： 石兴政　高灵灵　樊祎慧

被采访人： 王苏氏（女　83岁　属虎）

我叫王苏氏，今年83岁。民国32年没下雨，旱，一年没收成，都饿死了。七月里下大雨，下了20天，没淹。五六月饿死了，后来下了新粮食，一吃新粮食又死了些人，两次一共死了七八十口子。老人死得多，年轻人、小孩没死。民国32年闹蚂蚱。逃荒到山西，山西就是关外，逃荒的第二年下雨有回来的。民国32年日本人来了，天天来抢，地里不收。闹灾荒时这里有八路军，见过飞机撒纸传单，没撒过吃的东西。

郭徘徊头

采访时间： 2008年8月31日

采访地点： 馆陶县房寨镇郭徘徊头

采 访 人： 王占奎　陈　艳　刘　欢

被采访人： 武勤业（男　76岁　属鸡）

武勤业

我一直住这个村，民国32年是灾荒年啊，1943年，旱，把庄稼都旱死了。那时还小，反那谷子都旱哩，歪歪子，那时没种上麦子，没井，有井吃还不够呢，水有旱井。那时不兴浇地，靠天，那时是砖井，光吃。

逃荒的不少，咱村儿黑蛋儿那一家子，郭纪明，还有郭占发他二小，都往外逃，具体时间记不清了，都往外逃荒逃东北，亚布力，在黑龙江。

那喝那水的人短粗，大部分人都死那里了，有回来哩，回来喽手指头粗、短，走路拐哒拐哒哩，水土不一样吧。

这个村儿比较好。这村儿算在农业上挺重视，有的村饿死的都没人了，像房寨，地少都靠做买卖。下雨，下可大了。那时唱歌：民国32年，灾荒真可怜。下了七八天，人吃到新粮食，有撑死哩。人饿得没啥吃，一有吃哩吃饱了，肠细了，撑死了。人得霍乱死了一大部分，下雨大了潮湿。得那病抽筋，好得不多，都死了，活不了，八月以后得的这病，反就那一段吧，具体时间不清楚。第二年就没有了，多少年没这病了，现在条件好了，有了病人就防住了。从前也有，没那一阵儿狠。

日本人来过，说话咕噜咕噜，那咱不知是不是真哩。我被他围住两回呢，就铁壁大合围。那挤在罗徘徊头一围。那时给俺爷爷在家里烧香磕头。那他一跃把门跺开了，把人都轰出去了。俺奶奶说你叫俺出去俺就出去，别吓唬俺，他用刺枪把俺奶奶一撴，没破，撴个踉跄，那一回在俺奶奶身上打一枪。

那会儿日本人穿黄军装，戴着罩，跟俺八路军戴帽不一样，那铁帽不一样，那是治安军还是啥家伙。

皇协军都是中国人，皇协军给日本（人）办事，他抢、砸，给那些日本人当兵，那里当兵有钱花，不当兵庄稼人能有钱花？他替日本人抢了东西他能留下点还有黑吃。日本人走了，家里没人黑吃，来抢饭吃。日本人不断来，这是南馆区，离这2里地就有钉子，那个村离这十来里地，也有钉子。这一片儿有三四个钉子，他出来抢，抓人，抓人要钱，抢粮食，抢你好东西。灾荒年那年也来过，说不定哪一阵儿，吃饭也吃不成，吃饭外边有人看着。一说来吃不完就跑了，牵着牛，带着干粮就跑了。

周围村儿都有霍乱，俺这村儿是比较好的。饿死的俺农业村，庄上地逃荒的多，到西北，一个村儿都没了，饿死的。逃荒的多。

灾荒年也闹蚂蚱了，具体时间记不清了，那时候灾荒，种黍子，刚黄尖就吃了，不吃人就饿死喽，那是秋粮，春天种的。闹过蚂蚱，不记得啥时候了，不记得人穿啥衣裳了。我那还小。

日本飞机跟咱现在飞机差不多，它飞得低，跟钉子差不多。我记得打霍寨那一会儿，霍寨有，离这儿15里地。姓霍的霍，谁知哪个霍，人都说霍寨霍寨。发过水，灾荒年来过水，不大，那时旱得种不上庄稼，哪能有水？

咱这发水1963年有一回，1956年有一回。再往早可能来过一回，没成灾。那时是哪一年记不准了，听老人说，我都记不得了。1956年、1963年我都记得哩，房都塌了，就漳河那儿，离这十来里地，就下的雨大，下雨打那堤封不住了，崩了。

霍乱抽筋那病咱这不多，别庄多。老些都死了。反正抽筋就抽死了。咱这庄上没人得啊，外边儿得些多，俺这村儿小，大村儿多。俺这村地多，种粮食多，种粮食多还饿不死，大庄有的他不种地，做买卖，一到那年景就饿死了。

孩　寨

采访时间： 2008年8月29日

采访地点： 馆陶县房寨镇孩寨

采 访 人： 石兴政　高灵灵　樊祎慧

被采访人： 王文英（男　78岁　属羊）

王文英

我叫王文英，今年78岁。民国32年，我13岁，村不大，一天死一二十口子，饿死了。收得不好就生蝗虫了，高粱都被吃光了。前半年没下雨，旱，都逃荒去了，出去卖儿女的可多了，去平定州（河北省邢台市），去梁山。过贱年有两个原因，一是天灾，二是日本人搅和。

民国32年没种上麦子，蝗虫不吃豇豆，下雨收高粱，找豇豆吃。那时不种棒子，因为人穷，都被人偷了，也不种地瓜，花生也少，沙地里种些，就种高粱、谷子。好时一亩收四斗，甜瓜可以收一布袋。秋分种麦子：白露早，寒露迟，秋分种麦正应时。高粱一步三棵。

民国31年秋天没收，民国32年挨饿，树皮、榆树叶都吃净了。有人弄些榆树叶卖，换点吃的。五、六、七、八月份死很多人，饿得人没法，吃新粮食有毒，撑死了。民国18年也有饿死人，只要有孬年景，来年收了新粮食就会死人，50%的人是撑死的。一至五月份是饿死的，六、七、八月份是撑死的。

有霍乱病，上吐下泻，头蒙，发烧，抽筋。拿针扎筋出紫色血就好了，能扎好，只要扎出血了就能活。七八月份出的霍乱病。没下大雨，但也下过雨。人都下地里逮蚂蚱去，逮了来吃，民国31年、32年都闹了，下雨前闹。地里有蚂蚱子，民国33年也闹过，春天有大蚂蚱。下的雨不小，晴天一会儿又下，停了又下，45天见天下。见天有雨，房倒屋塌，没得烧，没得吃。下雨时得的霍乱，下雨后还有得的。下雨是农历七八月份，蝗虫是民国31年闹的，由别处飞来的成虫，都看不见太阳了。民国32年有，少，那时候没庄稼，都飞走了，五六月份后才有本地生的蚂蚱，闹蚂蚱后又下雨。

民国31年就逃荒，民国32年更逃荒，有的一个村都逃走了。卫河发过水，那时日本人来了。民国26年这儿有地震，轻，房屋有倒塌的，没死人，那时日本人来了。民国32年八路军来了，都不知道是八路军，从南宫过来的，范筑先把他们接来的。八路军来救荒，弄粮食贱卖。

陈再道、宋任穷的兵都在这儿，是一二九师的一个分支，司令员是陈再道。徐向前也在这儿，称东进支队，军队分散。骑兵旅将馒头切成片，装起来，跑出去有得吃。都有小米袋，一天不能吃超过一斤。当时当兵的多，民国33年、34年八路军发展快。民国32年日本人把馆陶县城占了。

闹霍乱时没见过日本人，有皇协军，皇协军也传染上这种病。没见过日本人给人们打防疫针。

民国32年没见过日本飞机，更早一些时，我8岁时，日本飞机炸过这儿，飞机红头，有一两个人。

民国32年以后日本人抓劳工，皇协军抓的，皇协军头儿叫王天祥，抓劳工到一个院子里，再选，不要老头，抓到日本国去了。给日本人抓劳工，分给皇协军钱。有土匪。八路军在村里发展的民兵，挺管事儿。

霍乱病是大人得的多。郭宛成在家得了霍乱，肚子疼，不知道是霍乱，去地里逮蚂蚱吃时，疼死了。蚂蚱到耩麦子时才死的。谷攀德得霍乱症死了。得霍乱症死的有二三十口人，孩寨原有1000人，有逃荒的，死得最后剩不到500人。王俊、赵兰都是得霍乱死的，可能传染，全家人都死了。

爹娘不能照顾子女，子女不能照顾爹娘，都卖儿卖女。一个小男孩，5、6、7岁，能卖两三块现洋。日本人的票叫金票，八路军的叫冀南票，山东的叫鲁西票，国民党有马拉犁、老人头、黑花心，在这儿都能花。现洋是袁大头，穷人那时候没有袁大头。卖儿卖女的钱几天就吃光了。

民国32年卫河没决口子。民国26年决口子，上水了。馆陶县地势西南高，东北低。民国31年收成不好，没种上麦子，过了年收不成麦子。小时候上过一两年学。

逃荒的有回的，有不回的，回的少，民国32年、33年、34年回的。逃到梁山的都没饿死。逃到山西的洪洞、历城、襄垣、清远。土匪头子有王来贤、吴作修，冠县有罗兆龙，解放后都枪毙了。

韩徘徊头

采访时间： 2008年8月31日

采访地点： 馆陶县房寨镇韩徘徊头

采 访 人： 王占奎　陈　艳　刘　欢

被采访人： 韩信章（男　78岁　属猴）

韩信章

我上过小学，上的高小。那会儿，到后来是共产党，那时是地下党。因为这个村小，那时共产党住了三个单位，地委书记，县委，县长。三个单位都来这儿住。一个二十三团属于地区。他领导人在这儿，咱这是指挥部。

指挥部房子没了，共产党还有房子？住民房。那会儿兵管你，见了老大娘老大爷地里的活都给你干。家里挑水都给。那时根本啥也没有，那时都是砖井。那会儿地下水不往外抽，打不深，就两丈来深。在地里挖七八尺就能涨水。浇地就行，过去没有机井。

离卫河 20 里地，卫河那边山东了。卫河以前发水，经常发水，也说不定就是卫河发水，就上边来水。咱这儿原来还有漳河，到后来没了。南边离这儿 2 里地。那小，我也记不很清了，东边有个卫河。

灾荒年那年可能没发水。咋着没发水？那时就是下雨收点儿，不下雨就不收。守着河咋着浇？使着膀子浇吗？那时也不兴施肥，现在都机械化。那时人苦着嘞。受罪着呢。那日本人国民党掌权，那时共产党不掌权，但他得民心。那打开哪一个钉子的时候，就打开仓库放粮。就哪村都有地主啊。城市有资本家。地都是他哩，要钱也问他要。农民没钱，那怎么要？

民国 32 年，地主那也参加共产党。那也不是土地主。真正农民不饿死就逃荒。往关外逃，往东北逃。有饿死的。人谁愿意死？能挪动的就往外跑。逃荒这个具体数我也没算过。那得出去七八户，那咱村总共 20 多户。连饿带逃荒都没多少人了。

我也逃了。我逃到东北。我民国 32 年春天走的。春天家里没吃没喝，再加上日本人扫荡，杀人放火，就跟家里大人走了。要是庄稼好我能走？民国 32 年就不下雨，长不了东西。那时人也就用勺从井里往外提水，那该提多少，能浇啥？那是人都饿哩没劲了。一会儿日本（人）来了，一会儿皇协军来了，一会儿这杀人了，一会儿那杀人了，那时人都怕，不敢动弹。民国31年好一点，那也不很行。

现在一亩地（产）一千斤。那时一亩地年景好一百斤，那时能跟上这？要我不种地吗，我锄锄地。我种点，干干活，别人帮着打打药。现在你就是种一点，不用多，吃喝就没问题。这会儿这社会啊，你们都是有福之人。现在一个人2亩多地。灾荒年一人摊得多。我当年那时有10亩多地。现在2亩地也够吃。我现在1亩8，我还卖粮食呢。一个人吃多少，让你随便吃你吃多少？那时收得少，那时地里收不起啥。

原来有往这逃哩。那从济南来，没多远。他两小孩和他爹来这里。他爹有了病，剩他这哥俩。他二小比我大两岁，参加共产党当兵了。那兄弟在俺村住。那个人跟了俺村那家没小孩的了。那就民国32年，他那兄弟也当兵了。那个早死了，他跟我挺好。

逃荒那年，那几个村跟咱村情况一样。反要不下雨都不下雨。那县城里皇协军日本人管你抢东西，只要粮食。只要不给他，他就杀你。不管男女，只要犯他病就即杀喽。那会儿俺家住着一个县委书记。他挖一个地道。日本（人）围住俺村。往郭徘徊头有一个口，从地道逃走了。那地道早没了，我那还下地道哩。

我第二年就回来了，民国33年年下。我母亲半路伤那儿，死那儿。我和老大、俺父亲就回来了。像邯郸书记叫张秋叶、馆陶县委书记孙建功一家人都死光了。

我回来那也就20多户。有回来的，有来家没出去的。那时好年景（亩产）有百儿八十斤。有地主。邱县那时说都种棉花，没麦子。一人七八亩、五六亩。

民国32年秋听人家说一下雨七八天。第二年年景不错。听长辈说的，有不去逃荒的。那卫河也没听说出水，在别地儿也没听说过。

霍乱抽筋，听说过，就民国32年那年。就那天热时，那我就不在家里了，俺家没得那病。回来听院里人说的。曲周、邱县那都死得人不剩啥了。得那病上哕下泻，挺毒那病。毒就是病重。咱庄也有得那病的，没听说死得那么厉害，很多事儿我都闹不清，当时暂不在家，光听人家说，咋得的这病，咱也没听说。

蚂蚱，有，也不少，我也没见。我这是听旁人说。我都出去了，我光听人说蚂蚱多得把太阳都遮住了。会蹦的蚂蚱都朝着一个方向。那时人啥都吃，这会儿树谁吃？连杨叶、榆树叶、地里草都没了。人饿急了啥都吃，要不人都饿死了。

皇协军是日本人的部下，尽中国人。有城市的有农村的。他就是抢粮食抢东西，无恶不作。他拿东西，你不让他拿，他该打的打，该杀的杀。他是中国人，听日本（人）的。日本人来过。我没亲眼见过。别管哪村，村口老杂啊、土匪都有这人。黑家就有民兵。晚上站岗看着。民兵是共产党组织的。你不愿去当兵，那人都吓哩，外边日本（人）打仗死得没数，就在家里当民兵，就站个岗放个哨。一看日本人来了，一喊都跑了吧，就这样。

罗徘徊头

采访时间： 2008 年 8 月 31 日

采访地点： 馆陶县房寨镇罗徘徊头

采 访 人： 王占奎　陈　艳　刘　欢

被采访人： 罗承业（男　81 岁　属龙）

罗承业

我没上学，那会儿不是有日本人吗，日本进中国那时我 10 岁，日本（人）在这吧。我一直在这庄。民国 32 年出啥大事儿？反就是灾荒人没吃的了。旱灾，耩不上麦子，旱了三年人都毁了。就那前后三年，下雨旱也不行，雨也不行，耩不上麦子，没有井，地里没有钻井，离河十来里地，那时谁能把水引过来呀。现在行，那时能行？那时吃水街里有井，四五个井。那没这些人，那时村儿没这么大，那时是四五百人，这会儿1000多人了。

那时地多，多还不够吃，地少了倒吃不了了，我这说实话。那时靠天吃饭，下雨就种庄稼，不下就不种。要不说那时种多了倒不够吃了，这还种瓜挣钱，那时收就是百十斤，这会儿一收1000斤。

民国32年也就因为不下雨。旱了晚了，别的不收，收上百十斤能够吃啊。没耩上麦子，那人都饿，灾荒年那时旱，没水。

那也不知道打井，发洪水也就是民国26年，民国28年也淹了，从东边过来的水，就日本（人）进中国那年。头年淹的倒不多，不是完全都淹了，运河淹。王徘徊头都打到横堤往西淹。咱这都是平地，水都那么深（一米深）。1963年最深，1963年也从南边过来。门口前面这路都到脖子了。那人倒没伤，反那会儿淹了，人吃不好不受罪么？那时一口人合4亩多地。那时人也少，吃能跟这会儿一样？现在卖大部分，那时除过年吃（其他时间吃不到）。

这村别看人不多，逃了一两百口子也不止，那时有五六百口子。那时人有往山西跑，往关外跑，就民国31年、32年，都到后边，又回来了，咱就逃一年就回来了。在那边咱住不惯。

没逃就在家种地呗，有老人不能出去。回来以后，人倒是还有五百多口，还有没回来的那时。

霍乱转筋这病，那都在灾荒那两年。咱村儿上死过人，霍乱抽筋死人太多了。那时也就是民国31年。那时我十三四（岁）。那咱村死个七口子八口子呢。咱不是医生，不知咋得的。得那病，在胳膊弯扎扎放出血，有的就好了，有的不行。那咱不是医生，咱说不上来，反不久就死。这会儿有医院了，那会儿连医院也没有。那霍乱抽筋医生说的是霍乱病。咱庄有医生，就是给你看看、查查，治不好就死，治好了就好了，传染不传染咱不知道。东边那个大娘，前边这个，得这病不久就死了。

日本人不说天天来也经常来。俺没在家，俺逃出去了，他杀人，俺在家时也来过，咱光跑呗。日本人都这个人模样，穿黄衣服，就电视（上）那样，都穿黄军装。还白衣服？日本人来咱村就打仗啊。

那村儿里当兵的很多，这个村儿人多。

蚂蚱民国32年就生过。就俺逃荒那年生的，俺听人说的。头年二十八走的，逃荒走了。待那儿腊月二十五回来，那邯郸那过了两个初一，初一朝北走了。二十五往这走，咱家来到邯郸又是初一，回来三年头吧，俺初一就是整一年。

俺爹叫馆陶皇军抓走了，他待村儿里当会计，那时是粮兵战士，按现在是会计，抓走十多个呢，皇协军抓的，不是日本人，抓取他要钱呗。要说那都给土匪家伙一样。抓喽你就让你拿钱换。皇协军都是咱中国人，见天出来，他那都给日本（人）出力。你这没看电视上穿个白帽，都替日本（人）出力，你说给共产党（出力）不行啊，不是那事儿。

日本飞机哪年记不准了，西南霍寨叫日本鬼子打了，飞机不出门就见。日本飞机飞得那没这会儿高，那飞得低，咱说不上来啥样。

灾荒年连旱了三年，下雨不大，庄稼收不多，多了才说灾荒年，也下雨，每年都有雨，是旱晚，三年都没耩上麦子，过年都下地，不能说一点儿没有，下雨收不多，谷子旱得一点儿高。

采访时间：2008年8月31日

采访地点：馆陶县房寨镇罗徘徊头

采 访 人：王占奎　陈　艳　刘　欢

被采访人：罗金亭（男　82岁　属兔）

罗金亭

我一直在这个村住，灾荒年没啥吃，收不着啥东西，有地不打粮食，吃啥？不是淹就是旱，没井，不打井。河里的水咋往这里浇啊，那又不兴机器，不兴往外抽。秋庄稼地里不打粮食，不够吃哩，一年批20斤麦子一个人，都不收麦子。一个人地不少，有2亩多地，也不打粮食，不能浇。现在有化肥，打机井，才能浇。咱村1000多口子人。见年旱，跑出去往哪跑。能吃饱就行了呗。吃烂红薯，在地里刨刨。那时红薯干子是80来斤呗。日本人那后来投降啊。日本人在这儿咱还单干。日本人来这儿没成高级社。

我见过日本人，我还打过他呢。咱俘虏过来呢，他也不愿意过来，直哭。他也想他家里。他说话咱也听不懂。咱村俘虏多少咱也不知道。跟他打了八年。日本人他那进来时。我那不过十四五（岁），才记事。才进来，原来不打老百姓，后来又打了。那时咱穷，那时要子弹没子弹，要人没人，光磨刀。那时死伤以后在这儿埋了。

1944年日本没投降，1945年（日本人）走哩，投降走了。

霍乱抽筋那年，小孩死了一大堆。我那时不过十一二（岁）。共产党派来医生看，也不要钱。给药丸，吃药丸，我都记得那事儿。治病，有病就吃，没病也吃，不吃你就得那病。那春天吧那会儿，麦子还没熟呢。得那病是春天吧，春天穿那衣裳啊。我那时也是小孩啊，都说是得霍乱抽筋，有看不起的，也有不看的，都死了。那时医疗条件达不到。那病就是难受呗。吃那药，有治好的，有治不好的。不知道啥药。过去灾荒年就没了。我十七（岁）就当兵走了。我走那就没事儿了。灾荒年死人多，啥病都有，咱也不是医生。

除了淹就是旱。起我记事淹了一回，十一二岁吧。那下地，我上地里弄高粱，撑着个筏。漳河，馆陶那里的河，淹了1个月。那高粱收了，五六月里。不下雨那水从哪儿来？反就连着阴天。

过过蚂蚱，说往这蹦就都往这蹦，老些嘞，会飞哩，一来喽都会飞的，来了看不见天，落地里一会儿就吃光。那时没多大，也就十啦多岁，那还劫蚂蚱。

没逃荒哩，没其他地方往这儿逃哩。一个人几亩地收多点？那谁能过啊。那些年各顾各，谁还能顾旁哩。有本事吃好点儿，没本事吃孬点。孩子饿得嗷嗷叫，你能不要饭？等雨，又不能浇，灾荒年耩麦子等雨，那雨很小。

罗元银

采访时间： 2008年8月31日

采访地点： 馆陶县房寨镇罗徘徊头

采 访 人： 王占奎　陈　艳　刘　欢

被采访人： 罗元银（男　90岁　属猴）

解放前我就一直在这儿，这是老地方，1963年逃一次荒，别的没逃。民国32年反就那一年。春天苗倒好，这一旱都旱死，一到六七月就上水了，反也不大。北边过来的水到火车道又回去了。

东边运河、南边漳河来这儿过来的，河都不大，西南水库来的水，家家都有水，水大着呢。

那年都旱，种得都不好，起春天旱到六七月里，旱了四五个月，没收啥，那粮食不多，人都苦着呢。东边冠县那里都收了，俺这没收，俺这粮食乱七八糟都卖给东南了，卖了换两斤粮食。

有逃荒的，那也不管啥，要着吃，都在这，来这住。民国32年也往堂邑逃。他那就卖到山西，小孩儿都卖了。都往山西，头年哩还有壮年来，过年二月就逃走了，家里一点儿粮食都没有，过年，来家就收粮食，再回来。

霍乱抽筋就民国32年。过秋，一换新粮的事。秋粮一收，收哩不多，饿哩那新粮吃消化不了，胀啊，那也有救人的，扎针的。得那病，人不当家，人就蒙过去了。我还得过那个病呢，扎那老针，挺粗家伙扎过来的。我得那病有日本（人）在，他那又扫荡，都不敢在家睡，怕他围住村，不是打就是杀，害怕捉潮了，手一个劲地抽筋。后来一抽，我说：妈，给我拽拽，旁没啥症状。都是缺粮食饿的。得这病就过秋，迎冷那儿，一着凉，就抽，反死得不少。都是吃新粮食得那病。

我过秋得的病，将吃新粮食，不敢在家待，去小村待去了，一着凉，回家吧，一回家就抽，光抽，先生给扎过来了，他周身的扎，反正他扎过就好了，不抽就好了。还得伤寒病，想吃就得吃，不吃不好，秋粮还不够好哩，都是挨饿得这病，那是几年，咱记不得。伤寒病时我20多岁，我家里也是抽筋病，就两三口，有我，我爱人，还有个闺女，民国32年、33年得的，都治好了。我爱人厉害，她病了时间长，很长时间才好，光抽筋光吐黄水，得一个多月才好。先生到时候就给号号脉，吃药治不好，扎针是误打误撞，有扎好的，有扎不好的。我闺女是伤寒，伤寒病不抽筋。我爱人姓郭，郭氏得病时有二三十岁，在家就得病了，吃的也不好，吃糠咽菜，我闺女她得病晚，那在后，抽筋病在前，伤寒病在后。

蚂蚱才厉害啦，那是民国几年，打蚂蚱，一脚下去，踩死好几个。出来月亮地，都把月亮地埋了，那时我有十七八岁。秋里过蚂蚱，就这个时候，灾荒年没到。

民国32年（水）都足腰杆深，1963年六七尺，水都从东北角馆陶来的。那都把大堤冲开，就来了，那是共产党修的邮政水库，冲开口子。

日本人来咱这里，咱都跑了，他来这里，咱听不懂他那话，他说打，不管你胳膊腿，就打你，因为啥？他孬东西他不打？要光日本人还好，还有皇协军，皇协军抢东西，反掖自己拿走了，日本（人）不要东西，就光皇协军要。

日本飞机那年西北来了4架，他打霍寨，那里有队伍，他过来了，把他炸了，撂炸弹，炸死人了，我耕地看见了。

我上过学，不透气，上了一年多，就下来了。咱是老农民不识字，就在家做活。

王徘徊头

采访时间： 2008年8月31日

采访地点： 馆陶县房寨镇王徘徊头

采 访 人： 王占奎　陈　艳　刘　欢

被采访人： 王超文（男　82岁　属兔）

王超文

我就在这住的，是在这儿出生的。民国 32 年我十五六（岁）了，饿几天不要紧，光吃树叶子，枣叶子没吃，榆叶子吃了，槐叶苦，那饭可好吃了。

7 个月老天不落雨，过秋下了，下来有粮食了，红薯、黄米，一来吃，吃就毁了，脚面子胀，胀得流水，不吃粮食嘛，那就饿死老些人。

过秋下雨，房倒屋塌哩，连阴，两边搭个篷，墙都不结实，那枣都能吃了，吃枣，喝水，枣也养人，下了那得十天半月哩，那土房，墙都不好就塌了，八月里下到九月哩，到十啦月哩不下了，来粮食了，咱这儿有日本人呢还。

我这 82 岁了，苦的咸的辣的都受过，现在享福了。现在我肉不愿意吃，酒不愿意喝，烟不愿意吃，光想吃咸菜。

俺没逃荒，娶媳妇吃个干粮就跟你过，那后来好了。有的那地方老婆不愿意走，孩子愿意走，他愿意走就走，不走就住这里。黄河南，河东都八里地，都是好年景。民国 32 年可逃荒，曲周那整个县都没人了，饿死饿死，逃荒逃荒，一片散沙，毛主席还没打过来呢。没条件，当兵的吃一斤米，小米加步枪跟日本人干，跟小鬼子干 3 年。八年抗日，三年防枪，十一年，我啥都经过了。周恩来跟着毛主席、朱总司令，给群众挑水。那兵站不住了，五次“围剿”抄光，抢光。毛主席没办法了，动员老百姓当兵，这样站住了，那时人艰苦。

霍乱抽筋有，具体哪一年咱闹不清，反八月十来月，咱这得这病不多，这村儿不大。我没见过得这病的。原来得病，撑死的撑死，饿死的饿死。

我咋没见过，我 80 多岁，什么都见过。得这病都饿得肌黄面瘦的，筋不抽，死得快。这时候真享福，现在没文化不行，大学毕业都不中了。

我见过日本人，背着水葫芦，大皮鞋，嘎叽嘎叽，水葫芦，圆哩，他来庄上围住了，八路军用枪打他，他那一个排有汽车，封锁不全。他进村干啥？你八路的干活，看见八路就打，看你手，手没茧子是八路，就打。吃鸡，吃烧鸡吃，八路军跟他后边追着打。有侦察员，他要盒子给他一盒子。

见过日本飞机，也是给咱这飞机样。有轮子，两头，炮弹一撩，嘣，大家伙，可响了，那都害怕。他打馆陶时砸船。那是蒋介石时期。

民国32年没上水。上水是1963年。那都平和了，没事儿了，把日本打败了，又打蒋介石。

谷子寨子蚂蚱上墙。小孩都赶那蚂蚱，赶沟里。那时日本人在。那都像是说书了，我说咋阴天了，蚂蚱靠天近，挡住太阳了。那是民国32年之后，那年景不咋，那棒子都抽穗了。他（一位路过人）叔上东南了，逃活命。蚂蚱它在河东呢。我到这时候死了不亏了，啥也不亏了，这啥都经过了。

我是行政干部，我弄个离休。一月2000多块钱。我是老党员，当时那你要是党员那要命了。

馆陶镇

安静村

采访时间： 2008 年 8 月 30 日

采访地点： 馆陶县馆陶镇安静村

采 访 人： 石兴政　高灵灵　樊祎慧

被采访人： 张丙海（男　85 岁　属鼠）

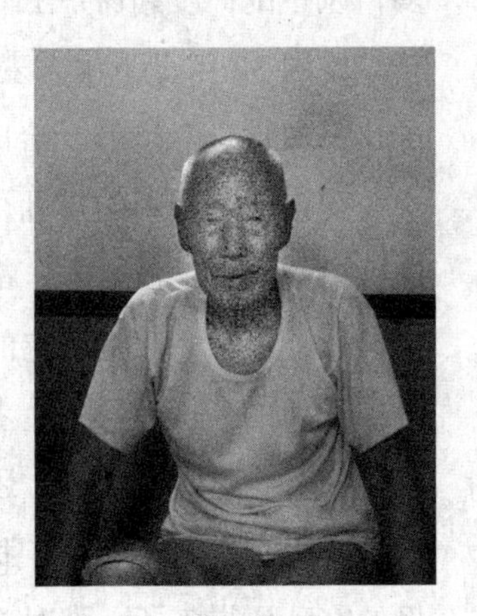

张丙海

我叫张丙海，今年 85 岁。那一年我下东北了，民国 33 年正月走的，到东北下大雪了，用小推车，7 口人都去了，家里没人了，我母亲、父亲、哥哥、嫂子、我、弟弟、一个侄女，那个时候山海关那边是满洲国，是日本根据地了。一家人推小推车，有证明书，到天津后，还得换，到山海关要过关证，上火车也不行，要换满洲国的通行证，才能坐火车。那时候旱，不挨饿就不走了，旱的时间不短，逃荒逃得没人了，那时村里四五百人，走得不少，有去河南的，有去东北的，去东北的多。那时吃糠，吃花子面，没东西吃，饿得走不动了。

有霍乱，抽筋就抽死了。那时候我没在家。死了人，都没人抬，都逃荒走了。见过得霍乱的，传染，一家一家的传染。那时候没下雨，河里旱得没水。白天日本人上村里来，要谷子，要粮食。八路军晚上来。皇军见天来。日本人拿着小袋，里头有毒，家里井都用石头盖着，袋子是铁的，圆圆的，不知道是什么毒。日本人把毒投进去，老百姓再掏出来。村里有十好几口井，村子大，拿两块木板，用锁锁住，吃水时再打开，防止日本人投毒。光日本人投毒，皇协军没投。在井沿上弄个框，都钉死了，用的时候掀开就行了。后来一个井里挖出两三个铁袋，都生锈了。没见过日本飞机。卫河没发过水。

那时县城在北陶，解放后，1956年、1955年从北陶搬到南陶，南陶是镇，日本人占着北陶，八路军在根据地，八路军要挖口子，淹日本人，水就上北陶了，6月份上水了，就扒开大堤，淹日本人。河里沙子特别多，风一刮，漫到窗户上。这是民国32年前几年的事。

民国32年没下雨，麦子没种上，没收成，挨饿就逃荒了。蚂蚱可多了，一麻袋一麻袋的，给日本人送蚂蚱。

我走了以后闹的霍乱，村里死了很多人。死的死，逃荒的逃荒。村里连棵树都没有，没啥吃，都刨了。投毒比逃荒早一二年。逃荒时得霍乱的少，死了十来个。刘凤港的奶奶、张梦贵的母亲、张富有还有他老婆都是得霍乱死的。饭食不好，都说日本人投毒，喝毒水死的，不知道啥症状，死得快。我走之前还好，还能蒸个谷糠，我走得早，后来想走的人都饿得没劲，想走也走不动了。我走的时候霍乱死得不多。后来到东北，听说村里的霍乱死得多了。那时八路军也没啥吃，一人背着一个小米袋，国民党也不管这里，老百姓都说日本人投毒。

日本人在村里抓人修城墙，一排排的人，我就让他们抓走过。日本人的规矩，22岁去体检，当兵，验不上兵的上日本国下煤窑劳动三年。我不识字，在东北的时候，没验上兵，当日本兵给好些钱。我的房东跟日本人弄兴农合作社，房东给找了个活，我不用再下煤窑了。他给兴农合作社管事，收公粮、谷草。房东好心，让我在家，一家人团团圆圆。我的工作是给日本人打扫粮食，拿帆布盖着收上的公粮。日本兴农合作社的头叫南天，让老孙（房东）找忠实可靠的人上日本人家里给提水、劈柴，用马车给他拉东西，去中苏洋行拿油、盐，不许中国人吃大米，只能吃棒子面。

村里灾荒年都喝生水。没下雨，下雨就有好年景了。一亩地见200斤就挺好了，那就是好年景了。闹过土匪，上这儿来抢东西，穷人家不怕，家里没东西，有东西都抢去了。有东西都放在缸里，埋地里。没东西的怕挨饿，有粮食的怕抢。

以前没听说过日本人投毒，馆陶县城来调查过。

采访时间： 2008年8月30日

采访地点： 馆陶县馆陶镇安静村

采 访 人： 石兴政　高灵灵　樊祎慧

被采访人： 张登申（男　76岁　属鸡）

我叫张登申，今年76岁。那时人们都吃秕子，吃糠。人解手解不下来，用钥匙往外掏。民国32年不记得旱。民国31年上过水，三年上两年河水。那时没人管堤，发水时没人挖过口子。不记得民国32年发过水。民国32年日本人在，来了好几年了。那时我成天去打围子墙，把馆陶县城围住，很高，在县政府那儿。日本人侵占这儿，我们当亡国奴。他们来了，往这儿画个圈，就没人敢动，乱动就杀。日本人叫小孩给他牵着马，给他放马去，小孩不敢不听，给牵着缰绳放马。

那时靠天吃饭，往西北，邱县厉害，贾寨一天饿死了800多人。我们这片上河水，上地里去，地湿，就得了霍乱。俺村一天向外抬好几口子。把屋门一摘，地上放砖，两边用两扇门一搭，搭成一个棺材，上面埋土。那时有人得霍乱，抽筋，哕、泻。一天扎两三回，扎胳膊、腿上的筋，有扎好的，重的就死了。当时村里有700多口人，走了300多口人，向黄河南、关外逃荒，拉着老婆孩子出去要饭。俺大爷、大娘、三哥都是得霍乱死的，那时我还小，不记得他们的名字。不知道谁得过霍乱后来治好了，那时不像现在串门，谁家不知道谁家。

民国32年没发水吧，民国31年发的水，反正三年上了两年河水。灾荒年不知道日本人往井里投东西。日本人来了，村里都跑没人了。没见过日本人飞机撒吃的东西。

河水来了以后都逮蚂蚱，那年河水没淹村子。今年上河水，第二年蝗虫都上来了。那会儿没农药，挖沟治蝗虫。那会儿有了虫子用点灰撒撒。那一年我没逃荒，走不及，那时候家里6口人。

民国32年涨水，高地方淹不着，下了河水后日本人又来。得霍乱时没见日本人穿白大褂。日本人怕老百姓把病毒带到他的红部去，给人们喷东西，消毒。皇协军让咱去给日本人干活，给咱消毒，没见过日本人到村里来消毒。记不准日本人来给人们检查身体了没。

采访时间： 2008年8月30日

采访地点： 馆陶县馆陶镇安静村

采 访 人： 石兴政　高灵灵　樊祎慧

被采访人： 张兆先（男　78岁　属羊）

谭书婷（女　80岁　属蛇）

张兆先

张：一块金票顶13块冀南票，冀南票3块钱买一斗粮食。民国32年旱，庄稼没长，后半年也没下啥雨，没收好，不过也收了点。下雨下得晚，棒子长得不好。农历九月才下，不大，卫河水也不多。霍乱死了87口人，一个村一个村都没人了。死了人，在土炕里挖个坑，把人埋里面。那时候生活不好，是一种“毒气”。刘先生（医生）和张先生在村里给人扎针治病，有扎胳膊的，有扎腿的，治好的少，死的多。这病传染，霍乱发烧、抽筋。一家有死两三口子的。

谭：扎针扎得早了，就好了。我爹是老医生，给人扎针扎了七天七夜没合眼。我爹叫谭孟蓝，给谭庄、马庄、杨字坞治病。那时人们把医生都藏起来，让日本人找不到。民国32年挨饿，都靠墙根，新粮食下来了，都吃，就得病死了。我娘家是谭庄的。

谭书婷

张：一小斗是15斤，吃新粮食就跑肚。那时没下雨，也没水。吃旱井，没有往井上盖盖的。民国28年日本人就来了，得霍乱时日本人也来了，来的时候少。皇协军来，日本人来了也是闹事。

霍乱病有说是空气传的。张长岳、张蓝玉都是得霍乱死的。那时候人都不串门，互相之间都不愿说话，都没精神了。

1943年打蚂蚱，在秋里，过了麦，挖沟。人们逃荒时用小推车，推两扇门，带点衣服，在阴历三月去逃的荒。民国32年卫河没开口子。那时日子难过，可没人寻死。有人求雨，敲点鼓，敲点锣，绕坑走。都烧香，不顶用。

日本人不管老百姓的事。有穿紫衣服的人，就抓起来杀头。

谭：后来下了点雨，不大，谷子不成粒。经常见日本人。馆陶那边的城墙坏了就抓人去修城墙。

采访时间：2008年8月30日
采访地点：馆陶县馆陶镇安静村
采 访 人：石兴政　高灵灵　樊祎慧
被采访人：张志箱（男　84岁　属牛）

张志箱

我叫张志箱，今年84岁。我那时参加八路军。那时刘胡兰参加妇女救国会，到死不招。要有骨头，没骨头不参加革命，打死也不招。以党指挥枪，牺牲是光荣的。咱是人民的子弟兵，叫老乡开门，光喝点水，都背着小米包，炒好的小米。我是这个村的第一个共产党（员）。对老百姓是笑脸，对皇协军是冷脸，对地主、富农是正脸。当时一个县大队十来个人，一个区里几个人。当时政府里俩人，从小路上来，一说是政府的，日本人就把他俩人打死了，拿了他俩的小包，里面有政府的文件。

民国32年大灾荒，人们都饿得不得了，旱得啥也不收，没下雨。民国26年上过大河水，共产党全部来，要不是共产党，那可不得了。再大风大浪也得经得住，我是这个村第一书记。

当时皇协军可孬了，帮日本人抢东西，到村里抢。当皇协军的净是咱这儿的人。

得霍乱的人可多了，都抽死了，浑身抽，一天死好几口子。外国人给撒的毒，往水里撒，河道、井，往卫河里撒，哪国撒的不记得了，听人说的，没见过。八路军还没正式来，死了三四十口子。民国26年上过水，民国32年没有。得霍乱病是饿的，都说是饿的。没得吃，得水肿病。都是后来听说是日本人放毒。我听说过日本往井里投毒，人家都这么说。

灾荒年那年蚂蚱把东西吃没了，把棒子全吃没了，跟着一阵风来的。棒子才吐穗，还没长粒儿，大约是阴历六月份。蚂蚱从外地来的，从西南过来的，净大飞蝗。那时还没得霍乱病，那年没下雨。

灾荒年前村里700人，灾荒年过后，村里都没人了，得去一大半。有饿死的，有霍乱死的，还有逃荒的。饿死的、得霍乱死的人多。那时请医生，老扎针，扎不过来。全身抽筋，受不住，人叫唤得不行，我奶奶得病，受不住，扎没扎过来，后来死了。我二叔有30来岁，叫张长贵，也抽死了。张长秀他媳妇、他娘、他爹、他嫂都抽死了，都很快就死了。得霍乱没有扎过来的，都得死。当年村里得霍乱死了四五十口子。

车疃村

采访时间： 2006 年 7 月 16 日

采访地点： 馆陶县柴堡乡林西

采 访 人： 杨文辉等小组成员

被采访人： 霍吴氏（女　82 岁　属牛）

我 6 岁俺爹死啦，俺娘和妹妹搁（在）姥娘家住，有 24 亩地，姥爷跟俺住，不是很受罪，能吃饱，棒子、高粱，能吃起盐，小时候啥也不干，十二三岁纺花织布，地里种的棉花，织的布穿，穿不了卖，8 岁裹脚，姥娘让裹的，不裹不好看，结婚后放的脚。北馆陶的收税，大人去完银，兴铜子，用银圆买东西，小的 10 个 100，大的 5 个 100，袁大头，一个大洋抵四五十斤小麦，过节时吃肉，平时不吃肉。

土匪多，牵牛，架户，牵过俺的牛，没架过俺的人，黑天来，吓得俺娘钻床底下。结婚时啥也没有，坐花轿过来，两盖一铺，一个盖里，还叫皇协军拿走了。俺跑到南馆陶待了七八天。

民国 32 年、33 年十月二十四咱村死了 8 人，皇协军也穿着黄衣服，俺家老多人跑散了，土匪多，俺没见过。

过了麦，春庄稼，蚂蚱把高粱咬了，拉着口袋在地上撵，把头掐了，肚子挤了吃，是树叶就吃，枣树叶吃起来辣乎乎的，柳树上的柳穗好吃。下了八天雨，九月里下的，房塌屋漏，在炕上支锅做饭。南馆陶西南开的口，离这儿十二三里，六月初二开了一回，九月二十五开了一回，那水都不小，井都满了，在井里舀，烧开喝。

霍乱死了好几十口子人，都没人抬，死人净九月里，黑家跑茅子，上哕下泻，死了两先生，没人给扎啦，死的都没人抬了，下雨不能埋了，都埋在家，水下了再出去埋。从前没有，这以后也没有这病，没出门，有出去卖衣裳的，换点粮食，上鱼台，在路上被老毛子给截着了，也没弄到粮食。老毛子走了，兵就来了，有老毛子就不见兵，兵都穿着便衣，不要东西，八路军要，给，老毛子要，不给。

大刘庄村

采访时间： 2008年8月30日

采访地点： 馆陶县馆陶镇大刘庄村

采 访 人： 朱洪文　刘文月　孟祥周

被采访人： 李克昌（男　80岁　属马）

李克昌

我叫李克昌。民国32年，连着好几年灾荒。天不下雨，旱，地里不收。连着三年。民国32年往后就不灾荒。民国32年以前家里有底。民国32年最后淹了，小水不大，水有七八尺深。水是从南边漳河来的。山上的水流到河里。

民国32年死了很多人，有饿死的、撑死的、病死的。撑死的人很多。那时候村里有200多口人，死了100多口人，一街一街的都死了。有逃荒的，去河南，我也去河南了。民国32年过了秋去逃荒了，过了年回来的。逃荒的很多，都快没人了，还有去莒县、郓城。

有过霍乱抽筋，不是民国32年，说不准什么时候。那时候钻井喝水。我父亲也饿死了。我家别的人都活下来了。

我见过日本人，经常到村里来，南馆陶有日本人。皇协军也来，他要你给他，他不砸。你不给他，他又砸又抢。也抓人，把人关在屋里给你要钱。

这边有日本人的炮楼，在这东北，离这十多里地。没听说过日本掘堤这事。

闹旱灾时也有蚂蚱，很多，拿不准是什么时候。地里庄稼都吃了。刨沟，赶到沟里，捣死。蚂蚱过去庄稼就没了，吃的谷子、棒子、黍子。

采访时间： 2008 年 8 月 30 日
采访地点： 馆陶县王桥乡东芦里村
采 访 人： 于　璠　李　波　江余祺
被采访人： 李刘氏（女　83 岁　属虎）

李刘氏

我姓刘，家穷，没上过学，家在大刘庄，嫁来时家里有父母、嫂子、哥哥等 6 个人。家里有 70 多亩地，种小麦、玉米等，粮食不够吃，都吃糠，吃秕子。村里谁都不够吃。很多人出去逃荒，都到黄河南部逃荒了，逃那也没饭吃，我们家也有逃荒的，割麦子时回来的。民国 32 年很旱，村里上过水，村里也过过蚂蚱，但记不清是哪年了。

灾荒年有得霍乱的，有的人死了，我们家也有人死了。六月、八月、九月我们家死了 3 个人，都是腹泻。当时日本人已经到了。

采访时间： 2008 年 8 月 30 日
采访地点： 馆陶县馆陶镇大刘庄村
采 访 人： 朱洪文　刘文月　孟祥周
被采访人： 刘怀拘（男　84 岁　属牛）

刘怀拘

我叫刘怀拘。记得灾荒年的事，因为日本人，没吃的，没喝的，地种不上。闹年景，灾荒。没下雨，天旱，旱了老些时间。

民国32年不旱以后下雨了，下得不大。日本鬼子老闹，种不上地，都没人了。我也逃荒了，逃到西边。老些天才回来。民国32年走的家里4口人，都逃荒了。村里人差不多都逃荒了。旱灾的时候走的。

那时候也有得病死的，霍乱抽筋，死了老多人，那时是吃新粮食的时候，得了霍乱转筋，上吐下泻。那时候村里1000多口人剩了600多口人，都死了。一天死好几个，那病传染，死得快，霍乱持续了两月才不死人了。我家没得的，亲戚家有。用针扎，有扎过来的，有没扎过来的。那时候也有医生知道这个病是霍乱，别的村也有得的，周围村都有。

发过水，记不准是哪一年了。那时候都喝井水。

闹旱灾的时候有蚂蚱，多得很，棒子地都满了，穿薄衣服。那时候也吃蚂蚱。民国32年发水，不是卫河水。

见过日本人，经常来，皇协军也来。开始不抓人，后来就打人、杀人，也抓人。日本人老抓人，见人就抓，给你要钱。

霍乱时日本人也到村里来，不管不问。没听说日本人得霍乱。

采访时间：2008年8月30日
采访地点：馆陶县馆陶镇大刘庄村
采 访 人：朱洪文　刘文月　孟祥周
被采访人：刘云乡（男　77岁　属猴）

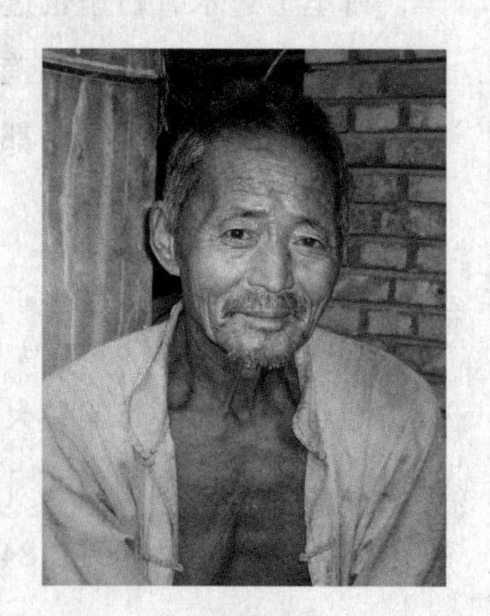
刘云乡

我叫刘云乡。第一个灾天旱，民国31年、32年，连旱三年。民国34年就不旱了。民国32年我去逃荒了。发大水之后我走的。

发大水是河里来的水，也下雨了，也下得不小，老下，两三个月啦啦地下。七八月上的水，冬天不上水，水从东边来的，卫河。南方过来的水，把这块都淹了，三米来深。那会饿死的倒不多，得霍乱抽筋死的不少。发水以后霍乱流行起来的，发水之前没有。中毒是肯定。那时候有好几个会扎的，扎过来的有一半，得霍乱死的有100多口人。

日本鬼子常来，把东西都抢了。日本人和皇协军都孬，衣裳都抢走。得霍乱时日本人也来了，正凶的时候，他不管这事。得霍乱时不像病，全身都疼，我见过得霍乱的，连吐带泻，扎不过来就死了。霍乱传染。

那时候堤小，两米高，南边过来的水。漳河水发的水，卫河也发过。没听说决堤的事，消息不流通。

日本人主要是抢砸，也杀过人，杀地下党。

旱灾时也有蚂蚱，看不见地。发水之前闹的蚂蚱，能吃。蚂蚱民国32年七月开始闹的，闹了一个月，地里都吃光了。不知道从哪来的，天上飞来的，说上哪飞就上哪飞。

霍乱闹了六七个月。当时家里六口人，都向天津走了。在家时就有霍乱，得霍乱时我就走了。民国32年村里吃井水。

采访时间： 2008年8月30日
采访地点： 馆陶县馆陶镇大刘庄村
采 访 人： 朱洪文　刘文月　孟祥周
被采访人： 刘云行（男　87岁　属狗）

刘云行

我叫刘云行。民国32年，我去逃荒，家里没吃的没喝的，村里发大水，河里的，卫河，离这3里地。平地里一丈深的水，棒子都没了，村里大多数都逃荒，那时候700多人，都逃到关外，我逃到天津，在天津待了七八年。那时候还有日本人。不知道为什么发大水，没死人。都逃荒去了。饿死的多了，都饿死到外边了。

我是发大水之后走的，等水下去才走的。发水之前老些人就去逃荒了。那时候都是小枣，抓起来就吃。

东苏村

采访时间：2006年7月18日

采访地点：馆陶县馆陶镇郑沿村

采 访 人：杨文辉等小组成员

被采访人：姜金春（女 78岁 属蛇 娘家是馆陶镇东苏村）

霍乱抽筋说死就死，上哕下泻，泻得不得了，死得些快，八月二十几得的，死了老些人，人没啥吃，连阴雨，粮食晒不干，用水磨子推，摊煎饼，推着推着就死了，不记得什么时候没有这病了，没有先生，请不起先生，还不等请先生哩都死啦。没听说有治好的，家里没得这病的，都是邻家。

庄稼不好，都旱死了，麦子很矮，捆不住，春天不下雨，没井，都旱死了，吃树叶子、瓜秧、野菜，啥都吃，啥粮食没有，一亩地四五十斤收成。八月二十几下了七天七夜，房都塌了（民国32年前），10岁时头一次卫河上水。馆陶南地里开过口子。

李庄村

采访时间：2008年8月30日

采访地点：馆陶县馆陶镇李庄村

采 访 人：朱洪文 刘文月 孟祥周

被采访人：李含珍（男 81岁 属龙）

李含珍

我叫李含珍。我17岁当兵，是1944年。家里灾大了，民国32年。家里人都饿死了，就剩我和我父亲。旱了一年多，两季不收，不余粮，不够吃的。民国32年下雨，什么时候记不清了，大小也记不清了。这里上过水，1937年（民国26年）上过水，民国32年也淹过。上了五六趟水。民国32年是南边漳河上的水。民国32年水不高，有一米七吧。庄稼都淹了。死了很多人，死了一半。有饿死的，也有病死的。有得霍乱的，伤寒病。上水以后得的病。得了霍乱毒气，上吐下泻，不好治，有扎过来的。家里亲戚没有得霍乱的。持续了多长时间不清楚。日本人不管，都死了也不管。下大雨下得没人管。霍乱快，传染。伤寒病也传染。

旱灾时没有蚂蚱，老多人都去逃荒了，去关外、东南。别的村跟这一样，也有霍乱，也旱。那时候都喝井里的水。闹灾时就吃树叶树皮。

皇协军三天两头出来，谁也不敢在家。一个钉子里没有日本人，只有皇协军。一个馆陶镇也就10个日本人。民国32年，村里有200多口，饿死了100余口，闹不清霍乱死了多少人。

蔺 村

采访时间： 2006年7月17日

采访地点： 馆陶县馆陶镇蔺村

采 访 人： 徐 畅 马子雷等小组成员

被采访人： 白帮河（男 83岁 属鼠）

家里靠种地生活，谷子、高粱，一亩地打百十斤粮食是好的，没吃的，没烧的，受罪。

南馆陶有日本鬼子，黑夜不敢在家待，皇协军晚上来抢东西，将人架走，不给钱回不来。皇协军都是本地人，日本人来了，人都跑了，不敢在家，看见鸡逮住就吃了。

八路军待庄稼人好着哩，没吃的给你吃的，没烧的给你烧的。也向老百姓要粮食，要不多。日本人在的时候，八路军不敢来。

1943 年，老天不下雨。庄稼旱死了，没啥吃，吃野菜，肚子都胀了。天天不见粮食，在地里挖濠，把蚂蚱弄进去弄死。饿得也吃蚂蚱，死的死，逃荒上关外。那一年有人灾，有会扎针的，医生救了不少人。就是那一年有霍乱，以前和以后都没有，俺这东北地里开过口子，上河水。不记得日本人来的时候开口子。

采访时间：2006 年 7 月 17 日

采访地点：馆陶县馆陶镇蔺村

采 访 人：杨文辉等小组成员

被采访人：白帮河（男　83 岁　属鼠）

我家里四口人，父母和两个孩子，有地，小时不干活，靠种地，种谷子、高粱，一亩地打百十斤都是好的，不够吃，人受罪，没吃的没烧的。

南馆陶住着日本人，来咱村扫荡，找八路军，黑家不敢在家里待，皇协军黑家来抢东西，逮人，不给钱，不给人，皇协军尽本地人多，日本人来了，不敢在家，看见鸡逮住就吃了。要不是八路军我早就死啦，对庄稼人好着哩，没吃的给你吃的，没烧的给你烧的，八路军要粮食，要不多，日本（人）在时，八路军不敢露头。

1963 年上河水时飞机上扔馍馍下来，一麻袋一麻袋地扔。

民国 32 年天旱，不下雨，庄稼旱死了，人没啥吃，都饿死啦，吃野菜，身上胀，胀得都不中了。

蚂蚱多了，在地里刨上壕，使绳赶，把它弄死，吃蚂蚱，没油，掌点盐就吃。死的死，逃荒到关外，有人灾（得霍乱）。民国32年，有医生会扎的，救了老些人，扎扎就过来啦，反正死了不少，从前没有这病，后来没有。社里堡南边开过，日本人还没来。

采访时间： 2006年7月17日

采访地点： 馆陶县馆陶镇蔺村

采 访 人： 徐 畅 马子雷等小组成员

被采访人： 白常贵（男 81岁 属虎）

我起小（从小）割草，家里三口子人，我跟大伯过。没母亲了，父亲自己过。我1岁没俺母亲，过继给大爷（大伯）。靠天吃饭，种有十来亩地，地里没有井，没法浇。1亩地收2斗60来斤。

1938年日本人就在这了，北馆陶离这30里，南馆陶离这5里地，鬼子住在南馆陶和北馆陶，打游击时鬼子多，平时有十来个日本鬼子。1937年过后两三年鬼子进过村，逮鸡。有张大麻子的地方部队。日本人在村里转悠逮老百姓的鸡，没干别的事。北馆陶河东城有炮楼，皇协军来村里，要吃的。

民国32年，孬年景，天旱不收庄稼，饿的人都逃荒，有下关外的，春天里就去。有去南边金乡、鱼台的。我去卖过东西，春天去的，家里的衣裳背着，上阳谷、寿张去卖。来回有半个月，买了十五六斤麦子，维持生活，天旱毁了。

村离河堤没有2里也有1里地，河东边有弯儿，远的有1里，近的偎着河。南馆陶开的口子，南童庄北边开的口子（有山西会馆）。到蔺村七八里地我上那儿打过堤，七月里开始下雨，哩哩啦啦下了1个月，水进村了。河水也进村了，井水也淹了。淹的时候吃河水，水退了吃井水。

有得霍乱抽筋的，村里死了五六个。一会儿就死，依靠先生扎针。得病的人不少，扎好的不少。白玉章是医生，看病扎针，白付兴光管扎针，黑夜白日扎针不停。霍乱是在上河水以后，死了没人埋，没使棺材就囫囵个的抬出去埋了。水下去以后，病就没了。

1943年童庄（拐弯处）开过一回，山西会馆开过两回。记不准哪一年了，河湾把堤憋开的。社里堡有皇协军，开口子，淹了。南馆陶社里堡，向北流水，俺这路洼，流过来了。

人去逃荒，下关外，向南边逃荒。挨饿，孬年景造成的霍乱。邱县那一边厉害，后来霍乱再也没有发生过。

1943年当民兵队长，任务一个是看家，一个是打皇协军。1945年当兵走的。北馆陶河东幺庄炮楼，民兵去打，地方上有枪。子弹靠拿钱买（村里买），上皇协军那儿托熟人去买。有皇协军偷子弹卖。1945年打北馆陶，他们吃不住，开城门就跑了。二十三团（刘伯承的队伍），本地的人多。二十二团在寿张活动，二十三团在石家庄南黄河以北活动。

刘沿村

采访时间： 2006年7月18日

采访地点： 馆陶县馆陶镇刘沿村

采 访 人： 杨文辉等小组成员

被采访人： 刘振海（男　79岁　属龙）

日本人来过村里，那时我十八九岁。来扫荡，说不定啥时来，一来庄上的人拉着牲畜都跑了。村里有民兵，打死了两个民兵。有八路，八路军少，八分队小队在这村里住，有30多人，打打都跑。日本人在村里住过，住了一夜。日本人没抢东西，皇协军啥东西都抢，随着日本人下村抢东西。离这8公里地护法寺有炮楼，南馆陶有炮楼，大名县的都不知道啦。皇协军不杀老百姓，抓人后拿钱回。在护法寺有炮楼打死的八路军的正规军，毁了很多人。我家一个叔伯哥被打死了。

不清楚有没有土匪，村里八路军不多，八分队在村里住过，是游击队。每个村都有民兵，接受八路军领导。

记得霍乱抽筋病，毁了很多人，啥时记不清。

采访时间：2006年7月18日

采访地点：馆陶县馆陶镇刘沿村

采 访 人：杨文辉等小组成员

被采访人：袁代云（男　78岁　属蛇）

我上了几天学，不识字，以前属沿村乡，现属馆陶镇，村子未改过名，十几岁时日本（人）到馆陶县，在咱村住过一晚上，晚上11点多来的，第二天天一明就走了。馆陶城里住着日本人，有二三百人，皇协军多，刚来时只在馆陶镇、肥乡、广平、大名，打游击时，盖炮楼，住了没几年，就回县城了。日本人不要东西，皇协军抢东西，日本（人）光打仗，平常没来过，就住了一晚上，杀了东边村郑沿村一个神经病，他跟日本人闹，在咱村从来没杀过人。日本人一来，村里人就跑了，把我逮住了，叫我给他抬缸，给他烧水，他洗澡，叫我给他拧拧衣服，嫌我手脏，打了我一巴掌，然后笑。日本人不叫皇协军偎（着）他，日本人住好房子，皇协军住村的另一边，怕皇协军不跟他一心。平常皇协军抢东西，没有日本人跟着。日本狠扫荡了几回，路过咱村没杀过俺村的人。土匪俺村里没有，俺村没当皇协军哩，俺哥当过八路军。西边村有土匪，皇协军打土匪。八路军经常住这，土匪不敢来，平时皇协军来得稀，土匪也来得稀，土匪离皇协军远，不敢出没门，怕八路军打他，土匪离皇协军近，敢抢点东西。八路军武器差，人不集中，跟日本（人）打游击。八路军经常在咱村住，八路军不知道什么时候来，有百十个人，黑天来，八路军经常在咱村转，群众对八路军好，有跟八路军做侦察工作的，八路来了在老百姓家住，老百姓吃啥八路军吃啥，吃小米。八路军不敢脱衣服睡，八路要小米，烧干饭吃，背着小米打游击，啥也没有。八路军跟日本打仗我还抬过担架。

村里有保长，村里群众选出来的，日本人找保长的事，不给粮食就烧杀，八路军要粮食多，100斤粮食给皇协军10斤，给八路90斤。保长有共产党，咱村的保长是共产党，我大爷就当过保长。咱村要按八路经常来是根据地，按离日本人近是敌占区。日本人打扫荡时去西边，平常不敢去。见过八路打日本人，八路军不敢跟他打，在东古跟日本人打了头一仗，把日本人打得不轻，八路军牺牲不少，俺村有好几个人打了这一仗，总头是范筑先，十支队打的那个仗。我十五六时八路军力量就强大了，一年强过一年。

民国32年，孬年景，洪水淹了，皇协军抢了两次东西，村里几个民兵不敢动，八路没来，从南边漳河上的水，离这十啦里地，齐卜、孙疃开的口子，水来得足，大堤挡不住，以前县城是北陶，以前南陶是馆陶镇，共产党一来把县城挪南馆陶。1956年、1963年在南馆陶上过水。民国32年不是在南馆陶开的口子，民国32年水不大，膝盖深，把庄稼淹了，房没塌，1963年房都塌了。

民国32年七月里，高粱刚秀穗，下了七天七夜的大雨，哩哩啦啦一直下，春天里旱，下着雨，卫河水就出来了。下雨之后有人灾，见天都死两三口子，霍乱抽筋，那会儿村里有400多口人，死了得百十口子，大部分一饿就得病，有毒气，白天正干活，第二天就死了，都跟鸡一样，晚上歇着了，就难受，有医生一扎就过来，过不来就死了，浑身搐、泻、难受，有治好的，我父亲就得这个病，治好了。家里三口人，父母和我。本村有会扎针的，扎腿弯、胳膊弯。喝井里的水，有两个井，有井台，略微高点，河水进井里去了。

得这病跟生活有关，跟天气没多大关系，民国32年那时吃糠、野菜、树叶，得病时八路军也来，来得少，人也不少，八路都分散开了，没有八路军给老百姓治病。

民国32年都到河南逃荒，我没逃荒。上游离这好几百地是日本人挖开的，咱这不是日本人挖的。日本在南馆陶挖了一个大沟，到俺这五里地，有四五里地，三四丈宽，一房深，让八路军不能过，没挖成，他白天挖，我们晚上屯，日本人不敢出来，八路军掩护。邱县也挖了一个大沟，跟村里要人挖，从馆陶到广平这一趟没挖成，挖沟时我十八九（岁）。日本人抓走五六个老人到日本干活，我差点被抓走，藏到北边村。正月十六，皇协军拿着一碗包子，叫我给他烧水，日本（人）来了，皇协军叫我别出去。弄到临清，碰到一个会说日本话的中国人，把老人带回来了。

我哥民国32年参的军，是共产党的部队，我父亲跟老范当兵，老范死后就回村了。八路没来时，老范在那活动，老范抗日到底，死了，老范的部队就跟八路干了，老范的部队是共产党的根。八路军挖河堤，淹日本人和皇协军，在河西大名县。

尚沿村

采访时间：2006年7月18日

采访地点：馆陶县馆陶镇尚沿村

采 访 人：徐 畅 马子雷等小组成员

被采访人：尚德岭（男 82岁 属牛）

家里生活不好，一般情况，13口子人，弟兄4个。那会儿家里造点心。40来亩地，不收，靠天吃饭，一亩地好了能收60来斤。得买老些的油、面。

在馆陶上了一季学（国民党办的学校），又上了几个月，就“事变”了。民国26年上过水，日本来了以后土匪多了起来。张云庆、贺书征率领人把土匪挡住了，有武器。地主都有枪，咱村穷，没有地主。

日本（人）在北馆陶，那时上县城，来过村里。不断地来，法寺，房寨、馆陶安着钉子（炮楼），有日本（人）也有皇协军。百八十个皇协（军），日本不过十来个人。年景孬，人都饿着，当皇协军。有土匪，也不多，孙庄出了土匪，一下子叫县大队逮住枪毙了。皇协军抓走十几个，抓到临清，饿了7天，放回来了，准备弄日本国走，没弄走，再饿就饿死了。（日本人）见了你以为你是八路，就抓你。

民国32年，大灾荒，日本（人）在这闹腾，村里人都逃荒走了，有上关外的，有上东南的，过去黄河，金乡、鱼台县。要饭，卖衣裳家具，推着小车顾嘴吃。那会儿啥也弄不成了。邱县早先出去的就出去了，出不去的就死了，饿死了。邱县日本人也饿毁了。

天旱闹腾，土匪皇军闹，地不收了，没水，靠天吃饭，没法种庄稼，没水，没人。那会儿在家，民国26年、28年、30年、32年，六月底开始淹，漳卫河水淹了。村里穷，没砖房，都淹毁了。在院子里扎个棚子住。口子从南边开了，冲开的，当地的人都去堵口子，后来水大了就过来。水往北流，远了。一流就淹到天津。八路军那会儿在这，一淹水，他就走了。

民国32年，人都饿毁了，民国33年一吃新粮食受不了。饿毁了，死的人多着呢，西边这两个过道就死了7口人。当时村里剩了70多口人。一天说不定跑几回茅，上哕下泻，非扎针不行。咱这没有（扎针的），前街有，赶紧请先生扎。东边有一家他怵针，他说不扎，死也不扎，没到明就死了，叫尚全，比我大1岁。他有1个儿子3个闺女，不当家。飞机也来过，不多。飞机看到地下有人打枪。过了一段，霍乱就没了。齐堡、卫村过来的水。水把井给淹了，吃河水，干净不干净，也吃。人饿毁了，第二年吃新粮食受不了就生了霍乱。

这里不算根据地，是敌占区。我不是16（岁）就是17（岁）了。皇协军围住村，放瓦斯臭炮。在村北边儿放。我跟哥哥在一起，他背着一斗粮食上前街走，走一块平地。皇协军看见打死了他。等人走了再埋的他，哥哥不过二十八九岁，家里人认为死的是我，他穿的是我的大衣。

社里堡村

采访时间： 2008 年 8 月 30 日

采访地点： 馆陶县馆陶镇社里堡村

采 访 人： 王占奎　陈　艳　刘　欢

被采访人： 井富贵（男　77 岁　属鸡）

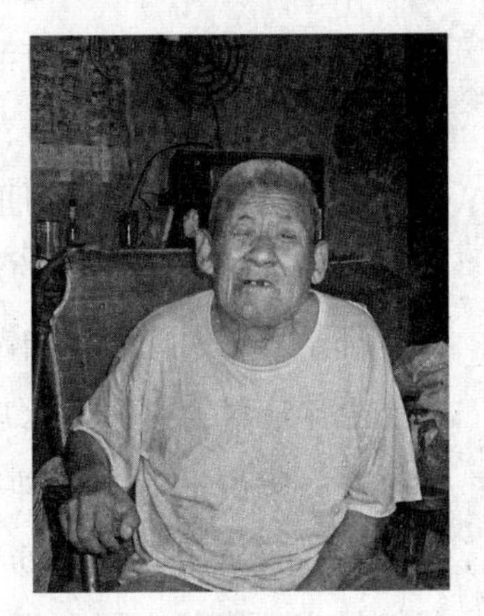

井富贵

我 77 岁了。民国 32 年，日本（人）在这儿。日本鬼子下过毒。民国 32 年就在咱村住，那时我 11（岁）。

八月中旬下雨下了七天七夜。霍乱抽筋。八月的事，下雨以前得的毛病。得的不少，村上 800 来人，得病 300 多。得病的人我有的见过，有的没见过。抽筋，霍乱，跑茅子，上哕下泻，死得快。抽筋，抽 3 天就死了。一个人抽到剩一点点。怎么得病？不好说，日本人下毒咱没看见，不（会）让见。

那河有水，有货轮，（日本人）在船上下毒。不（会）让咱见。见了就杀人。大人跑了，孩子没跑出去，待家里咪。跑河边草窝藏起来，看不见他人。日本人不抓小孩。我没跑，我给他们遛马，不喂不中。日本人下毒是过了之后才听说。当时没听说，当时没人敢去。又过了 3 年才听说，听日本人说。那时还有日本人，后来解放了。民国 35 年、36 年解放。

民国 32 年上水，大堤开了，黑家，咱没见。水没进到村，洼地尽水，最洼两米深。在大路上跟小河一样，高地没水。到山西都有水，都是咱卫河、漳河的水。南边漳河水给咱卫河发过来。漳河大，漳河八九里地宽。决口，挡不住了。漳河离这儿 30 多里，这会儿没有了。毛主席把这改了，解放后改了，漳河没水了。把口堵了，用石头堵。

民国 32 年八月下雨下了七天七夜。平地一米深水。下雨时卫河大堤开水，发水我记不住。我那时小，十多岁，记不清啥时候。去了把小孩扔水里，俺不敢去。那时听人说。亲戚传过来说抓人把人扔河里。从南边，安静，蔺村抓的人。

水过后雨还下，下老大会儿。不是见天下，隔一天下一回，隔一天下一回，庄稼都冲走了，有河水，雨一直下，越下河水越涨。地下有水。雨还在下。下雨能下多少水？南边来的水。咱这河5里地宽。山东还有一个大堤，咱这一个大堤，河里来的水。

七月下旬，漳河来的水。漳河水来到这河里，这河装不下决开口子了。都是日本人挖的，咱没看见。

上年庄稼挺好，上水庄稼都淹了。棒子搁地里都漂走了。民国31年我9岁，咱说不上。民国32年我10岁。民国32年上半年父母在，下半年不在。我家里霍乱抽筋死了五口人。名字记哩，就老爷爷、爷爷、奶奶、母亲。俺父亲不在家，那会儿当兵走了。谁知道当啥兵，这我不知道。老爷爷：井有仁，爷爷：井金发，俺妈姓贾，叫啥名不知道。奶奶姓石，石头的石。还有老奶奶，她姓刘，马固的人。那时82（岁），老奶奶81（岁）。我爷爷五十六七（岁），奶奶50多岁。我母亲40多岁。都在村上得的病。我母亲霍乱抽筋，八月中旬得病。那时都有水了，水都下来了，都涝了，得病半月15天，这水下去了。

俺家人八月得病，九月都死了。村里没有医生，馆陶没医院。有医院是美国人。日本人掌握不让沾。他们干农活得病。我母亲红眼。在家炕上，睡着抽筋。他们都在家，有点毛病还不在家？得病就抽筋。他们都不知咋得的。有病没人治。其他村都有得的。离这儿二三十里都有人得。有亲戚知道，没亲戚人谁往那去。他家也死人。俺姑父。东堡庄，他得这病死的。小名叫长岭。那年三四十（岁）多一点。那时都八九月份，也不知他咋得病，得病多长时间不知道，都不敢出门，串亲也不敢串，传染。小孩都咋呼传染，听大人谈的。

这病原先在西头传过来的，西头那边先得病。西头那边也有水，围着咱的村。在后街洼，搭的桥，街上两米深的水，不能过人。八月中旬水过来，九月上旬水走了。

逃荒，吃不上东西逃荒。那年有顾住顾不住的。饿死的不少，二百七八十口人。民国32年，上水后闹饥荒。咱附近有死的人。都跟咱这一样，决口，平地一米深的水。有逃荒，上东南上河南。民国32年逃走了。逃得没几家了。对门住着俺大爷，俺家俺大爷，那时俺在街里住着，逃荒的不多，就两家，都逃河南。过了秋逃，种麦子没种上就走了。没粮食麦子种不上，逃荒了。

日本人来这儿扫荡。河堤上有日本人，他们在那儿抓人。人躲洪水跑河堤上，就抓人，晚上上馆陶。抓人多了，抓到他国家去了。不抓小孩，光抓成年人，给他当劳工，给他干活。咱村有打死的，没抓走的。那是汽船，没抓船上去的，那船不要。解放后汽船日本人带走了。盖炮楼，都打死了，打死老多嘞。毛主席在咱村住。二十三、二十二团。八路军住时，日本人还在，把他炮楼炸了。八路军50万人。那日本人都待馆陶镇，住了一个班一个排，40来个人。山东那边河东有个炮楼，王庄一个小的，姚庄一个大的，五里一炮楼。过河就山东，咱这儿河北尽东边。

日本人来这儿住过，住60来天走了，春天来“扫荡”。反过了民国32年之后。穿黄呢子军装。没穿白大褂的，白大褂是美国医生。没来过。

我见过日本飞机，没扔东西。日本那青天白日红月亮。国民党跟葵花一样。日本白旗帜红月亮。飞机没扔东西。解放前闹过蝗灾，民国32年灾荒最大，死人。有蚂蚱。见天打蚂蚱。飞机打蚂蚱，那是1959年。解放前没来过。1958年有一回，绝产，谷子高粱绝产。1963年闹蝗灾大水。

采访时间： 2008年8月30日

采访地点： 馆陶县馆陶镇社里堡村

采 访 人： 王占奎　陈　艳　刘　欢

被采访人： 井玉芳（男　76岁　属鸡）

井玉芳

民国32年我才11岁。那时在北边老家住，还在这村。下七八天雨，河水出来，日本皇军来扫荡。阴历八月下雨，庄稼都淹地里了。大小七八天不停。连雨带放洪水一块儿来，过九月人就死了，都说日本（人）下毒，谁知道。

九月没耩上粮食，十月还有水，地里都有水。街上水有一尺多深。出门啊尽水，蹚水。

水下之后才耩麦子，十月份耩麦子。吃水，那旱地都灌满了，吃那水，烧水，房都烧了。一天吃一顿饭，洪水过了，房倒屋塌。街上洪水、井水都吃。

霍乱转筋阴历九月十几，洪水下去了，地里还有水，九月十一开始。那时这一片都有这病。有狠有轻。俺家一天死了三四口。八九人都死了。俺跟井富贵一家。见了得病的人。医生扎，治好的少。抽筋，扽都扽不开。有土先生扎针，吃草药，不当事。倪（音）家那家都走了，一家死了两口子，差半月，九月二十六就死了。那以前咱村没听说，咱小，记不清。

过日本人，住了8年，挨饿遭灾。来年还有人死，年根儿死了好多。那时死了好几百口子。皇军，日本人管要东西。灾荒年也要东西。霍乱他也饿毁了。民国32年有霍乱菌。民国33年，日本皇军跑了。

西南过来的洪水，在哪咱不知道。就卫河发大水。从南馆陶过来，离这儿10里。那时旱灾，头麦里旱，没收麦子。还有蚂蚱，蚂蚱就那年。旱到几月份不记得，光记得旱。后半年淹。

有逃荒，下关外，下东北。老老小小走的人不少。那时掰棒子又走了。把地荒了没人要。下雨之后走的，皇军没来就走了。

咱村有饿死的，连饿带病，天天死。留下的人，树叶啥都吃光了。吃蚂蚱，有吃蚂蚱的。有蚂蚱（那时候）就有粮食啦，就民国32年那时候。后来又来两回蚂蚱。那时有人管，组织打蚂蚱。

我家里有得霍乱的。俺爷爷、奶奶、爹、娘、俺嫂。俺爷爷叫井有义，那时候70多岁。九月十一得的病，得病就埋了。那一天埋了3口人。不知为啥得这病。光说是霍乱抽筋。奶奶姓刘，那年也七八十（岁）。九月二十六死的。俺父亲叫井金发，他50多岁，他九月二十五六得的病，得病就两三天的事。我母亲姓石，那时她有50多岁。她也就九月二十几得的病。嫂子也得病。她九月二十七八九死的。她躺了好几天，她姓贾，那时她有30多岁吧。俺哥死得还早，他不是那年死的。有扎好的。那医生扎针，用大针，扎腿窝大筋那里放血。放出血来就好了。腿抽筋扽不开。那时咱也不知道叫啥。那时得病就死，门都不敢出了。那时哪家都死人，谁还敢出门啊?!

得病谁知为啥，说日本（人）放毒，都听人说，没人见。谁也找不到那人，没线索，没人证。反正日本人没做好事。

见过日本飞机。红月亮挂着。日本飞机不落下。那时候咱中国还没飞机。他有飞机，飞咱这儿来，打八路军。八路军刚来，日本（飞机）“呜”地来了，一下都打死了。那日本人飞机来了，打死一船八路军。村里见过日本人。不高，带刺刀，穿黄军装，戴帽。穿白大褂没见穿过。没做好事。来了8年整。来时我4岁，我12（岁时）走的。

采访时间： 2008年8月30日

采访地点： 馆陶县馆陶镇社里堡村

采 访 人： 王占奎　陈　艳　刘　欢

被采访人： 武保玉（男　84岁　属牛）

李卫志（男　79岁　属马）

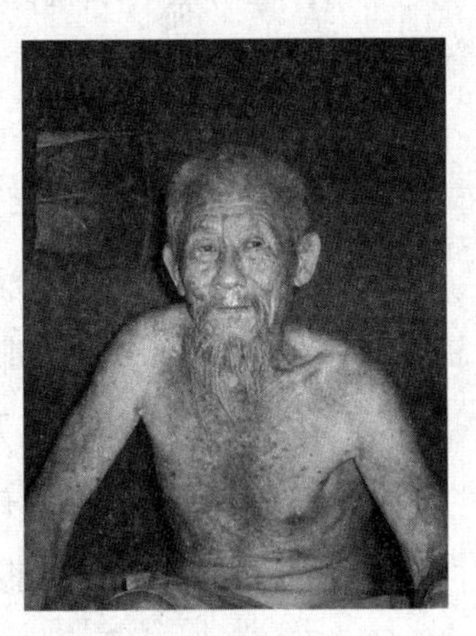

武保玉

李：日本人，俺娘就是让他杀死的。俺那个牛，往东院卖，被日本（人）打死了。日本人、皇协军打。那时瞄准，该他死，完了。

李卫志

武：天气败坏人不轻。有水，上水，有霍乱菌病。

李：俺村死伤300人都不止。那都是日本人在这儿。

武：那都是霍乱抽筋抽死。放毒，吃水不行，说不清哪月。

李：水出来时六月。

武：不是，出水1963年有一回，淹四回了。

李：淹四回？五回了。搁馆陶开口子。1956年、1963年都搁那儿开。

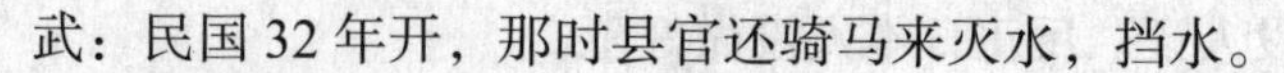

武：民国32年开，那时县官还骑马来灭水，挡水。

武：可怜吧，难过……（哭了）。

路人：他老奶奶、奶奶都是那时抽筋抽死的。难过，提起来……

李：我提起来都难过，他难过啊。

武：喝了点水，抽死了，上来的洪水，缸里的水。

李：那时街口都尽水，老深的水。那是民国32年，1963年在后。民国32年早。1963年那年房都塌了。

武：吃河里的水就民国32年。那时尽水，把井都埋上了。过路口都挡这么高，到腰。直接弄那水喝。舀一勺子就行，下雨连着下，河水涨，下水。

李：就霍乱抽筋那年。

武：两边都是水。淹到北京。

李：淹了40多天。那年，把小孩给人家也没人要。

武：耩麦子上冻了，那时水下去。水哪个月上来的？得这病外村儿也不少。那时死了有40多口子吧。都因为喝这水抽筋抽死的。以前没人，就吃这个水抽筋死。抽筋一会儿就死。富贵家9口死了6口。扎针扎脊梁骨。

李：先生治不及。扎胳膊放血。那有 20 天，俺们村死了 70 多口子。那俺娘死了，用席一卷。那时冬天，两个人冬天撑一下子，那么厚的水，那年俺村儿的人死的苦着呢！

武：周围死人也不少，富庄也有不少。水下去，逃荒，上河南。

李：上河南，上山西，关外。

武：那时 500 多人，现在 3000 多人了。没逃的，饿死的饿死，病死的病死。那衣裳、柜、家具都让他们弄走了卖了。

李：都卖了。

武：那日本人把东西一抬都弄走了。谁敢谁不敢，把村儿都给洗了。那水下去时，日本人就来了。二十九军来了。

李：霍乱来了，有发疟子。后来又有伤寒。伤寒，人都傻了，冷了在炕上，渴了趴水盆喝点水。那谁都没人管了。见过日本飞机。

武：日本人尽假的，尽汉奸。他问我有没有姑娘，我说有。不听话就打，两个狗汉奸，糟蹋咱这边的人。

武：得霍乱抽筋的人，打官司，跟日本人打官司打赢了。

李：哪儿赢了？没赢呢。

武：老奶奶喝井水就走了。喝了水里毒药。日本人来喝点水，下点毒就走了。井盖都盖口，平时怕他下毒。

李：他不下毒俺也死不了。

武：日本（人）派特务来，那可是中国人来下毒。俺老爷爷，武士贵，那时 60 多岁，喝点水，走了之后就死了。耩麦子，八九月里。老奶奶武白氏也 60 多岁。我这住的就是他院。得这病都死了，治不及。

民国 32 年以后，闹过蚂蚱，吃高粱，都绝产了。就民国 32 年以后，连生了三年蚂蚱。那蚂蚱弄一布袋。

李：地南头弄个沟，都往那里边赶，满天都是。

武：都黄蚂蚱多。说下雨，地里有鱼籽，鱼籽出蚂蚱。淹 3 年旱 3 年。民国 32 年、33 年、34 年连淹 3 年。旱谷子都长不高，能结啥，就那年景。

李：民国35年、36年都淹，谁家有粮食堆啊？皇协军一来，都卖了。要饭街上都不见人。32年淹了之后旱，旱两年又淹两年。

武：人瘦得脸上没肉，脸上骨头凸着。

李：饿哩。找个爷们，你给他口干粮他都跟你来。

武：霍乱，光抽筋，抽就抽死了。不能吃饭，因为吃雨水，连饿带冷。

李：提那时候，真难过得没法说，苦啊……

采访时间： 2008年8月30日

采访地点： 馆陶县馆陶镇社里堡村

采 访 人： 王占奎　陈　艳　刘　欢

被采访人： 武振卿（男　74岁　属鼠）

武嵗成（男　75岁　属猪）

武振卿

武嵗成

武嵗成：民国32年我就住在这个村，那俺两个村，都姓武。文武的武。

武振卿：五、六、七月旱，到七月上水了，一直都没下雨，民国31年才记不准。

武嵗成：先旱，后边淹了。他淹了不上水了，死的人啊，用席子一卷就埋了。

武振卿：从南馆陶来的水，卫河开口子，阴历七月份发的洪水，那谷子都黄了，水不小。

武嵗成：街里水深。

武振卿：有1米深吧，20来天3个星期吧就退了，咱村淹了，周围村咱小不记得。水往北流，南没淹到哪儿。下雨才大呢，下了七天七夜大雨，那是啥时候起不记得。下雨后，水过来了。不下雨了，水才过来了。

武蒀成：阴天下雨，水就涨，村东头就是卫运河。

武振卿：就是决口，常决口，民国32年一回，1956年一回，1963年又一回。民国32年七月份开口，那时在南环路那儿开口，闹霍乱。阴历九月中旬，没水了那时候。没见过得这病的人，光听说哕泻，死的人不少（路人说死了好几个人）。死了谁也不好说，那小，几岁的事儿呀。

路人：俺大爷叫孟庆林。

武蒀成：光俺家死了三口子，父亲母亲都那年死的。俺叔家闺女，十多岁了，那不知什么时候了。父亲武朝选，母亲姓白，叔家闺女叫改女，俺叔叫朝东。霍乱抽筋没药，扎，后来哕。

武振卿：比较快，一天半天（路人：有快有慢）。

武蒀成：俺父亲，谷子黄了，七月八月得这病。父母亲相差不到两个月死了。叔家闺女那个小，那时十来岁了得这病。

武振卿：别人得这病？那谁记得？反死得没多少人了。

武蒀成：那时俺（家里）大人死了，俺姐操持家里，没人知道为啥得，那时没药没人管，现在有好卫生，有好药，那时没人管，那时馆陶西北几十里地有医院。那时棉花那边一人七八亩地，咱这才二三亩地。那里大部分是邱县，都得这病。

武振卿：那时说哕下边泻，科学上说是脱水。一脱水，一挨饿，哪能行。（路人）说吃砖井水，光井口上没水，那时都不用使井绳，用勺一弄就行。

武蒀成：洪水来了吃洪水。有喝凉水的，没柴火烧就喝凉水。这病传染，那时也知道传染，都得这病。那家伙空气传染哩。

路人：你看这会儿，四川地震后防疫人员天天消毒，尸体处理，那时谁会管呢？

武振卿：民国32年过后剩700多人，前有1000来口人，有逃荒的，有死的，有当兵的，往东北逃。民国32年下水后，没吃的逃荒，当共产党的兵。

武嵐成：我有吃，不挨饿就行，那时就这样。

武振卿：老些当兵的，那没逃的个人种地，少吃点儿，对付过来了。不够吃，家庭不富裕就逃荒去了。

武嵐成：有蚂蚱拿棍子打，有飞的。

武振卿：1944年那年闹蚂蚱，打蚂蚱，刨沟，用柳条赶。民国32年旱庄稼，不闹蚂蚱，第二年闹蚂蚱。

孙庄村

采访时间： 2008年8月30日

采访地点： 馆陶县馆陶镇孙庄村

采 访 人： 朱洪文　刘文月　孟祥周

被采访人： 孙立志（男　75岁　属狗）

孙立志

我叫孙立志。民国32年，那时候不下雨，连着3年灾荒。我去郓城逃荒，逃了二三年。下过大雨，下得晚了，不收了。不记得是啥时候了。上过水，不是民国32年，建国以前。

没逃荒时饿死了好几个。逃荒的人这边不是很多，邱县的人多。

闹过霍乱，有扎过来的有扎不过来的，不知道什么时候。水从南边过来的。霍乱这一片死了好几个。我母亲得了霍乱，我爹会扎，扎过来的，传染。我家没有饿死的人。发水是从河里涨出来的，水一多就涨出来了。

有蚂蚱，满地刨的都是壕，那时候八路军让挖壕治蚂蚱。小蚂蚱抱成团过河。蚂蚱一过就吃光了谷子、高粱。

采访时间： 2008 年 8 月 30 日

采访地点： 馆陶县馆陶镇孙庄村

采 访 人： 朱洪文　刘文月　孟祥周

被采访人： 孙岐耀（男　85 岁　属牛）

孙岐耀

我叫孙岐耀。孙庄原先属于山东，“文化大革命”后划给了河北。过贱年的事记得，民国 32 年在当兵。民国 32 年大旱。这个村有二三百人。饿死的人有，都往河南逃荒。我爹都饿死了。霍乱抽筋都扎胳膊，扎腿。我妹妹十多岁得霍乱死了。那时候饿死的人多，没有一半。我 13 周岁出去的，发大水。民国 26 年、32 年，上水。水从卫河里过来的，大堤矮。得霍乱治过来的不少，死的不多。逃荒的多。一般都去河南，卖点东西换点粮食。发大水以后来的霍乱。也闹过蚂蚱，那是民国 32 年以后。把庄稼高粱、谷子、黍子啥的都吃了。日本人整天地来。有中国人被抓去修炮楼、修钉子。我有个妹妹得霍乱，开始不知道啥病，后来上吐下泻。那时候也有老杂，不替日本人办事，皇协军才是。

陶西村

采访时间： 2006 年 7 月 14 日

采访地点： 馆陶县馆陶镇陶西村

被采访人： 王寿长（男　82 岁　属牛）

王凤林（男　81 岁　属虎）

日本人是民国 27 年到这儿，民国 30 年，日本人在这儿住过八天就走了，炮楼在卫河东半地，住在俺村里的有 500 多人，据说是大扫荡。民国30年，吴老一叫日本鬼儿扔井里淹死了，皇协军炸死了李淑明的父亲，宝泰的娘让日本人给挑了。皇协军抢粮食，是日本人的走狗，后来他们的头头儿都叫八路军给枪毙了。日本人来之前土匪少，日本人一来，县长跑了，没人管了，土匪就多了，土匪后来都投了日本（人），当了皇协军，有吴作修、王来贤。

八路军开始没到咱这儿，民国32年的头一年才过来。八路军来了没枪没子弹，南北馆陶都叫日本给占了，在小屯，八路军和日本鬼打了一仗，消灭了日本人10多个，皇协军100多人。八路军穿着便衣，俺家里和对门都住过八路军，这里是八路军的根据地。这里不给日本人纳粮，给八路军纳粮，日本人和皇协军经常来抢，农民都拥护八路，不拥护日本人。八路军用小袋装着粮食，走到哪儿在哪儿吃饭，也跟农民要粮食，要得不多，一亩地20来斤，按小米收，棒子、绿豆都折成小米交。

抓劳工到日本的还有活着回来的，有清阳城，阳昭也有抓走的。

民国32年，北馆陶有皇军，有霍乱抽筋，俺母亲、奶奶和一个邻居的母亲都是得霍乱死的。那时候儿俺家有十多口子人，俺奶奶是九月二十三，俺母亲是九月二十二死的。村里得病的老多哩，俺爷爷是个医生，在外边给别人看病，俺母亲就死了。得病后，血稠，抽筋，一个钟头就把命丧，得这个病大都在九月，连阴天下了七天八夜，房子都漏了。那时候村里有八九百人，死的数不清，除了医生在跟前，都治不好。北边八月就得了，那时都知道传染，这病从北边一直向南来，扎针儿放血，血出来就好了。到第二年就缓过劲来了，撑死了老些人。国民党也不管事，也不救济，饿死不少撑死也不少。

日本人不管抽筋这事儿，八路军没站脚止步，没大在这儿，一个区一个队，这里归山东管，他们也顾不上农民。日本人扫荡不打庄稼人，堵截八路军。

雨是八月下的，病是九月得的，雨沏（方言：潮湿）的又没阳光就得病，到十月里就少了。过去也有，少，有一个俩病的，那是在头十来年里，以后就灭了，日本人一投降，有医院就好了。

民国 26 年上过水，在岐芜开的口子，民国 28 年在馆陶开的，民国 32 年是在南馆陶开的。河以东没开过口子。民国 32 年的口子不是日本人扒的，没听过日本人挖河堤。在卫河东堤八路军在纸坊扒过口子淹日本人，淹得日本人在北馆陶都不能出门，好像是在杨赵（音）扒的口子。

南馆陶一来水就淹咱这村儿。民国 32 年上河水是在八月二十七，那天俺父亲出殡，不是鬼子的事儿。八路军开的口子也淹老百姓了，把杨赵（音）都淹了。民国 26 年、1963 年全淹光了，民国 32 年淹得不多，水小，社里堡没开过口子。

路 桥 乡

北榆林

采访时间： 2008 年 9 月 3 日

采访地点： 馆陶县路桥乡敬老院

采 访 人： 刘文月　朱洪文　孟祥周

被采访人： 王新良（男　79 岁　属马

路桥镇北榆林村人）

王新良

我叫王新良，我现在 79（岁）了，属马的，家是榆林的。民国 32 年闹旱灾，旱了多少年不记得，从什么时候开始旱也不清楚。那时候都没有吃的，我就去逃荒了，32 年去逃的，不记得什么时候。那时候我们村不算很小，那时候人少，有 700 多口人，现在有 2000 口子。村里有 300 口子去逃荒。我母亲、外村的人和我去逃荒，去了山东范县，在东南方向，在那里待了一年多，七月份回来的。

灾荒年的时候下过雨，下了七天七夜，下得不小，雨没管多大作用，也收不好。那会儿得霍乱抽筋的很多，死了不少人，得霍乱的人上吐下泻，得那病死得很快，有一百多口子得霍乱，说不清是怎么得的霍乱。那时候人们都喝井水，没井水就喝河水。漳河开过口，记不清什么时候，是建国以后的事，水很大，上的水不小，有一人多高的水。下大雨是八月以后的事，霍乱是下雨以后闹起来的，但不清楚具体什么时间闹的。

灾荒年的时候河里有水，但是不能浇地，因为没有工具。

蚂蚱闹了好几年，记不清楚是什么时候闹的，还没解放呢，反正是建国以前。闹了好几年，老些蚂蚱。蚂蚱是从南边飞过来的。

日本人经常到我们村里大“扫荡”。我村里有土匪头子，叫王来贤，是老杂，属于国民党，不知道王来贤有多少人，但是得有不少人，是国民党的狗腿子，也为日本人干事，自己有枪有炮，建国以后被共产党枪毙了。如果不是王来贤，范司令就不会兵败自杀了。

陈路桥

采访时间： 2008 年 9 月 2 日

采访地点： 馆陶县路桥乡陈路桥

采 访 人： 于 播 李 波 江余祺

被采访人： 崔陪海（男 78 岁 属羊）

崔陪海

我叫崔陪海，上过学。家里有十多口人，十五六亩地，种玉米，粮食不够吃。饥荒饿死的人不少。民国 32 年上过水，从西南边来的水，御河，离这有十里地。水不大，下雨下了七天七夜，没旱过。

民国 32 年后有蚂蚱。有霍乱，抽筋，很多人，上吐下泻，我们家没有得过的。有扎针的，有扎好的。村里有水井，喝开水，没有喝水生病的，没有医生看病的。

民国 32 年有日本人，日本人和皇协军到处要粮食，东边就有炮楼。打过人，日本人抓人去修理炮楼，挖沟，白天去，晚上回。有被抓到远地方的，马文耀被抓到日本，马路梅也被抓到日本，日本人在村里杀过一个人，马济阳被皇协军杀了。

逃荒的人很多，有去陕西的，我们家去了济阳，春天去的，过年时回来的。

采访时间：2008年9月2日
采访地点：馆陶县路桥乡陈路桥
采 访 人：于　播　李　波　江余祺
被采访人：马路葛（男　85岁　属鼠）

我小时候没上过学。小时候家里有七八口人，有个姐姐。种了十来亩地，种的啥也有。民国32年的时候种的庄稼不够吃，村里人都不够。吃树叶，吃草。村里饿死的不少。有逃荒的，逃到阳谷，逃到山西的少，那是民国32年之前。地里有红薯的时候去逃荒，我没去。民国32年的事情记不清了。民国32年才多点儿呀！

采访时间：2008年9月2日
采访地点：馆陶县路桥乡陈路桥
采 访 人：于　播　李　波　江余祺
被采访人：马路文（男　78岁　属羊）

马路文

我叫马路文，78（岁），没上过学，小时候家里七口人，姊妹五个，家里有二三十亩地，种谷子、高粱、麦子、玉米，粮食不够吃，村里吃糠野菜，逃荒的人很多，我家也去逃荒。到了江苏，推着木车去的，在外边待了3年，32年上过水，从南边，来的水，秋天末的，水不小，谷子只能看到穗。32年下过大雨，下了七天七夜，32年不干旱，有过蚂蚱，忘记哪年了。

有霍乱，抽筋，上吐下泻，秋天得的，马文生家得病死了两口。有扎针的，我们家没得过，得病死得很快。

32年有日本人，花园里有炮楼，日本人抓人去修炮楼，自己带干粮去，晚上回来。日本人不打人，在村里抢过东西，皇协军抢，日本人给钱没人敢要，有抓到远地方的，死在关外的不少，刘文起死在了外边。

日本人不给看病。得霍乱时我不在家。

在北边打过仗，八路胜。

高桃园村

采访地点：馆陶县路桥乡高桃园村

采 访 人：王宏蕾等小组成员

被采访人：高振湖（男　84岁　属猪）

那时候日本（人）在高桃园没杀人，那时候（为对付）日本鬼子，咱们区成立了游击队，30来个人，八路军上张官寨了，得死了百八十的，八路军算一锅熟了，都死完了。村里人是为保护区里的负责人，没力量扛日本人，日本鬼子大“扫荡”，为了多活几个都跑散了，枪放我家了，日本鬼子都进来了，也没找出来。那时有铁壁大合围，好几个县城的人都集中，区里也有小分队三四个人，也被日本人打花了，让我把枪藏起来，打得过就打，打不过就跑。

1940年我就入党了，民国32年是先旱后淹，我也逃荒去了，上梁山南了，汶上县。家里人在那住着，我就拿点旧衣服换点粮食。我来到北陶县。日本鬼子也有狗腿子，皇协军，日本（人）在河上有岗楼，他光说我是八路军，我就害怕，从那呢（指在岗楼上遇到皇协军）他俩是想要俩钱，两个皇协军就上了岗楼了，他们把开楼馆的两个妇女支出来了，妇女就问我："哪里的啊？"我说："桃园的，离这好几里路。""有熟人吗？"我说："没熟人。""没熟人也得有钱啊。"我都剩了10块钱军票了，我就都给他了。

我去逃荒的时候，路上死的人跟个谷堆子样。得霍乱的，不少都是挨饿引起的。霍乱挺多，（那年）到七月才下雨，一开春就旱，到六月底（阴历）才下雨，没法吃饭了。下雨的时候就啥也不能种了，俺都种的萝卜，后来谷子还收了一点，（雨）哩哩啦啦的光下。

民国32年我逃荒走的，黄河干了我推车过去的，回来时御河（卫河）开口子了，水下去以后才逃荒走的，那年从南边，河分汊的地方，开的口子，水进。

叔叔家的孩子得病的些（挺）多，200多人在村里，有10个20个，反正不少得这个病的，小腿都往一边转，人都不当家啦，不能走路了，浑身转悠，上吐下泻。小孙的小姑姑在区里管，叫吃点粮食，没给扎针，以为是饿的。光管吃饭。下雨的时候，天热的得霍乱，没啥吃，光下雨。从民国32年以后就没再有过霍乱。

民国32年主要是得霍乱的多，前旱后淹，人得霍乱，人都往南逃荒，来回跑。路两边死的人挺多，相当多，死的人没人管，没人埋。

皇协军就是抢，从临清到馆陶，不到扫荡日本人不进庄，皇协军一来抢，人都向临西跑。在北边场里扬场就能看得清楚。

日本人来过村，还没开始战争，大人小孩还都要欢迎，后来一打一开始战争，日本人就开始烧杀，上边有飞机，下边有小钢炮，（公历）1938年我当自卫队长，1940年入党员，村里还住着莘县开药铺的"一贯道"，后来又搬到小郭头。

后时玉村

采访时间：2006 年 7 月 19 日

采访地点：馆陶县路桥乡后时玉村

采 访 人：杨文辉等小组成员

被采访人：刘文长（男　80 岁　属兔）

我 13 岁日本人来的，我整天被掠走修城墙、炮楼，一村得去 25 人，不去就打。（日本人）在村里扫荡，来了有六七趟，我给他遛过马，他让我饮饮，在场里转，不给他遛就打。没在村里住过，来了抓人，不要东西，逮人伺候他，皇协军要东西。皇协军跟着日本人来，日本人不来皇协军不敢来。有八路军、二中队、缉干队，村里有民兵，五六个偷偷摸摸站岗。

日本人没杀人，光逮走。那时有卫东集，皇协军逮了两个八路军侦察员 20 来岁，被枪毙了，村里住了七八十口八路，听说这事，急得不得了，扛起机关枪就撵，八路军队伍撵了七八里，没撵上。

有被抓到日本国的。把俺爹抓去了，先抓到北陶，又抓到济南，叫上日本国干土工活，岁数忒大了，让从济南回来了。抓到日本国去的现在都死了。皇协军抓的，来几个日本人光在村里转悠，捆住，不走就打。我父亲从济南走着回来的。

六七十个八路军会儿会儿来，住一天，不敢住，在村头站岗，不让出进人，那时正规军还没有过来，六七十个人净稽赶队，二中队有不到 200 人，方圆二三百里都知道，比游击队伟大，二中队吃白面掺糖，馋了给你一个，跟日本人打，对头和日本人打，把日本人打跑过，日本（人）出来六七个人和皇协军。皇协军光唬弄事，在卫东没修岗楼，路桥修岗楼，路桥至邱县，七八里修一个，我还给他修过。二中队在东边挖了膝盖深的沟，练兵，往上窜，咱这地称不起根据地，村里住着老杂，日本人来了俺还接他，日本人要，八路军来了也要，给他作揖，怕他打，有跑的，跑不出去，他问你有八路吗?

民国32年，我难过死了，先天旱，后来下雨淹，没收了东西，稀烂，我家7口子人，饿得最厉害啦，我一个兄弟、老娘饿死了，一个妹妹饿死了，一个二妹妹跟南边结了亲家，要不结也饿死了，给我结了一个亲家，饿得人家嫁齐河人家去了，饿得俺爹走不动，去了5口子人。没法治了，有不少得霍乱抽筋，都因为下雨得的，老天爷下了七八天，屋里漏的全是水，下得不是很大。哩哩啦啦六七天，俺村里那时剩了不到200人，以前500多人，现在940人，“八月二十二老天阴了天，哩哩啦啦昼夜不停下了七八天，雨打受了潮湿，人人得了霍乱”，死了一大半，又病又饿绞着得，上哕下泻，跑茅子，人死了埋都没人埋。房子漏没有塑料救，没瓦救，一下雨，开始得这个病，九月十月都没这个病了。有本事的都到南边逃荒去了，我走了，没走出去，俺妹妹跟人走了，到外面结了个亲家，她现在78（岁）啦，那先没少吃花籽。

民国32年，卫河上河水了，从南陶开了两次口子，1956年、1963年，从南馆陶开的口子，跟有神似的，光从那里开，那里的水涨得快，当时的南陶和现在是一个地方，当时小，现在修得大。8月里上的河水，一上水都下大雨，都是天跟它通着气哩。还得霍乱，村里都病了几十口子，没人给治，村里碰上有会扎两针的，俺妹妹、兄弟都得这个病。一家子人谁都顾不上谁，那时知道传染，没法治，光等着靠（熬）了，治也治不成，得这病得一二三百的。那时候喝井水，（井台）比地皮高点儿，井上边也得有2尺的水，要做饭，在家院勺儿水都吃。找个高点的地方，支个锅做饭。

日本人催咱叫咱去挖河堤，把高的地方挖平整，把低的地方弄高点，我就挖了三四次，挖，叫他顺当顺当往北流，水能走，干的这个事算不孬的。

民国32年，水小，日本人没挖，自个儿开的。

采访时间：2006 年 7 月 19 日

采访地点：馆陶县路桥乡后时玉村

采 访 人：杨文辉等小组成员

被采访人：刘星海（男　76 岁　属羊）

（日本人）可能是民国 31 年来的，来过咱庄，头回坐着汽车来了一回，一车人，刚来时，人家不错，老头给他抬个小桌，上面放点礼，作个揖，给小孩罐头。有八路军了就不一样了，要鸡，要鸡蛋。皇协军扫荡时候跟日本人来，皇协军来了老些人哩，皇协军催公粮，待了七八年哩。

八路军在咱这块儿打日本（人），二中队跟日本人打，挖战壕，八路军在里边跑，张寨、路桥、花园、马头尽岗楼，就张寨有日本（人），皇协军，抓人、要钱，都是皇协军干。村里保长光伺候日本人、皇协军，八路军解放后把他枪毙了，王来贤也枪毙了，吴作修也枪毙了。八路军也要粮食，保长也给，保长给日本人粮食多。

土匪把俺哥哥架走了，要钱。俺把家里的东西都卖了，把哥哥赎回，王来贤一家成土匪头子了，日本人一来当皇协军了。沈兰斋是咱村地主，有枪没归王来贤，最后死保定了，先跟国民党，后来跟共产党。

民国 32 年，俺爹饿死了，我十三四岁。民国 32 年，灾旱真严重，春天里旱。提起灾荒的时候真还可怜，好难过。“八月二十二日老天阴了，哩哩啦啦昼夜不停下了七八天雨，雨打受了潮湿，人人得了霍乱，眼看没收粮食，穷的富的没收粮食，就把草籽餐。”吃草籽，得霍乱，俺村死了一半多，树叶子都吃光了。我没逃荒去，一亩换 12 斤谷子。那时有 300 多口子人，剩一半。连个先生都没有，没扎针的。肚子饿，没烧的，没吃的，瘦得不是个样。尽小土房，都漏。俺父亲得这个病，有一家死了两口的。父母、4 个姐姐，1 个哥哥自己过，俺爹死时我六七岁了。年轻的也有得这病的，不分老少都得。连饿带得病，先生饿死了，八路军也顾不住自个。俺姐夫收了十二斤灰菜籽，使磨推，蒸蒸就吃那个。

民国 32 年，盖地都是蚂蚱，八路军挖小沟，拿鞋底打蚂蚱，打一斤蚂蚱给一斤绿豆，蚂蚱多得看不见天。民国32年以后连着好几年都不收。

绿豆刚长绿豆角，谷子还割，上河水了，记不清什么时候上的水，不记得开口的事。

民国32年淹死人了，远路的分不清哪是路哪是坑，淹死了一个老头，水干了也没人管。我那时小没人领，出不去上鱼台、晋县逃荒，我到栾城待了两个月，不知道传染。

花园村

采访时间： 2008年9月2日

采访地点： 馆陶县路桥乡花园村

采 访 人： 于　播　李　波　江余祺

被采访人： 任润龙（男　78岁　属羊）

任甲润（男　76岁　属鸡）

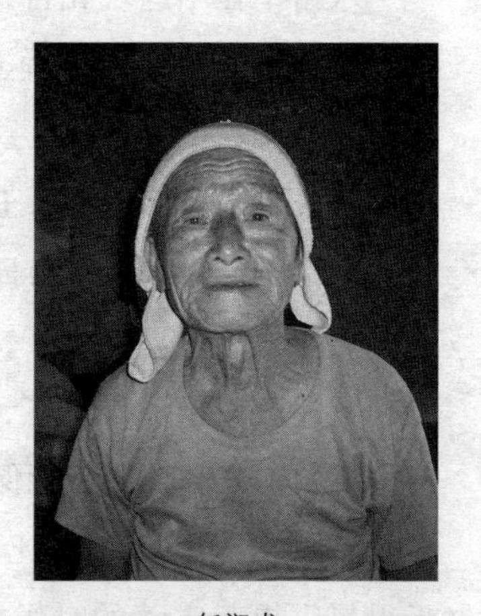

任润龙

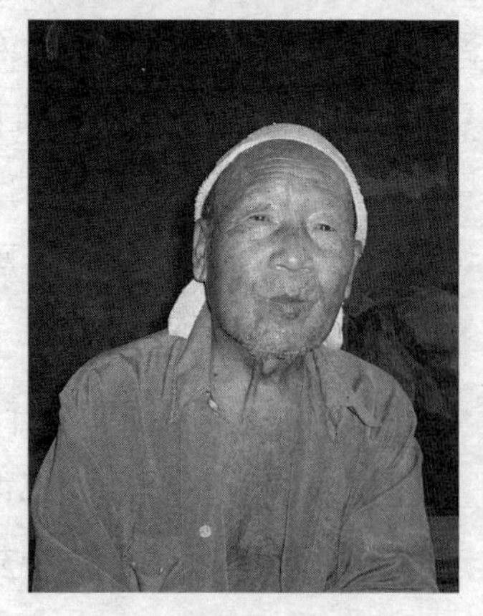

任甲润

我叫任润龙，上过小学，小时候家里有18口人，80多亩地。分家后家里8口人，母亲、4个妹妹、1个弟弟加上我。民国32年灾荒很严重，有一家都死的。下雨下了七八天。我逃荒到了河南。我们家都逃了，收了麦子后逃的。父亲是木匠，母亲纺纱。我14岁，第二年回来的。

民国32年发过水，那小，只有庄稼淹了，村里没进水，七月份发的，从东边有8里地来的水。民国32年下过大雨，七天七夜，屋子都湿了。八月二十八天阴了。先旱后淹。民国32年过了蚂蚱，遮住了天，六月来的，吃的玉米、谷子，都看不到地面。

得霍乱的人很多，往西走十四五地，村里死得不到十几人（张关寨、潘庄敌占区）。吃皇军 10 斤要还 50 斤。任润山家死了六七口，一个叫小五的死了，得了霍乱一天都不到，上吐下泻，抽筋，唠。抽抽就抽死了。村里有会扎针的，任梦北会扎。（任甲润：我父亲任秀灵得过，后来扎针扎好了，扎完马上就好。）这个病传染，村里医生不去，任刘女也死了，小巧也死了，由于饿、下雨。

民国 32 年过了，日本人没在村里住，在张寨住过。在西北角有皇军的炮楼。这是敌占区，和尚穿军装被日本人给毙了。日本人抓人去修炮楼，也有被抓到远方的。赫刘四被抓到东北挖煤，一直没回来。任甲宪被抓到日本去了，后来又回来了。

得霍乱是日本人没给看病。村里没其他大病了。我（润龙）母亲得过霍乱，姓陈，抽筋，后来扎针扎好了。任甲润家里没有逃荒的。

采访时间： 2008 年 9 月 2 日

采访地点： 馆陶县路桥乡花园村

采 访 人： 于 播 李 波 江余祺

被采访人： 任润魁（男 74 岁 属猪）

任润魁

我叫任润魁，小时候上过学，这村一直叫花园村。小时候家里四口人：父母、姐姐和我。家里有十多亩地，种玉米、谷子、高粱等。粮食不够吃，饿死的人不少，有的一家死了 3 口。逃荒的人不少，有去河南的。我们家没有。

民国 32 年发过水，快到秋天的时候，卫河来的水，（离卫河）有 8 里地，水很大。32 年八月份连续下了七八天。“民国 32 年，灾荒真可怜”，提到灾荒的时候，真困难，地里不收粮食，实在难吃饭，男女老少都抓蚱蜢当大餐。八月二十八又是阴天，连续不断下了七八天，水大，潮湿，人人得霍乱，这种病传染，抽筋，上吐下泻，男男女女加起来死了一大半。

日本人没在村里住过，村里有日本人的岗楼。日本人和皇军常到村里要粮食，日本人抓人去修炮楼。日本人在村里枪毙过人，小名叫和尚。也有被抓到东北的。

刘黄营

采访时间： 2008 年 9 月 3 日

采访地点： 馆陶县路桥乡敬老院

采 访 人： 刘文月　孟祥周　朱洪文

被采访人： 孙广连（男　77 岁　属猴
路桥镇刘黄营村人）

孙广连

我叫孙广连。记得过贱年事。记不清是什么开始旱的，都没有粮食吃，我去逃荒了，村是个小村，有 300 多人口，出去的不少。都有 100 多人去逃荒了，村里没多少人了。有百十口子人都饿死了。

村里闹过霍乱抽筋。民国 32 年下过七天七夜的大雨，下雨的时霍乱闹起来了。没会扎针的，得霍乱的人扛就扛过去了，扛不过就死了。没有医生。见过得霍乱的，抽筋难受，吐泻。我家里有 5 口人，大爷得了霍乱死了。

我民国 32 年冬天逃荒去了，我和母亲、妹妹，去了河东。那时这属山东。在那里待了几个月。去要饭，带着要饭棍子，人小，不能推车。我家里我爹、我大爷、两个兄弟都在那时候死的，我爹饿死的。我爹去要饭，死在外边了，没得病。灾荒年以后也有发疟疾的，忽冷忽热。霍乱闹了两年。

割麦子的时候闹过蚱蜢，记不得是哪一年，反正是灾荒年的时候。

日本人从这里经过过。听说过日本人往井里投毒，没有见过，听老百姓传的。人们用井盖把井盖起来，防止日本人投毒。

采访时间： 2008 年 9 月 3 日

采访地点： 馆陶县路桥乡敬老院

采 访 人： 刘文月　孟祥周　朱洪文

被采访人： 孙建华（男　75 岁　属狗

路桥镇刘黄营村人）

孙建华

我叫孙建华。民国 32 年旱灾。民国 30 年就开始旱了，民国 32 年最严重。那时候靠天吃饭，下点雨就种，不下雨就种不上地。1 亩地 100 斤就是好收成。民国 33 年、34 年下过雨。

民国 32 年我逃荒去了，待了 1 年多回来了，民国 32 年七月去逃的荒，走在半路上，有收棒子的，这一片旱，河南那边不旱，有棒子收。那时候我去了河南，黑龙庙，在梁山西，跟人家要饭吃，没东西换。我和哥哥、母亲去逃的荒。

我村不大，300 多口人，饿死很多人，还剩 200 来口人，走不动的没法逃荒，就死在家里了。提前逃荒的还好，后来的人饿得走不动了，就逃不动了。后来没吃的，你光靠（熬），靠啥。政府也不管，黑暗社会，谁也不管谁。收成好地方的人，拿粮食到这里跟人们换东西。我逃荒逃了一年多。

民国 33 年、34 年下过七天七夜大雨，民国 32 年没有下雨，第二年多少下点。村里有得霍乱的，不多，饿死的人多。当时村里没有医生。当时生活不好，没有吃的，肚里没食，天又热，又没有水，有很多人赶集死在路上。十八九（岁的）青年人就死了。没听说过得霍乱的人吐泻的。有人想赶集找点吃的，天一晒就死在路上了。头脑精明的人就走出去了，在这里靠（熬）就靠（熬）死了。那时有撑死的，新粮食下来了，人们饿得肠子细了，饿得精瘦。乍一吃得多就撑死了。

这里距离卫河最近，有10里地。河堤上可以浇，水过不来，没法浇，离河近的好点。民国32年以前卫河上过水。那时小，光记得有冰，秋天来的，水浅。1956年水不大，1963年水大。咱这儿地势跟东边差不多。

霍乱抽筋的状况记不太清楚了。逃荒的时候得疟疾的多，得疟疾的人开始冷，后来热，也没有什么药治，霍乱死得快，得疟疾的人有百分之六七十，那个时期疟疾比较容易治，也没什么具体的药。有的人出去躲着，有人迷信，祈求得疟疾的人康复，大多数人都扛过去了。

民国33年、34年都闹过蚂蚱。我去逃荒回来以后，门和窗户都被人摘了。自己村里人摘的，卖两个钱。蚂蚱来的时候庄稼很高了，八九月份闹的蚂蚱，把地里种的高粱叶子都给吃掉了，蚂蚱一过，谷子、高粱都只剩下秆了。那时候都挖坑，把蚂蚱一赶，赶到坑里，埋死。这个只能埋小蚂蚱，大的埋不住。

人们种点粮食都给八路军了，不给日本人粮食。日本人到晚上来村里捂，把村子包围了，一放枪，人们就往外跑，就把人逮住了，要钱赎人。其实，不往外跑倒没有事，一往外跑倒被抓住了，他们不到家里面去抓人。很多人晚上不敢在家里住。都去高粱地里睡，没听过日本（人）投毒这回事。王来贤那会是县长、司令，不给他粮食。有游击队根据地。

刘桃园村

采访时间：2006年7月8日

采访地点：馆陶县路桥乡刘桃园村

采 访 人：唐 寅 岳 凯 张 敏

被采访人：刘兴法（男 79岁 属蛇）

日本（人）来，见天出去的，他不往临西，光在馆陶，那是一天天跑，吃饭的锅都端走，光杀连烧带打死30多个，烧死10来人。皇协军也来，跟他一样。日本（人）牵牛，把人带走，抓劳工，抓到馆陶修城墙。村里托人拿俩钱救回来，把人买回来，日本（人）孬着咪。

民国32年，大旱没水浇，加上日本人抢杀，收点就给你整走，村里死了100多人，有粮食见天来，就抢走了，有的饿，有的病，叫霍乱转筋。那会儿是“八月二十二，老天阴了天，昼夜不停下了七八天”，房屋倒了一多半，家里死了三四口，有奶奶、姐姐，奶奶得了这病，姐姐也得了，知道传染，知道也没钱治。得病跑茅子，拉稀，连跑带吐，不能吃饭，得了病一两天就完了。下了七天七夜，连烧的都没有，把门劈了，烧热水喝，就家里人埋去，没人跟着，没法治。村里没医生，就一个会扎针的也得病死了。身上抽筋，肚子疼，一天一夜就死，快得很，没医生也没药，得有百十口子得这个病死的，当时有300多口（人），死了得有一半。第二年1944年就结束了。下雨就得了病，到了九月前半月发洪水了，发洪水也很厉害，说是卫河来的水。

洪水来的时候不大，村子里有三个井，井沿不高，跟平地差不多，当街的水都灭顶了，土房都倒了，水一攉就堆那了。我那西屋还没住呢就倒了。

村里也有扎旱针扎好的，主要扎小腹周围，旁的不扎。当时喝高粱糊涂，吃榆树叶子，勒光了都，谷糠掺和着拌拌吃。起先也有霍乱转筋，日本

（人）一进中国就听大人说过有，后来也有，少了。共产党来了之后就没了。

蝗虫也多着嘞，就这一个人就呼啦百十斤，一大口袋也多，到末后，村里收那个，换粮食，上晌时满地庄稼，下晌回去就吃光了，根都不剩下。狠着嘞。

村里人逃荒的逃荒，老人那小推车推着，哪里没淹就上哪。有上山西、河南、山东高唐的。灾荒年逃出去就要饭，我一个大爷出去也死了，全家就我一个人逃荒了，都老了。我那会儿小，逃到黄河南梁山那儿。

皇协军下大雨也来抢东西，没粮食抢被卧，地下走来的，没有汽车。有皇协军也有日军，穿的没变，皇协军的帽子跟日本（人）的不一样。有飞机飞，飞得不高，往下打机枪，一见这伙人就在飞机上打。馆陶这些（日本）人汽车少，有马。

南曹庄

采访时间： 2006年7月16日

采访地点： 馆陶县路桥乡南曹庄

采 访 人： 徐 畅 马子雷等小组成员

被采访人： 张耀光（男 78岁 属马）

民国32年家里一直种地，40多亩地，那会儿弟兄3个，我最小，一起成食堂吃饭，后来分开。十三四口人，我在家种地，大哥给人扛活，后来调到北延堡区。解放北平时是武装大队长，傅作义的兵给他当勤务员。后来眼看不见了，回家了。我14岁时当过民兵，南边离这8里地有炮楼，东边5里地有炮楼，北边离这3里地有炮楼，西北张寨离这10里地有炮楼。北边路桥和花园中间有一炮楼，几十个人。邱县到馆陶有一条土路是日本人修的。那时候没什么好东西，有一点粮食就给你抢走。当时村里抗粮，鬼子点了（烧）20间房。日本人到村里来，杀了一个人。两个陪绑的，日本人说这几个人是八路，实际上他们不是八路。被杀的人个大，白净，另外两个年龄小。

日本（人）在一年刚过麦时过来，我十二三岁。他们在南边树行里休息，开车来的，把一个管子放在井里，往汽车里抽水。汽车很小，那口井现在还有痕迹。东北高丽人跟日本人到这里来，上岁数的人说：这是高丽人，不是日本人，穿军装，装日本人。高丽人比日本人高点，他们跟日本人一起来，混在一起抢东西。日本人少，进村的也少，炮楼里净是中国的皇协军。老缺、土匪是杂牌，日本人来了给人家当皇协军，投降了人家。总头叫王来贤，投降了日本人，让八路军在馆陶枪毙了。他上村里来过，杀人不眨眼。王来贤给日本当走狗，他们当土匪时，抓有钱的人。比如你趁（赚）3 万，他就给你要 2 万。那会儿，人死得多了。白地这个村有个人在炮楼上当队长，姓秦，他的街坊去看他，让人挖坑，有一个打劈柴的人被他们活埋在沟壕里了。民国 32 年，有皇军。我们兄弟 3 个，二哥在南边八里地炮楼里坐监狱，用两布袋面一布袋绿豆把二哥赎回来。俺母亲拿罐子给二哥送饭。当时，一起抓走了十多个人。又托人找熟人赎出来的。

赎回二哥后，去鱼台要饭，当时十二三岁，讨饭时（施舍）给烙的白饼切成三角长条面叶。一年多回来种庄稼。当时有七路军、八路军、黑狗队（日本人）、中央军，好多部队。

想不起啥时候天旱了，后来下了七天七夜雨，那时候在家还小，不是很乱，秋天下的雨，刚立秋。谁家的房子不漏啊。上面漏，下面浸水。人在屋里搭小屋了，那会儿没有塑料布。用席子上面搭上被单子。那时候村里不足 400 人，现在村里一千二三百人。村里没有大些水，不是下的瓢泼大雨，是哗哗哗地下。

那年有抽筋的，伤的人不少，没有医生和药，有扎针扎过来的，就活过来了，扎不过来的就死了。我们附近就死了一个，俺父亲也得了抽筋，去西马兰，有一个医生叫俺爹舅的人，吸白面儿，他看俺父亲不行了就走，他让俺哥去买了一包白面儿，给俺父亲扎过来了。东面有一家卖白面儿毒品的，从日本进的。一丁点白面给他吸了，看好了。扎针主要扎胳膊弯子，扎腿弯子。使三棱子针，比辐条还粗的针。恶心，干哕，泻，拉稀。医生叫张子元。拉一天身上就受不了。腿酸不能动，从得病到死一天就完，没人治就完了。当时就叫霍乱抽筋，霍乱就叫抽筋，抽筋就叫霍乱。那时候喝凉水的多，生活紧张，吃高粱面，没小麦吃，吃高粱面就是好的。那时候柳树叶没了。

那一年，下雨后水长出来了，南馆陶北听说开口子了，水流到了咱们村，洼地里都淹了，高地里没有淹。坑里老深，地里的水到膝盖，坑有深的也有浅的。这一块都淹了，水往北走了。水来了，在地里干活，人对人喊传："南边上水了！"北边的人就上这边来堵口子。几天后水就下去了。

想不起来开口子和霍乱在前在后了。咱们村有给日本人招劳工的，去了有回来的，上日本去干活了，有两三个去了，都活着回来的。不知道去干什么去了，日本投降后将他们送了回来。

潘　庄

采访时间：2008年9月3日

采访地点：馆陶县路桥乡潘庄

采 访 人：于　播　李　波　江余祺

被采访人：刘孟北（男　80岁　属龙）

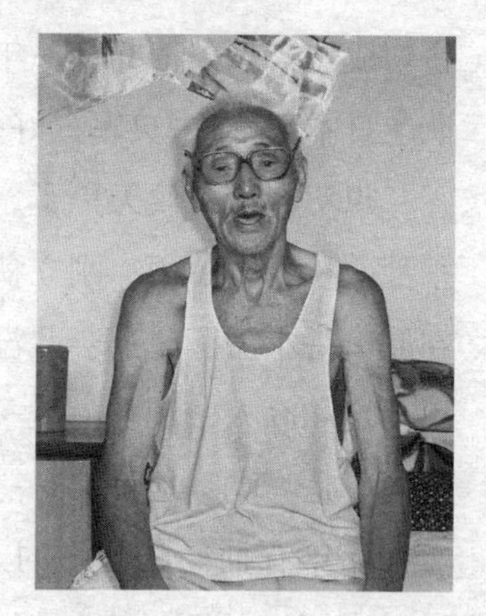

刘孟北

我叫刘孟北，80（岁），没上过学，我们村没改过名，以前属于北馆陶，家里6口人，民国32年时种五六十亩地，种高粱、玉米，粮食不够吃，我叔婶、两个兄弟都饿死了。日本人皇协军不让逃荒，逃荒的人不少，逃到河南，我们家没人逃荒。

民国32年秋天下了七天七夜的雨，下雨前也旱，不记得上没上过水，村子附近没有大河，但有井。

有不少得霍乱的，一天死过七口，抽筋，上吐下泻。我们家没得，谷子快收的时候，叔叔家死了四口，没人治，肚子里没饭。

民国32年有过日本人，有72辆汽车，从我们村去邱县，有炮楼，不抢东西，只是糟蹋东西，村里枪也不要，在村里没打过人，没杀过人。日本人抓人去炮楼，不让回来，让家里人送饭。村里有被抓到日本的，冯广龙的爹被抓去了，后来回来的，刘庄也有。村里没有其他的。

民国32年以后有蚂蚱，看不到天。

采访时间： 2008年9月3日

采访地点： 馆陶县路桥乡潘庄

采 访 人： 于 璠 李 波 江余祺

被采访人： 武林生（男 80岁 属龙）

潘金发（男 76岁 属猴）

武林生

潘金发

我叫武林生，80（岁），没上过学，小时候家里有父母，3个妹妹，弟兄仨，家里有24亩地，种麦子、玉米等，粮食不够吃，吃树叶等，村里都不够吃，民国32年饿死的数清了啊？一家家都死了，逃荒的都走了，我们家逃荒到了河南。八月二十几下过大雨，民国32年没上过水，以后上水是晚了，周围没有河，村里人都喝井水。

有霍乱病，筋抽抽。上哕下泻，很多人三两天就死了，得了病就只能等死，没有医生，自己扎针，得霍乱的人血不流动，小针血不出来。王成家全死了，两个儿子，一个女儿，我们的两个兄弟也死了，8岁得的，雨大潮湿，没东西吃，喝凉水。别的病少。往东十五六里比较轻，往西北四五十里更严重，各村都没人了。

张寨有炮楼，经常有人去修，白天去，吃饭的时候就回来。日本人不怎么抢东西，皇协军抢，冯玉昆都被抓到外地了，在村里没杀过人，也去挖沟，日本人也不打人。

民国32年以后有蚂蚱。

我叫潘金发，上过小学，家里4口人，父母、一个妹妹，家里十多亩地，种麦子玉米，一亩地产100斤左右，下大雨粮食都淋坏了。民国32年大雨下了七八天，水有二十多厘米高，得霍乱的人很多，剩的人有限，我妹妹得霍乱死的，没先生扎针。得霍乱死的人很多，死得很快，村里也有人水肿。逃荒的人很多，我们家没逃过。村里逃荒大都去了河南，民国32年也旱过。

我也去张寨干过活，不干活拿枪杆打，村里有人被打过，有个日本人在村里自杀了。我去修炮楼是民国32年以后，皇协军常到村里抢粮食、衣服、被子等，我们村是敌占区，日本人的重点区域。

民国32年以后有蚂蚱。

前时玉村

采访时间： 2006年7月19日

采访地点： 馆陶县路桥乡前时玉村

采 访 人： 杨文辉等小组成员

被采访人： 沈升文（男　80岁　属龙）

日本人1942年上咱村里来，来的人不少，那会儿有多少，详细情况不知道，但后来去找咱主力部队，他的火力强，咱经不住他，咱主力部队得劲，吃他一小块，不敢跟他硬对硬。日本（人）到咱村是扫荡，他目的一方面抢东西，一方面找咱主力部队。咱部队不硬打，打游击吃他一小块，这就是壮大咱们的力量，那时候吃小米。

日本（人）白天在咱这里扫荡，夜晚就回去了。皇协军是咱当地组织起来的，专门给人家当狗腿子，他摸着啥抢啥，他啥都要。他跟土匪不一样，土匪黑下偷偷抢点，皇协（军）算是日军狗腿子。

（皇协军）来咱村里，咱村里人都跑了，见人就抓，俺村里抓了好几个，死了后还不一定找着了。干活那是公开的，修城墙，他那个城墙修的。那会儿咱们军队有，不多，有时候驻，跟咱老百姓要东西，咱老百姓也怕他（八路军）。

那会里八路军人少，一个团得手了就打死几个日本人，不得手，抢几个枪也是好的，他那个枪好，都是三八式，子弹都是炸子，一见血随着就炸。南边路桥北边五里地都有他的钉子（炮楼）。

八路军进门一个先给老百姓打扫院子，挑水，部队生活还充足点，看情况八路军能吃饱，锅里的嘎渣就不要了，有好了能吃饱，紧急情况是对付敌人，一天一夜吃不上饭，我们也吃个野菜。

我 1941 年当兵，在部队待了 15 年，我当兵是参加馆陶县人民政府的，不算游击队，县政府有公安局，我姐夫他是 1937 年参军，他是第一任馆陶指导员。

看情况一般本县活动，需要时跟村里要吃，不强迫老百姓，标准粮是小米，1 人 1 斤，要不着你个人想办法。

民国 32 年是灾荒，那不能提，那个难过劲就不提了。先旱后淹，像这会儿有井，那会儿没井。天不下雨，庄稼不出。游击队囫囵睡个觉，起来就走。后期淹了，八月十几下的雨，八月十几哩下的。那会种啥不行了。那会接着河水开口子，河水挡不住，下了雨以后，蚂蚱都在墙上，俺这村里有围墙，我是西门第二家，我是门朝南，下了七八天雨，没吃的了，逮蚂蚱，吃蚂蚱。那个歌“没吃的了逮蚂蚱又当饭当菜”，地里没有蚂蚱。

我家里8口人，我奶奶、父母、兄弟仨，两个姐，一个妹，我姐姐没去，出嫁了，我姐夫是县公安局指导员。逃荒时我父亲、奶奶都死了，数我大。逃荒到鱼台。那时候，军队分散，县公安局分散，为了啥，家里生活困难。逃荒时，我跟母亲、弟弟、妹妹去逃荒，我先去要的饭。人家给我找了个头，出家当和尚，当到第二年七月里，回来之后又到部队里。

下雨的时候，棒子能吃了，将（刚）有粒，八九月里得的这病（霍乱），那会里得这病的人多，一个劲地抽筋，得80%得这病，村里没医生，连扎针的都没有，还有比这个厉害的哩，得这个病也饿，这个腿上大筋不一样，扎准出血扎不准不出血，我奶奶就是那病死的，我父亲也是，那会不知道是那个病，吃不上东西还得跑。到十月里（阳历）没有这病了。

八路军有米袋子，一般情况下6斤，走到哪跟农村要粮食，民国32年，日本（人），皇协军白天要东西，黑下八路军要东西，白天闹皇协，黑家闹八路。

那时我十几（岁）参加革命，部队解散以后，分开打游击，3至5人一个小组，还有政治干部指导员，为了消灭敌人小股部队，都跟土匪差不多，见了老百姓跟亲兄弟样，血肉相连，十三四（岁）时八路军分开。八路军住在浒演（注：房寨镇村名），八路军的根据地，日本（人）进去了，八路机动灵活，跑开了。

民国32年六月初几上河水，淹了，淹得才大哩，我这院里都腰深的水，除了高粱没淹着，其他粮食都绝产了。从南馆陶开的口子，那时的南馆陶皇协军占着，大堤矮都开口子了，日本人在河东挖口子，水出去了，他能活动（以免在河西开口）。他住北陶，日本人在河西没挖过。

清阳城

采访时间： 2008 年 9 月 2 日
采访地点： 馆陶县路桥乡清阳城
采 访 人： 于　播　李　波　江余祺
被采访人： 孙洪臣（男　87 岁　属狗）

孙洪臣

我叫孙洪臣，没有上过学，小时候家里有母亲和我，家里有十多亩地，碱地，种谷子、高粱、玉米等，粮食都不够吃，饿死的人很多，逃荒的人也很多，到河南等地，我没有逃荒，给别人扛长活，民国 32 年春天村里开始逃荒。上过洪水，过了秋，水不小，水从南边来的，进村了，把地也淹了，下了七天七夜的雨，天气不旱。

民国 32 年之后有蚂蚱，有霍乱，抽筋，得病的人不少，扎针有的可以扎过来，我们家没人得病，过了秋天得的，孙在家死了 4 个人，郭济名的母亲、媳妇都死了。周发玉的病扎过来了。

民国 32 年日本人没到村里来。

采访时间： 2008 年 9 月 2 日
采访地点： 馆陶县路桥乡清阳城
采 访 人： 于　播　李　波　江余祺
被采访人： 张尚礼（男　86 岁　属猪）

我叫张尚礼，86（岁），上过几年小学，在邱县上的，小时候家里有爷爷、奶奶、姑姑、父亲、一个哥哥，家里有 20 多亩地，种棉花、麦子、

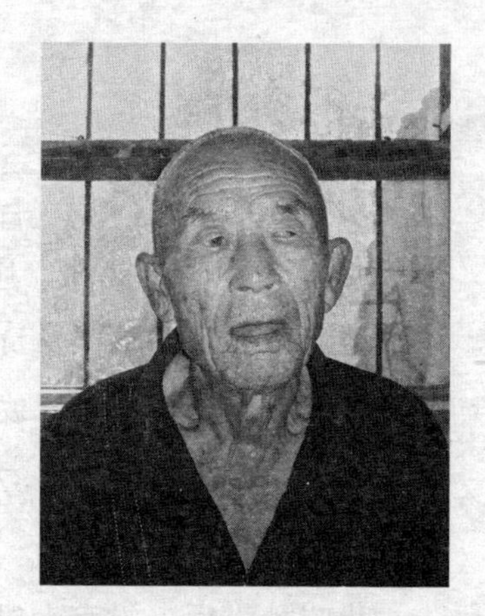
张尚礼

玉米等。民国32年粮食都被伪军抢走了，村里都不够吃，死的人很多。

下过七八天雨，天还热。民国24年上过水，南边馆陶来的水，东边的御河。

村里有逃荒到河南阳的，寿庄的，民国32年之前，我叔姑都去了关外，我也去了，待了一年多，在外面当过兵，姑父拉洋车。

不知道是哪年了，有得霍乱的，一会就死，收了麦子后开始的，上吐下泻，腿酸抽筋，我也得过，还没走的时候，扎得腿出黑血，扎完后当天就能走，不唠不泻。爷爷也得了，叫张万臣，得病后八九个月就死了。村里人都喝井水，没听过喝井水生病的，张郭仪给人扎针，以前上过水。

民国32年有日本人，他们抓人去修炮楼，村里没余过人，我被抓去东北当劳工来回两年，我20岁，在那看山，1945年回来的，还有郭洪廷、任发生都活着回来了，被抓去的有十多个。

上过蚂蚱。

采访时间：2008年9月2日
采访地点：馆陶县路桥乡清阳城
采 访 人：于 播 李 波 江余祺
被采访人：张万兴（男 83岁 属虎）

张万兴

我叫张万兴，没上过学，小时候家里二三十口人，有姐妹，地里种谷子、高粱等。民国32年粮食不够吃的，挨饿，饿死不少人，有逃荒到关外、河南的，春天、冬天都有。民国32年下过大雨，街上都有水，下了六七天，抽筋死了108口，秋天下的雨。民国32年也旱过。

民国32年上过水，但不大，有蚂蚱，从北往南在地里抓，挖的沟。

民国32年霍乱，八九月份，我就得那病了，上哕下泻，抽筋，手打弯不能直，扎针扎好的，我八月份得的。地里潮湿，我母亲得霍乱死的，母亲姓李。

日本人在村里没杀过人，打过人，有被抓到东北和日本的，有两三个活着回来的。

太平庄

采访时间： 2008年9月3日

采访地点： 馆陶县路桥乡太平庄

采 访 人： 于 璠 李 波 江余祺

被采访人： 刘文泰（男 77岁 属猴）

刘文泰

我叫刘文泰，77（岁），上过小学，小时候家里有母亲、姐姐，姐姐被卖到河南。家里20多亩地，种高粱，村里饿死的人不少，逃荒到河南，我们家没逃过。民国32年有旱，收了麦子还没下雨，后来下过雨，庄稼种得晚，雨下了七天七夜。民国32年没上过水，没有蚂蚱，六七月有霍乱，下雨潮湿，得病的人比较多，抽筋，我们家没人得。村里3口井。

1952年村里有2个炮楼，挖沟，没有抓到远地方的，我被日本人打过，他们没杀人。

王桃园村

采访时间： 2006年7月8日

采访地点： 馆陶县路桥乡王桃园村

采 访 人： 唐寅等小组成员

被采访人： 王玉轩（男 83岁 属鼠）

"霍乱转筋"没水淹时没这个病，起那年到现在还没这个病。上了河水以后，水都一两人深，村里打了个堤，高的地方到了搁拉板（膝盖）以上，看着水发晕。下了七天七夜，房子跟现在不一样，都泡了，在屋里床上搭棚子，没吃没喝，一受寒就得了这个病，四肢无力，浑身抽筋，吐，拉，发烧，扎四肢，扎了以后挤出来的黑血，挤出去老些，拿大盐粘在针上，不定一个钟头半个钟头就没事了，这个病好治得很。一个村就一个先生，村里好几十个，这边没扎好，那边没等着，治得还没死得快，扎针的少，没吃药先生，就一个明白人，这边顶上一个钟头，那边就死了。好得快死得也快，绑着大筋，扎出黑血，拿大盐一杀。个人顾个人，谁上谁家去？死的时候，是席子头卷到自己地里，挖个坑埋了，有啥法？被日本人抢，有粮食就给抢了。

贺五庄死了老些人，八路军死了好几百，十七那年三月十五，新四旅给日本大合围，这个新四旅给围住了，死得惨无人道。这个日本恨死个人，强奸妇女，连老妈妈，早起的赶会的。闺女都藏哪儿，都藏最背的西南角。屋子里都满了，年轻的找老妈子的棉裤穿上，脸上抹灰。脸上不化妆的，都强奸了。是铁庄的，19（岁）了，这个日本（人）要强奸她，打开了口子，我在中间那屋里，听里面咕咚，日本（人）强奸完了，走了，闺女躺床上，血流在地上，用刺刀刺头上，有一盆多，强奸杀。八十岁的老妈妈带着十几（岁）的小孩，八十岁的老妈妈都给强奸死了。他还说你八路的干活。

那时候说："日本（人）一扫荡，奸淫烧杀又抢粮，临走还带走两个顶好的大姑娘。"

采访时间：2006年7月8日

采访地点：馆陶县路桥乡王桃园村

采 访 人：唐寅等小组成员

被采访人：王振朝（男 82岁 属虎）

日本（人）在咱这村儿，有一回叫群众，来了老些人。（老百姓）一人一个小旗："欢迎大日本。"抬桌子，搁花生，欢迎人家，有的不吃。日本人从这过来，不知道上哪去了。民国26年第一回进村。村里慢慢有了共产党地下工作人员，领导群众，组织群众，敌人来了就跑。

从我经过的来说，光在地里待了一年。见天儿里去地里睡去，不敢回家。就那一天，二月初八，下雨了，不能往地里去，日本人来了，跑不出去，逮住了好几十口子，我也叫人逮住了。逮住以后，六七十口子天不明就来了，吃早晨饭就走了。把人都带走了。按说，我胆儿大，日本人叫我给他干活，不干活也不中，我就给他干活。有一个比我年龄大一岁，长得白净点，说他是八路军，叫日本人捆起来了，我在那儿给他干活。王庆修叫人捆那里了，一次说要枪毙他，捆那里，去别的地方找柴火去，正好碰着日本（人），日本人问我："是你的朋友？"我说认得认得，是咱村的，咱也听不懂，又给捆回去了，没枪毙他。前年死的，以后的事儿了。

把人带到陈庄去了，离这儿3里地，带到陈庄以后，把俺们这伙都带去了。带到陈庄，王庆修他们在一个院上。日本人把人家房顶挖了个大窟窿，用砖垒个小池，日本人都在一堆儿烤火。在这个时间，屋子里的破烂都扔到了墙根底下，王庆修还捆着，当时俺俩都入党了，群众还不知道谁是党员，在这个情况下，俺们都住一个院里，王庆修五花大绑，我说捆得紧不，我要给你解开，我也有危险，你能不能自己解开？他弄了半天，给解开了，我把绳子塞炉子里了。日本人也没理这儿，他没死了。

这以后，日本人领着往外村里去，上杨草场，离陈庄不远，一二百米，见鸡就抓，还找了个狗皮锅底，给他担了一担挑，都弄陈庄去了，做饭烧火，算支锅，用砖支起来，给他杀鸡，弄了十来个牛给吃了，他不会杀也不宰。就牵牛这一家，杀了个，死了好几个人，挑死的。馆陶县委书记李广聚，他就是日本（人）挑死的，南馆陶陈庄人。

起陈庄待了一晌多（一天一夜），日本（人）一个班，十二三个人，他在门外头站队，走嘞，冲俺们挥手，我一出去门口站着个人，他们说："我们开路开路的，你们跟我们走不?"俺们送他去，我说日本（人）走了，咱们去送他们走吧，去了3个，王庆修和俺仨就送他这十来个人出去了。那个陈庄还有好些人，送到了尖庄，离陈庄10来里地，不知道人家叫到哪里去，到尖庄看日本先到房顶掘大窟窿，地上垒池，到尖庄又弄了起来。

日本人也有好孬，他们说："我们在外讨伐三天，你们跟我们待几天行不行?"那天没事干，日本人些（喜欢）待见小孩儿，给你烟。尖庄有皇协军，没日军。天快黑了，尖庄伪军给日军送了半簸箩馍馍，一梢菜，俺这几个人不敢吃，也有中国人（皇协军），跟俺们说，你怎么不吃，俺不敢吃，那不饿死你们。我那次吃了四个馍馍。吃晚饭我以为他是个班长，我问他，我胆大，敢说，叫俺们回去行了不?他后来说话了，行的行的，咱认为他是善多了，我说叫咱走嘞，临出门那个家伙还给了一盒烟。一出日本（人）住的地方，进了宅子，俺们出来了，站岗的也没吭气儿。到了大门外边，快出村了，那还有日本（人）呢，陈庄住了一黑价（晚上），出了尖庄不敢回家怕再逮住。有个皇协军队长，叫宋柏英，跟俺这里个人有亲家，没法子了，这队长还真不错，人家有亲家，说俺叫日本逮住了没地方去了，"你们就住这吧。""吃了吧?""下点面条。"一人一碗面条。俺就上牛棚里去了。

村里好几十口子人叫人带走了，当时要大"扫荡"，就是十来个县来的，有的带到高唐、冠县、临清。带走的两三天才回来，没死一个俺村里。

灾荒年，民国32年大灾荒，我那一年才19（岁）。村里人生活些紧，地收得少，几十斤粮食，好年景雨水正常都不够吃的。有几十亩地也不够粮食。俺村当时情况300多人不到400人，那一年因为旱灾，头年种上麦子，一种到第二年七月才下雨，一家伙下了七八天，十家有八家漏雨，不能收。但是那个情况有百分之六七十的都逃出去要饭去了，有的剩个人，大户剩个看门的。有饿死外面的有死家里的，弄得妻离子散。因为生活没法解决，人要饭都逃走了，饿死老多。我那时候才十几（岁），就剩我自己了，我也逃荒了，三月出去的，上宁津县去了，我宁津有个亲家，姨姨家的姐姐，奔她那去了。说她那是水浇地，生活好，到那也不行，也不是完全水浇地。她那也是旱。待了几个月也不行，到七月初三就回来了，回来这一天出门，走了一晌，下开大雨了，些大，俺还有我母亲俺俩，有个小店主那了，我还推个车子，住了一黑价，晚上还是下，吃糠窝窝，"母亲，你先在这吧，等天好了再回去。"我自个往家走，自个到家，下了七天七夜，家里还是不行，父亲在家，父亲支个锅做饭喝，小锅一点米，够谁吃的。两三碗饭都叫我吃了，好几天换不着吃头，饿毁了。年下那天在路上来的时候，在路上有一块黍子，我掐了一卡子黍子，拿回家来，还没舍得吃，天黑了用碾子轧，二十九轧的，就这二斤黍子，还有糠，把这二斤黍子贴了九个锅饼子，一掀锅都倒到锅里去了，半锅糊涂，初一早起就喝了两碗糠糊涂。

逃荒回来有一天，一天村里死了7个人，姓谁忘了，人不断地死，父亲母亲都是十一月死的，总体上是饿的，又抽筋，叫霍乱转筋，死个人都没人管，我父母亲死的时候也没人管，死的时候也没裹点么，直接抬地里埋了。

九月初十发的大水，河里开口子了，水不大，洼地都淹了，还没打庄稼，地里没啥，当时立秋三天枣子还没落地的时候，来的卫河水。日本（人）来了，没政府没人管堤，馆陶来的水。

村里没有医生，但有两个人给病人扎针，医生家里人都死了。后来才知道医生扎针。谁也不出门，那会儿谁也不知道谁。家里有转筋的，就求人去，村里就剩半个牛还和外村伙着的。我当时是自卫队长，地上净草，上级一天给 2 两粮食，拉了一年犁最后才给粮食，上西边河西推粮食去。生蚂蚱跟车走，车脚上压得蚂蚱用大车拉，一呼啦一片，种一片高粱，一顿饭的工夫蚂蚱就吃了了。

当时不知道这是传染病，就叫霍乱转筋，扎针的医生起的名，刘世刚会扎针，那会不串门。我这儿死了好几个人，没一个上我这儿来。我记得那会遭了皇协军，村里房烧了一百多间。村里死的都是没出去的，没啥法，没听说死人很多的情况。从前没听说过这个病，关键是饿的，饿得人皮包骨头，一变天就要命了，吃清早没晌午。

这里离北馆陶 20 来里地，有共产党八路军，日本人不经常来，来了不是烧杀就是抢。他不大来，一来来老些。飞机飞得不高，下大雨没来，飞机扔炸弹。把粮食埋到粪坑里，有的埋到厕所底下，要不这个样就给你抱走了，有点粮食也吃不成。吃井水，砖井，两个井，井台离地面二尺来高，河水把井都灭了，就喝河水。门前挡了个堤，堤外面一人多高的水。阴历七月初三，当时姨家的姐姐回家，下雨，九月份才淹的，发河水，不知道怎么决的口。后来没发生过霍乱。

当时有日本（人）有皇协军，村里组织自卫，防土匪“捶户”，在家里揍你，把钱拿出来，里外都站着岗。土匪也一杆一杆的，要粮食，见天给他送馍馍。有个黄沙会，说是不过枪子。有天他到吴庄了，百十个人，来了个信儿，我们准备借路使使过一趟，上当了，是一计，把西边的村包围了，光认为是借路使使，好几个钟头，光拼拼不过子弹，拿铁锨给枪干，死了好几十口子。他名上是土匪，实际上是皇协军，咱村里就两个破枪，过来了，弄了一晌，把俺村的房都烧了，人吓得了不得，整天害怕，那日子没法过。

油寨村

采访地点：馆陶县魏僧寨镇东厂

被采访人：国庆凤（女　83 岁　属鼠　民国 32 年在油寨　没念过书）

那时穿大襟衣服。家中奶奶得病，抽筋。得这个病前没得其他病。不知道咋死的，没惊动人，就埋了。不知道抽成什么样，难受，不吃饭，就死了。那时候谁治过这病啊。不清楚其他人得没得。没扎针的。

油寨是个大村。光见一伙子人抬着就埋了。有斗子，埋了。

吃点地里的高粱，当时是中农。自已种地，谷子都旱蔫了。

村子有井，喝井水，井高，水流不进去。

见过皇协军，抢这个，抢那个，衣裳啥的也要。俺爹上去夺了，没夺过来，恼了，过来踢俺爹，一脚一脚地奔，踢到胡同口，以为毁了，到胡同口没事了。

采访时间：2008 年 9 月 3 日

采访地点：馆陶县路桥乡油寨村

采 访 人：刘文月　孟祥周　朱洪文

被采访人：国之晨（男　86 岁　属猪）

国之晨

我叫国之晨。民国 32 年河水淹了，卫河开了，没有旱，没有东西吃，灾荒年有三年，其中有两年发水，有一年有蝗灾，把粮食都吃了。

卫河的水民国 32 年六月份的时候淹了这里。我去逃荒去了。过了民国 32 年，老毛子进中国。一拨一拨的土匪，有去投日本（人）的。八路军来了，消灭了日军，打灭了一堆一堆的土匪，日子还好过。

卫河发水的时候，我和我的家人都在家，没东西吃，我们就去阳谷、寿张逃荒，挨着黄河边，河水一下去，我们就去逃荒了，六月来的水，河水淹的时间不短，有一人多高的水，老深的水。水是从东边过来的。当时我们村有400来口人，我们这片出去逃荒早，饿死的人少。我逃荒的时候十八九岁了，我逃荒比别人晚，过秋的时候走的。在外面待到第二年麦子黄了回来的。在家里靠（熬）的就是饿死了。

民国32年，这儿下过六七天的大雨，六七天不间断地下，六月份下的，当时还有洪水呢。先来的水，后下的雨，村子里到处都是水。村里有得霍乱抽筋的，死了两三个，那时霍乱没法治，没有多少得霍乱。

民国32年以前闹过蚂蚱，以后也闹过。

采访时间：2008年9月3日

采访地点：馆陶县路桥乡油寨村

采 访 人：刘文月　孟祥周　朱洪文

被采访人：国之起（男　82岁　属兔）

国之起

我叫国之起。民国32年大灾荒，又有旱灾，又有水灾。种上粮食，蚂蚱虫子一大片。全都让蚂蚱吃了，蚂蚱从西北威县邢台过来的，往南蹦。五六月份时候蚂蚱来的，闹了两三个月。后来蚂蚱长了翅膀，飞起来把太阳光都遮蔽了。那一年旱，从过来就旱。

1942年，共产党当兵的都住在农村，在这个村住过了三天，住的都是军事教员。他们1942年3月13、14、15号在这里住着，临西县贺武庄距这里8里路，那里有一个军官学校，里面的学生出来就是军官，它是八路军的军官学校。4 月 9 号，日本军在贺武这打了一仗，日本人都朝这来，杀死了百分之八九十的八路军。

1943 年正月下了点雨，种上了地，后来来了蚱蜢，把粮食都吃了。1943 年 8 月底，河里来水，没有下过雨，来了一个月的水。那时村里有 500 人，百分之八九十的人都逃荒去了，都去阳谷寿张，去的地方有山东、河南还有东南，没去关外的。我没有去逃荒，我父亲推着小车，去寿张换点粮食，再回来拿粮食换点家具、衣物等，再拿这些东西去换点粮食，来回折腾。这样可以挣点粮食。

1943 年闹过霍乱，霍乱转筋，村里死了 3 个人，最多死了 3 个人，得霍乱后人转筋，受潮湿，下雨下得人得霍乱。距离这里 20 里地后面的邱县死得都没人了。跑的跑，死的死。要饭的人路上没有要到就饿死了，路上很多死人。

发水时霍乱闹起来的，闹霍乱的时候有高粱尖了，人们都剪尖吃。八月里这里稀稀拉拉下了七八天雨。水大，潮湿，就得霍乱。霍乱闹了两个月，治不好，没有医生，也没药。都是平房，下雨下得房全都漏了。下雨发水的时候，大多数人还没有去逃荒。饿死的人不多，大多数人都去逃荒了，我家里只剩下我。那时，这里的人都喝旱井水，井有八米深。日本人经常来。井少，地里没有井，只有村里的喝水井，靠天种地。那时，好年景的时候亩产有 100 斤，没听说过有日本人往井里投毒的事。日本人一来，人们都跑，跑不了的都不问黑白全都挑死了。

1943 年 4 月 9 号，贺武庄打仗时死了很多八路军，第二天，人们挖了一个大坑在地里找死人，扔到大坑里，死的人都是年轻人，都没有数。距离这里 18 里正东住着日本（人），馆陶县有日本人住着。到处是土匪，共产党打游击，住一两天换一个地方，免得被日本人搜查到。土匪全都是老百姓，组织三五个到村里抢东西，逮人。土匪都有机枪。

张官寨

采访时间： 2008年9月3日
采访地点： 馆陶县路桥乡敬老院
采 访 人： 刘文月　朱洪文　孟祥周
被采访人： 陈德章（男　76岁　属鸡）

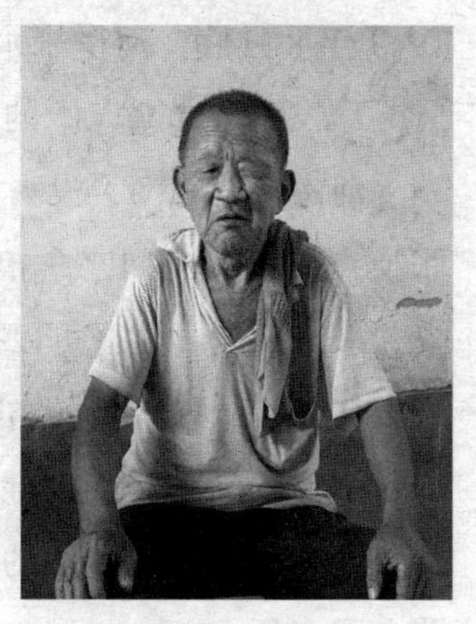

陈德章

我叫陈德章。知道点过贱年的事，不详细。记不清啥时候开始旱的。张官寨是个大村，那时候有1000多人，现在4000人。

灾荒年的时候11岁了。民国32年九月底我去逃荒。民国32年下的雨把洼地都淹了，下了七天七夜。我逃荒的时候已经下过雨了，我逃去了山东郓城县，那个地方收成比较好，我向人家要饭。饿死的多了，我村饿死了七八百人，一户户的饿死，都死没了。那一条街都没人了。村里不剩下多少人了。

霍乱抽筋在这儿闹得厉害，大多数人都是得霍乱的。我家7口人饿死了一半。我家有得霍乱的，我母亲就是得霍乱死的，心里发烧，抽搐，跑茅子，不知道母亲是怎么得上霍乱的。那时候肚里没食，又下雨，房子全漏了。霍乱是下雨的时候闹起来的。家家户户都得。有先生忙不过来，这家那家都找先生。村大，先生满村跑，那时候落后。也没有药，只会扎针，扎腿弯，扎胳膊，有的能扎好，有的扎不好。那时候这里河里有水，但村里没有河水来淹，都是下雨下的。霍乱闹了有三四个月。

过了灾荒年没有几年闹了蚂蚱，蚂蚱是七月里来的，闹的时候不短。地里有高粱、谷子。村里发动人们挖沟埋蚂蚱，在棍子头上绑上布片。

黄士江

采访时间：2008 年 9 月 3 日

采访地点：馆陶县路桥乡张官寨

采 访 人：于 璠 李 波 江余祺

被采访人：黄士江（男 77 岁 属猴）

我叫黄士江，77（岁），在村里上过小学，小时候家里 3 个兄弟，1 个姐姐，家里没有地，父母都是党员，哥哥当过八路军，母亲卖衣服，父亲卖花生。

民国 32 年村里饥荒很严重，死了人都没人埋，死的人很多，村里几乎没人了，有逃荒的，我逃荒到了山东，和父母一块。

民国 32 年下过七天雨，房倒屋塌，民国 32 年也上过水，十八里地的商河来的水，秋天上的水，淹得很厉害。

民国 32 年有霍乱，得的人很多，我们家没得过，有扎针的，但不多，得病就等死了，霍乱很严重，天气潮，又没东西吃，村里有吃水井，喝开水。

民国 32 年没有日本人，以后过来的，从山东过来的，在村里建过炮楼、路桥，我当时在山东来，民国 32 年上半年下雨比较少。

民国 32 年以后有过蚂蚱。

采访时间：2008 年 9 月 3 日

采访地点：馆陶县路桥乡张官寨

采 访 人：于 璠 李 波 江余祺

被采访人：张炳文（男 80 岁 属猴）

我叫张炳文，80（岁），没上过小学，小时候家里有 8 口人，父母，两个兄弟，两个姐妹。家里没有地，粮食不够吃，饿死的人很多，逃荒的人也很多，我去过河南，母亲和两个弟弟在那待了一年，春天逃出去的。

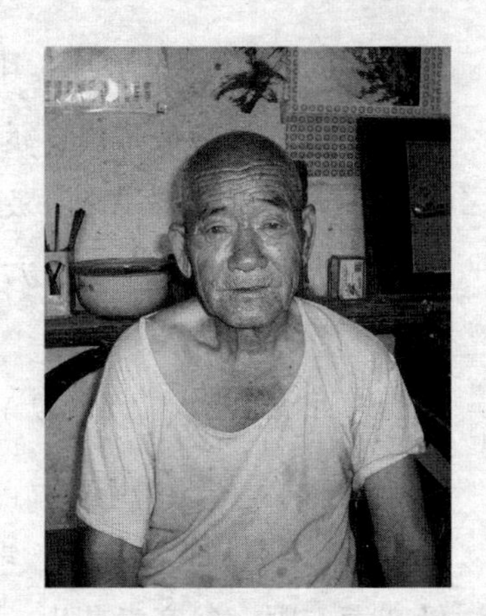
张炳文

我十四岁那年上过水，下过大雨，记不清哪一年了。有过蚂蚱，当时我十五六岁，有得霍乱的，没吃的，又连续下雨，上吐下泻，抽筋，得病的人很多，有扎针的，春天得的病，我就得过霍乱，扎针扎的腿，出的黑血，扎了就好了。

采访时间：2008年9月3日
采访地点：馆陶县路桥乡张官寨
采 访 人：于 璠 李 波 江余祺
被采访人：张金华（男 79岁 属马）

张金华

我叫张金华，79（岁），解放后上的学，小时候家里有父母，兄弟5个，一个姐姐，小时候家里没地，饥荒很严重，一条街从东到西只剩7口人，我母亲和我兄弟都逃荒到了河南，民国32年我16（岁），逃荒时候14（岁），过了灾荒才回来的，在外边待了两年，在外边要饭，拾柴火烧火。我在家看门。民国32年干旱，连旱了3年又淹。民国31年八月淹了，河开口了，棒子都快熟了，东边运河开的口子，离这里25里地。民国32年没有洪水，民国31年上水没来咱这个村。

民国32年七八月份下过大雨，七天八夜。那时没有砖房，只有土坯房。没有烟火，都湿了。霍乱转筋是在民国32年以前，民国32年有没有记不清了。前哕后泻，哕泻搐筋，不记得家里人有没有得过，我那时小。能治，扎，那会兴扎针，没有西医，就是扎针，扎好随着就好了，扎不好一天就死。得这个病的人很多，那时没西医，中药来不及吃。灾荒年以前得的，灾荒年没这个病，都是饿死。得霍乱的人叫啥名知不道了。喝井水，煮开了喝，没有喝井水得病的。下雨连着饿，没啥吃的就得这个病。

日本人在俺村驻过，民国32年头里就来了，村正南那是一个庙。那时日本人少，就七八个，谁知道真假啊。村西北一个炮楼，围着咱村三个炮楼。修炮楼没过灾荒年咪，都得给他修炮楼啊。不怎么打人，没杀过人。抓到日本国给人挖煤窑，干苦工，抓得多了，这个村光我知道的就有十几个人，张洪高、王震清、庄金明，还有一个姓王的，老街也有。都回来了，没死，是中国人都运回来了。

过了民国32年以后，民国34年，蚂蚱飞把天盖住了。

自新寨

采访时间： 2007年5月2日

采访地点： 邱县梁二庄乡李申寨

采 访 人： 李龙　张东东　赵鹏

被采访人： 马春永（女　82岁　属虎）

李玉梅（男　84岁　属鼠）

马：那时我还没嫁过来，是馆陶县自新寨，是娘家，离这近四五里路。旱了好几个月，到了七月下雨，得霍乱。死了很多人，上吐下泻，走不动了，连饿带病就死了。逃荒的不少，逃荒齐河，河南，天旱逃荒，弄不清楚下了多久雨。

李：爷爷家里4口人，父亲母亲一个妹妹，都逃荒了。俺爹死了，在家里死的，俺母亲带我们去逃荒，逃到齐河，待了一年多，才回来。

得霍乱的不少，1000多口，剩下多少，记不准了。旱，下大雨，从漳河来，南面御河。七八月份，哪年记不清了，是灾荒年，连下雨带来河水。头年蚂蚱吃庄稼。我十八九（岁）来过三次河水了。不是挖开的，水涨的，一到六月就涨水，装不住就过来了。

那时候阴天又潮，得病，得霍乱的多，有扎过来的，有扎不过来的。在胳膊、腿弯扎针，放血，那黑血，扎过来就好，过不来就死了。那时没有医生，村里有个先生会扎针，父亲没扎针，嗓子哑了，就扎不过来了。很快抽筋，时间长了就不中了。不传人。屋子也漏，潮。

十一月份村子出走14个，我也叫抓走了。馆陶还有一个活着。都死了，回来就死家里了。抓了，把你卖了，送到日本上的汽车，在郓城上的火车（在一块儿），坐到济南，在济南住了几天，在青岛住了几个月，坐货轮去日本，下货轮又汽车，火车，汽车。不知道拉到哪里了。在山上一看，下面都是海水。干活，开山，弄石头，光有带工的，连去带回来干了一年，（日本人）败了之后就回来了。想不起来几几年，那时20（岁），一天干8个钟头，不累也没打过。吃白面，豆饼，吃不饱。我那一起的200来人。还有高密的、馆陶的、邱县的，死了一个，（剩下的）都回来了。

邱县李申寨14个，剩下的是馆陶的，贾付春去大连，没去日本，经青岛，分开；龚堡两个，爷爷被挑，不知道去哪了。

（人名：李镇海、李镇明、李茂修、李玉昆、李久繁、李久海、李成功、李玉梅、米朝钟、米登贵、刘文韵、隋雪成、刘成京等共14人。）

南徐村乡

北韩庄

采访时间：2008年9月1日

采访地点：馆陶县南徐村乡冀浅村

采 访 人：石兴政　高灵灵　樊祎慧

被采访人：佚　名（女）

我娘家是北韩庄，那时又没医院，得病抽筋就疼死，这个村子不知道多不多，北韩庄有几口子。光记得有霍乱抽筋死的。扎不住，扎100多针扎不住。病多了，霍乱抽筋病多了，死了好多了。死人都抬不及，连下雨带挨饿，就得病了。

民国32年没开口子，后来开了一回，皇军在这儿，那时早过了霍乱抽筋病了。闹不准哪年开口子，不知道日本人挖口子。

八路军挖口子淹皇协军。

日本人在这儿抓劳工，跑的就抓，不跑的就不抓。

东马兰村

采访时间： 2006年7月16日

采访地点： 馆陶县南徐村乡西马兰村

采 访 人： 徐 畅 马子雷等小组成员

被采访人： 张桂芳（女 78岁 属蛇）

我娘家是东马兰村人，16岁嫁到西马兰村来。

当时村里的女的都裹脚，不裹就罚。后来裹脚就罚。日本（人）进中国时飞艇（飞机）满天，带红月亮，飞一房多高，扔炸弹。皇协军闹得不轻，下村带走人捆走，整到花园岗楼。拿东西赎回去。拿好吃的站岗的都吃了。土匪北军南军打仗，在村里住着，都是本地人。祸害老百姓，皇协军、日本人、土匪都在这儿。

当时（没有出嫁）一家人4亩多地，有姓张、姓郭、姓阎的地主，有好几百亩地。地主有好的也有孬的，谁也看不起穷人。

日本人来的时候我还小。当时日本人来，解个手马上跑屋里走。粮食藏在风箱里。

民国32年，挨饿的时候嫁过来，给一斗粮食就娶过来，有花轿抬着。一个奶奶、一个大娘、一个大爷、一个叔叔（加上俺两口）一共6口人。十一月嫁过来的，春天没啥吃，要不是挨饿，我咋14岁就娶？第二年八月下七天七夜雨。大娘难受肚子疼，让我给供养供养（祭祀祈祷）。天黑了也没灯，我跟（孩子）他大爷陪着她，晚上就死了。死在他大爷怀里，我给她穿的衣裳。那年死了老多人。当时对门有一个去了没多少天就死了。（全村）有十几个人死了，全村共有一二百口。有扔坑里的，啥样的也有，下雨漏房。在屋里搭小屋，还是漏。树底下烂枣用篮子拾起来煮煮吃。下雨湿，一冷，没吃的就得病。晴了天过了一阵就好了。村里有一位老医生，给扎扎针，吃中草药。按穴道扎针，扎虎口，有扎过来的。

天旱，地没法浇。蚂蚱说上哪就上哪，谷子一吃就吃完。

日本（人）一来，就不敢出门。孩子他爷爷给地主扛活。都是当村的，地主对他们不错，主要是在村里种地。

采访时间：2006 年 7 月 16 日

采访地点：馆陶县柴堡乡前罗头村

采 访 人：杨文辉等小组成员

被采访人：张秀芳（女　80 岁　属龙）

我 4 岁父亲死啦，父亲死时哥 7 岁。要饭，上沛县逃荒，我、母亲、奶奶、哥哥。奶奶 70 多岁啦，纺花织白布，夜里纺花，卖布，吃糠咽菜，刮盐土，赁点盐，没吃过油，上北馆陶卖布，家里有 10 啦亩地，没人种，让别人捎种，粮食别人一半自己一半，还偷。

父亲有两个兄弟，没在一块，分开住，父亲是老二，老三叫日本人抓走了，叫张兰书，死在日本国啦。

种棒子、高粱、谷子，耩地二三升，小麦打二三斗，谷子一二百斤，棒子能打三两斗，绿豆一亩能打五六十斤，我爷爷是秀才，叫张老东。没人帮助，18 岁嫁过来，啥也没有，没花一个钱，不兴彩礼，没坐轿，领过来的，俺娘 9 岁把我卖了，当了 8 年童养媳。

日本人七月走的，八月我嫁来的，日本离北馆陶近，不打人，日本人进了马兰，不打人，抓鸡，烧着吃，日本人没几个，皇协军多，抢东西，抓人，问你要粮食，要钱，拿钱回人。土匪要钱，没钱，把人抬火里烧死，八撇子太孬了，当土匪是黑了来，成皇协军后白天来。八路军穿便衣跟着赶集，向炮楼打了一枪，上面打了几枪，把一个挑担子的舌头打断了，死了。

民国 32 年灾荒年，快饿死了，地里啥也不长，瘦得都不会走路了。屋里、天上整（全都的意思）蚂蚱，用锅焙焙就吃，庄稼被蚂蚱吃光了。

八月二十一日哩哩啦啦不住点，下了七八天，家里潮湿，抽筋霍乱，死了不少，俺家里没得，跑茅子，上哕下泻，一会儿眼圈就掉下来了，一会儿就死，村里有一个会扎针的，都藏了。马兰有好几十口子，没吊孝，用箔卷卷就埋了。下雨后得的病，以后就没有了，村里净水，平地都是水，花园淹了，我们村用堰挡住了没淹。逃荒了，跟着俺娘逃到沛县，在大街住，俺娘给好多家做饭，俺自己要饭，人家正吃饭是吃馍给馍，吃饼给饼，给一口，过了饭时就不给了。

采访时间： 2006年7月16日

采访地点： 馆陶县南徐村乡东马兰村

采 访 人： 徐 畅 马子雷等小组成员

被采访人： 张子修（男 83岁 属鼠）

老缺抢东西，还有土匪。家庭条件不咋地，日本鬼子来之前土匪不少，要钱没有就抓人，找人保回来。在营盘住着老缺，人一听说扫荡就跑，俺家有十几口子人50亩地。村里的地主有300多亩地雇人干活。地主不太欺负老百姓，村小。

我去唐山待了一段时间，给日本人挖煤矿，那边招工我就过去了。村里去关外的多，我在唐山待了两年，日本投降后回来了。给的钱刚够吃的，吃棒子面自个儿买，一个月两袋子面，一袋白面一袋棒子面，用的是日本军用票。一天三班倒换，我是在早晨到下午干活，那时候没车，我是从唐山走过来的，走了3天。

北馆陶有日本人，给他修城墙，去了10多个，20多个人修城。不管饭，叫歇会儿。

日本瞎拾翻东西，有鸡抓个鸡，待见小孩，给小孩饼干吃。你不咋自他，他也不咋自你。日本（人）扫荡，说找八路军，找不着。打了点粮食，都给要走了。那时候地收不多，一亩地30斤，庄稼有棒子、高粱。

蚂蚱挺多。从村往西，旁边是河沟一收就是一桶，一过就把庄稼叶吃光了。下雨时候就没蝗灾了。七天七夜大雨那年，房子都漏了。街上都是水，村里洼。南馆陶决了口，我去挡口子。给馍馍吃，还给一块钱。水跟大堤平了，日本人叫去堵口子，口子在坎儿庄后地里。由日本人监工。开口子后冲了房屋都是土房子，没有砖房。

霍乱抽筋的老多人，死了老多人。哕、泻、抽筋，有一天有两晌就死的，治好的很少。医生少，光给扎针，说不准扎哪儿。张子元是村里的医生，给扎针。那会儿，全村 200 多口子，现在八九百口子。人死了，没有棺材，埋在地里。下大雨前就有，喝井水，吃高粱面。

东徐村

采访时间：2006 年 7 月 16 日

采访地点：馆陶县南徐乡东徐村

被采访人：睢丙臣（男　88 岁　属羊）

日本人没来的时候，农民能过。日本人一来，把大狱都放出来了，中国人跑的跑，农民更不好过。（放出来的犯人）报仇的报仇，抢劫的抢劫。年景不好，就到村里抢东西，在村里还杀过人。日本人不上咱村儿来，到后来范专员（范筑先）上俺村来了，住了两个月，给俺村的犯人讲抗日，后来日本打聊城的时候，范专员把土匪都带去了。土匪没组织，日本人一打，土匪就跑了。这些土匪等范专员一死就投了日本（人），成了皇协军，好吃好喝抽柴火（大烟）。

日本人打北馆陶，那飞机飞得很低，日本人不杀人，也不吃中国的东西，他们自己带大米。日本人把苦力都抓日本国去了，得有十几个，日本人不行了就把他们放回来了。

那时候八路军不多，一打仗村儿里就毁了，日本人见年轻人就挑，说

“八路的干活”。八路军不杀人，逮了皇协军再放回来，皇协军就和他们一气了。

日本人来了土匪就少了，土匪和咱哩衣裳一样，皇协军穿黄衣服。日本人一来，八路军就藏起来，八路军不要敌占区的粮食，到后来八路军才要粮食，和现在上公粮一样，他也得靠农民吃，但要得很少。

民国32年是灾荒年，收得很少，饿死的很多。春天夏天旱，年景不好，下雨不够用哩，会儿会儿旱。下过大雨，是哪一年记不清了。民国32年那会儿哩霍乱搐筋，收成也不好。得了病，呕泻，抽筋，死得很快，一天不够就死了，一家一天就死好几口子。除了扎针不行，找着血管放血，我家里也有得这个病哩，都扎好了，俺叔、俺奶奶都扎好了。那时候我个人过，家里有爹娘老婆和两个孩子。村儿里有个仨俩的医生，能治病，放的血发黑，光扎针不吃药。有得病的偎都不敢偎。（死了人）一洼一块的都帮忙抬人。雨一连下了好几天，洼地方水都没膝盖，各家都有漏房塌房，也不知道这个病怎么得的。都喝井水，有多少井记不清了，只有井口没有井沿儿，井下有泉眼，雨水都流井里面去了，喝河水的人不多，水都烧开了喝，用开水做饭。那时候村儿里有2000来人，死了多少记不清了。哪个村儿里都有得病的，记不清哪个村儿多。俺叔得病后，家里人谁待家谁伺候，伺候人的有得病的，有没得病的。

河南那里生活好点，村里有上那里逃的，上那里要饭。记不清哪一年啦，下雨大，卫河水都从南边流过来了。卫河隔不几年就上河水，上河水不稀罕。村儿南哩、村儿东哩都开过口子。日本人没挖过河堤。

采访时间： 2006年7月14日

采访地点： 馆陶县南徐乡东徐村

被采访人： 赵庆德（男　80岁　属兔）

过去穷，没地，没饭吃参的军，会儿会儿跟日本人打仗。日本是

1942年到我们这儿来的，南徐有炮楼有日本（人），北馆陶也有。我1944年参加八路军，日本人在这里没杀过人，从这儿往北有三个炮楼，日本人经常来，没杀过人，没抢过东西，抢东西的是老缺、便衣队。

日本人来之前，老缺在这儿住了40天，河东有红枪会，把老缺打走了，老缺后来都投了日本（人）。老缺杀人放火，一次在北边村里抢马，人家给他要的时候他把人家给枪毙了。老缺一下是一下的，王来贤、吴作修和八撇子都是头头，好几下的人。在村东里还炸过人，那时候不敢看，知不道是谁炸的。红枪会是民间自发组织的，专打土匪，日本人来了就散了，有的当了八路军。后来范专员把土匪都收了。范专员来过咱村儿，60多岁，坚决抗日，和八路军关系不错，要是不死就和八路军一色儿了。

范专员一死土匪都投皇协军啦。皇协军要粮食，日本人不要粮食，日本人吃自己带来的大米，皇协军吃本地的东西，粗粮细粮都要，不给就抢，挨间儿翻，也抢马、牛等牲口，皇协军抓人要粮要钱，送过东西去就放人回来。

俺村好几个苦力，在日本干了好几年，和日本友好后有放回来的，现在没有一个活着的啦。郎丰睢回来后面黄肌瘦，没几天就死了，郎丰音回来活了好几年，日本人确实没赔他钱。只是听说抓走了，当时没见，我跑了。

八路军抓住皇协军，他们愿意当八路就当八路，不愿当的就放回来了。当皇协军的多了，日本人投降之后他们又成了庄稼人，没有枪毙的。俺八路和老百姓关系好着咪，挑水、担柴啥活都干，会儿会儿唱《三大纪律八项注意》，一般都拥护这些命令。八路军吃小米儿，一人背一个袋，六斤小米儿，不够了跟老百姓要，不还给（老百姓）。老百姓也拥护八路军，老百姓与八路军鱼水不分。八路军找村儿里干部要粮食，皇协军也是这样。这里属八路军济南三分区，后来划成济南九分区，军分区司令是张文汉，是在寿山寺（原南烟寺）死的。那会儿这里是敌占区，馆陶共划分7个区，这里是四区，我当兵的时候就划好区了，不是1944年就是1943年划的。

八路军会儿会儿来，黑里来白天走，在西边八九里地住，有一个班，西边没有炮楼。八路军和日本人经常打仗，八路军打几枪就跑，规模不大。八路军有县大队，有区分队，来这里的是区五分队和区六分队。正规军也来过，次数少，二十二团和二十三团来过。皇协军头头秦国秀、章玉清都叫八路军打死了，李纪奎跑天津去了没找到。八路军把这些头头都暗杀了。郎丰官就是叫一个装成送柴火的人杀死的。

那时候八路军没有固定的收粮时间，路过的时候找保长、村长要粮，不驻军，来回转。八路军穷，当八路能吃饱喽，能穿粗布棉衣，啥枪都有，净破枪，没好枪，子弹也少，打胜仗不少，打败仗也不少，哪能光打胜仗啊？日本人一用炮，八路军就退。1942年二十三团在北羊堡打死了五六百鬼子，打死一坑日本人。皇协军也给保长要东西，保长两面作难。

我参加的是济南三分区司令部，保护首长，属于警卫连，开始当战士，后来当过班长、排长、坦克车车长和司务长。1944年开始的时候，日本人力量大，1945年以后咱们力量大了，皇军不敢出门，周围都是八路军，一直到日本投降。

民国32年是灾荒年，我饿死（晕）过好几回。那时候吃高粱壳、树皮，连糠都摸不着吃。下雨，净水，雨大啦，下了40天，有紧的时候有不紧的时候。七月里下的雨，没腰深的水，水都在路沟里，庄子、地里都没水。粮食收了一点，高地里收得好。

就是民国32年上河水上的霍乱搐筋，上边下雨，下边有水。上水上得不大，水还不没棒子（玉米），也就到膝盖。庄子有点儿水，我听说是八路军扒的口子，淹皇协军，在康庄扒的。

霍乱搐筋死的人不少，上吐下泻。扎针儿，扎指甲，渴，就是不让喝水，一滴一滴地喝水，时间长了给他一小口。不给水的都渴死了，给水多的都反胃重犯病。有的一家一天死了好几口子，宝臣家一天死了4口，这病可能不传染，也不清楚。一个下雨，一个没饭吃，又没医生（就得病了）。有个会扎针儿的寡妇老妈妈，扎针儿能扎活喽。出了黑血就救过来了，没听说传染过，有的往地里埋人的，回来就得了，伺候人的也有得病的。俺家里没得病的，这村里有十几个得这个病死的，那会里村里顶多有800口子人。病很快就过了，不是长期病。

后李八寨

采访时间： 2008年9月1日

采访地点： 馆陶县南徐村乡后李八寨

采 访 人： 石兴政　高灵灵　樊祎慧

被采访人： 崔金荣（女　83岁　属虎）

崔金荣

我叫崔金荣。民国32年那年闹年景，马店有人市，卖人，光大人，找饭吃，有饭吃就跟人家走，大部分都是女的。吃糠咽菜，一个花生饼（花生榨油剩下的残渣）领回一个媳妇。

天旱。旱得求天。过了麦，六七月，旱。磕头烧香，上河里求雨，打鼓求雨。后来又下雨了，要再不下就把人饿死了。吃糠咽菜，三天不吃饭，我娘要了一个一拃长的小萝卜，吃了五天。

有得霍乱的，死得快，死人都埋不及，刚埋了人，还没回到家，就死了。那时没饭吃，只吃菜就得病了。用榆树叶熬的汤，老人家不舍得喝，我喝。枣叶不能吃，苦。那时榆叶就是好菜，刮盐土。没钱买盐，（用盐土）淋些盐水再晒。

一亩地麦子收不了一斗。谷子高粱黄尖了，也就是七八月份。灾荒年日本人没过来。

1963年上河水。

采访时间： 2008 年 9 月 1 日

采访地点： 馆陶县南徐村乡后李八寨

采 访 人： 石兴政　高灵灵　樊祎慧

被采访人： 王西山（男　86 岁　属猪）

王西山

我叫王西山，民国 32 年在冠县唐村的六十八区。当时冠县不能住，尽死人，饿死的。到了七月里，吃也没啥吃，吃花生，在部队，一人一碗，是煮过的，不能吃多，怕闹肚子。村儿不能住，饿死人。一个村子有十八亩春棒子，和村长商量商量给部队，当时 500 来人过去，是二十二团、二十三团，团长姓张。

灾荒年不下雨，旱，下半年下了雨，下不大，哩哩啦啦。饿的才得霍乱抽筋病，厉害，死老多人。李八寨死人不多，有四五个人，名字记不住，当时我在部队，没在家，不知霍乱病是不是严重。

我 1941 年参军，1943 年在曲周那片儿，闹不清哪儿得病严重，部队没人得这病，部队医生注意这事儿，那时医生也给打防疫针。

我在部队受伤，抬到军分区，我在八旅二十三团，后来改编为一四二旅一二五团。

八路军三十二军一二五团在这跟日本人打的仗最大，在北阳堡，这一块儿一共 500 来口日本人，从南馆陶过来的。日本人死了有 300 人，是 1946 年。日本人分批走。

灾荒年东边卫河没发水，后来不知哪年开口子了。

没听说过日本人撒毒东西，得病主要是饿的。我一个战友用一包棉花去换粮食，换啥也换不着，饿死了。

一个老头，好管事，要了俩馍，一碗豆腐，一个人抢去了一个，他叫住那个人，又给了他一个馍馍，一碗豆腐脑，后来又碰到他了。

1944 年打炮楼，阴历十月，3 个人去，每人扛两个高粱秸秆，不让进。

冀浅村

采访时间：2008 年 9 月 1 日

采访地点：馆陶县南徐村乡冀浅村

采 访 人：石兴政　高灵灵　樊祎慧

被采访人：崔正女（女　97 岁　属牛）

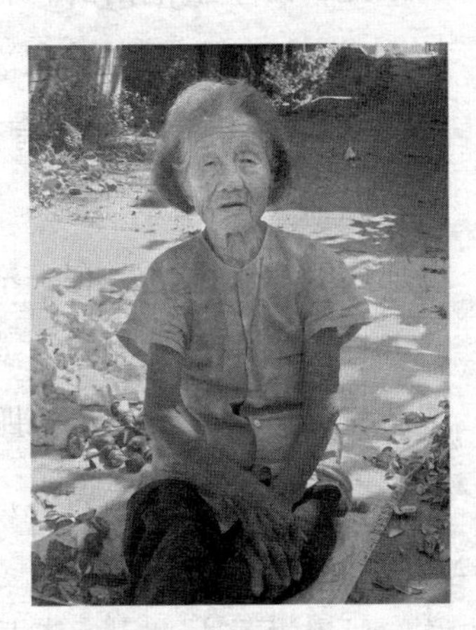

崔正女

我叫崔正女，天旱，闹年景，把人饿死一半，把树叶都吃光了，柳叶、榆叶都吃了，就剩枣叶了。过了秋，又下雨了，那时麦子都不能耩了，九月里才耩荞麦。

霍乱说不准，死了也不知道得的啥病。有饿死的，饿得上不来气。

民国 32 年没开过口子。1963 年水把河堤冲开了，不是挖开的。

马　头

采访时间：2006 年 7 月 9 日

采访地点：馆陶县魏僧寨镇南榆林

采 访 人：兰　坤　姜亚芹　李雪雪　张村清　杨兆乐

被采访人：张振兰（女　81 岁　属虎）

我娘家马头人，没上过学。上过民学，速成班。来到这 21（岁）了，民国 32 年不在这个村，逃荒了，逃到涪县那里。那年灾荒，收不了粮食。那会儿没水，记不清嘛时候了，下了七八天。秋天里开始下的。记不清几月里，反正是秋天里。那人得病，抽筋，那时候叫抽筋。那会儿里我们家有得抽筋的，俺二哥得的。那会儿有俺二哥、三哥。那会我父亲也死了，得病死城里了。大哥也死城里了。母亲死家了（以后死的）。二哥当时抽筋没死，医生给他治的，私人医生。不记得怎么治的。跑肚子，唠，腿抽筋。病了六七天。一会儿治，一会儿好。待了两天就看了，来家看的。想不起来哥哥得病的时候有多大。扎针，扎胳膊窝，腿弯儿。好了，拔针头，滋血（喷血），黑血。一时没好，慢慢地好了。再也没犯过。有老些得那病的。下雨之后有，不知道下雨之前有没有。也不出门。

日本人来过，见过。真日本（人），小矮个儿，个个儿矬着，穿着军装，黄绿色的。戴帽子，跟衣裳那样的。带枪。来了家叫给他煤水，给他做饭，他的大米。他喝水，抓人。他就在这里住。出发的时候走。他烧八路军。八路军在赵官寨。

村里没有多少水，不是很大。哩哩啦啦的。忘了院里有没有水，吃井水。喝凉水。那会儿不知道卫河发没发水。

见过飞机，飞得不高，还能看着日本人了。

有土匪，不断地有。不知道老缺头儿叫啥。抢东西，抢不了咱的东西，些穷。

前李八寨

采访时间： 2008年9月1日

采访地点： 馆陶县南徐村乡前李八寨

采 访 人： 石兴政　高灵灵　樊祎慧

被采访人： 贾宝忠（男　79岁　属马）

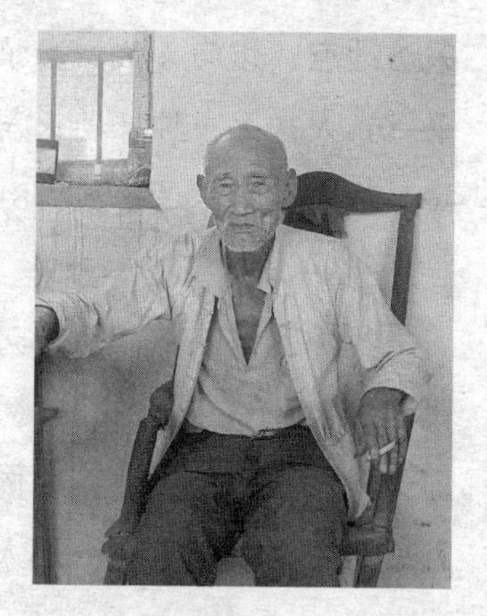

贾宝忠

我叫贾宝忠，那时候（民国32年）十二三岁，饿死的人不少，这边还好过点，到西北饿死的多，邱县那边饿死的多。那时天旱，不下雨，从种就是干土，一亩地打三五斗，一斗30斤。

地主富农有吃的，穷人就逃荒，下东北、关外，要不在邻村要饭。我没去。那时家里人多，我爹弟兄4个，那时我爹年轻，还能弄点吃的。

那时死的人多，谁知道饿死的病死的，不记得有霍乱抽筋。

那时村里有五六百人，那年没下雨，也没发水。从民国31年开始旱，四五月时收麦子那时就旱了。霍乱抽筋病听说闹过，记不清了。

灾荒年有死的，死得不少。西边有一家，两个儿一个闺女，他逃荒逃到西北。有人给他三担二斗米，要他小儿子，一担十斗，一斗30斤。他不舍得给，后来想把儿子给那人，年景不好，人家不要了。蚂蚱闹没闹不记得了，从我记事起闹过好几次蚂蚱了。

那时日本人给小孩吃的，也不用给他干活。日本人在这村没杀人。在这待了四五天，也没抢粮食，光让人伺候他，给他挑水做饭。他们自己带着饭，不吃这的饭。皇协军上这儿来过，抢粮食，他们一来，人们就跑，被逮着的，就带走押着，拿东西去换。

日本人骑着马，来多少人不知道。日本人一来，大人就跑。八路军打日本人，偷着打。八路军在冀浅村扒开卫河的口子，淹皇协军，不知道是哪年，记得河水灌了坡。那时吃井水。

前许庄

采访时间： 2006年7月14日

采访地点： 馆陶县南徐村乡前许庄

被采访人： 贾承林（男　80岁　属兔）

贾　妻（女　77岁　属猴）

十四五出嫁，没有聘礼，娘家人直接送过来的，日本人在这里，乱，找个人管。日本人祸害人，点房子，抓人。日本人不来，皇协军上村里来，要东西，抢东西，得啥抓啥。老百姓说的话日本人不懂就杀，皇协军不杀人。那会儿没有土匪，都成了皇协军了，穿草绿衣裳，戴黄帽子。八路军不敢露头，离炮楼太近。没听说过八路与皇协军、日本人打仗。

民国32年是贱年，是东西都卖，那陪送，有的连人都卖了。树叶子都捋光了，那年反正是挨饿，地里没收东西，饿得都不会走了。下七天七夜大雨是以后，那时候都长枣了，枣快红了，就是七八月里，都有黑豆角了，不是在民国32年。这些都记不准了。

得霍乱转筋的时候我才十一二岁，那会儿日本人还没来，那时候没药，仨村儿俩村儿有几个会扎针儿哩，扎前心后心，把筋用羊毛针挑出来，用刀拉（割）。渴，不叫喝水，逮着水就喝，有喝好的有喝死的，喝了水就呕，我那会儿没喝水，有大人管，也扎针了。得这个病的人很多，先生来了就不让走，家里其他人没有得这个病的，得这个病的净年轻人，老人得这个病的不多。那会儿里村儿里有800口人，死了少是不少，人数记不清了。先生出去扎针儿了，叫人家留下，他自己家里娘和媳妇就搐筋死了，得这个病有得七八天的，下雨倒没下雨，没下雨天不潮，都不知道咋得的。传染不传染也不讲究这事儿。那时候都喝井水，打水烧，俺这一片都吃一口井里的水。那时候都穷得够呛，比民国32年强点儿，能吃点儿粮食。

那时候有劫路的，不讲土匪。日本人来了之后，明显的（土匪）就剿灭了，不明显的也没有了。日本（人）来之前，土匪成帮的到村儿里抢东西，在南徐村住着，有枪。日本人来以后，便衣队和普通人一样，归日本人管，成了皇协军，都随日本（人）啦。以前没听过这病，以后也没有，就那一年得这病，那会儿日本（人）没来。

卫河开口子是在后了，上了好几回儿来。头一回日本人没来，水下去日本人才来，人向南走了，日本人就来了。从馆陶上的水。哪一年记不清了，日本人还在这里，上的水少，庄稼还能成东西，在馆陶南边儿开的，水没进庄儿。那会儿大堤矮，水一多就出来了，皇协军挡南北堤，八路军挡东西堤，八路军堵着河不让水过。后来八路军冲着南徐村挖过口子，淹皇协军，这次在上次后边。

我15（岁）参加的八路军，刚去是游击队，没人管就当八路军去了，自愿去的，后来在八旅二十三团，济南三分区。

西马兰村

采访时间：2006年7月16日

采访地点：馆陶县南徐村乡西马兰村

采 访 人：徐　畅　马子雷等小组成员

被采访人：张蓝岭

我家里卖菜，贩菜下村去卖，种点粮食，不够养家。春天卖韭菜。拿粮食、鸡蛋换菜。家里七八口人，一个哥哥，两个姐姐，父母加上我自己六口人。干地里的活。民国32年开始贩菜，日本人来的时候土匪很多。土匪抢东西，抓人走，说不准什么时候来。没钱的就枪毙，埋了。村里有一户被划成地主的，有80多亩地，叫张蓝培。那会儿，村里有400多口人。鬼子来了也抢东西，抢吃的，没见过鬼子杀人。鬼子不在村里住，有游击队在村里活动。皇协军陪着鬼子来，日本人和皇协军煮在一个锅里，一个味儿。流通日本的钱币。

民国32年，灾荒年，村里没人了，逃荒，有往关外的，有去河南的。当时我在家吃糠咽菜。一年多没下雨，地都旱死了。收的麦子连麦种都没有。树叶子也不长，凭天收，没法浇水。旱了一年多，下雨了。下了七天七夜雨，人生病了。庄稼人都说是霍乱。也没医生，死了有一半多人。爷爷奶奶也生病死了，村里找医生扎针也没扎好。扎针主要扎手腕筋，脚腕筋，放黑血。得病五六天就死了。斗子（棺材）也使不起，大部分用席子卷起来埋了。这个病是下雨之后得的。过了两个月，这个病就没了。那时候人都没吃的了，鬼子就不进村了。人把野菜树皮都吃了，根本没想过是怎么引起的。

寿山寺乡

北郑村

采访时间： 2008 年 8 月 31 日

采访地点： 馆陶县寿山寺乡北郑村

采 访 人： 于 播 李 波 江余祺

被采访人： 赵给宪（男 79 岁 属马）

赵给宪

我叫赵给宪，79 岁，上过小学。我们村以前叫郑村，以前属于北陶村。小时候家里有 3 个姐姐，有 16 亩地，种玉米、麦子、高粱、红薯，粮食将够吃的。村里饿死老些人，有许多人逃荒到山西、东北、河南。我家没有逃荒的，春天逃荒的人比较多。民国 32 年比较干旱，日本人附近有据点。地都没人种，民国 32 年有过水，比较小，一两天就退了。民国 32 年也下过大雨，六七月下过大雨。民国 32 年有过大蚂蚱，以前也有，秋天多。有得霍乱的，人很饿，秋天吃新粮，肚里疼，抽筋，上吐下泻。扎针，村里有医生，说不定在哪扎，治好的人也很多，死的人也不少。赵发秀（40 多岁）得霍乱死了，得了霍乱一会儿就死了，扎过针就好了。当时村里有吃水井，都不喝开水，没有喝水生病的。我们家也有得霍乱的，我母亲（赵谭氏）就得过霍乱，治好了。有脱水期，她扎针扎过来的，一两天就好了。当时，日本人在村里住了5天，差不多家家都有。日本人抓人修炮楼，到村里要人，晚上就回来。日本人不打人，我也去修过。日本人在村里杀过人，杀人还不少咪，说他们通八路。有拿枪打死的，有拿刺刀杀死的。王培恩被抓到日本了，没解放就回来了，没有医生给看病。

范　庄

采访时间：2008年9月1日

采访地点：馆陶县寿山寺乡浅口村

采 访 人：朱洪文　刘文月　孟祥周

被采访人：陈长云（女　80岁　属蛇）

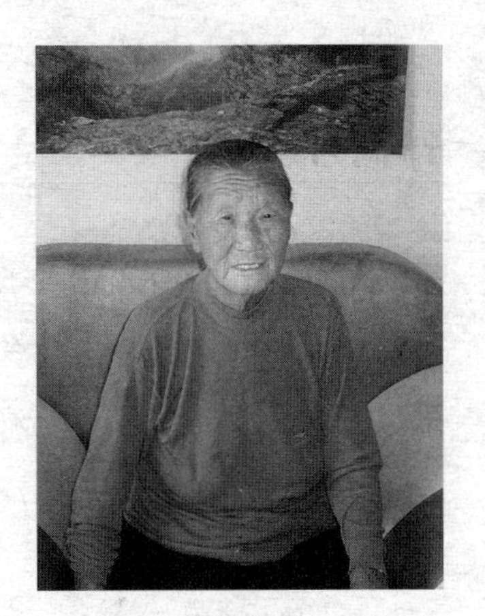

陈长云

我叫陈长云。记得民国32年的事，那时我在娘家。民国32年天旱记不太清，谷穗都不长了。那时候一个劲地下，下了七八天，房子都漏了。大概是七月来，顶多是八月初，当时在范庄。过贱年时十五六（岁）。当时这一块种棒子、谷子。不记得淹没淹。饿死的不少。当时都抽筋霍乱，最多一天死十二三口。反正是见天死。用针扎腿弯、胳膊弯，发现得早就治过来了。我见过得霍乱的，当时我家三口人。霍乱跑厕所，没记得吐，光记得泻。我母亲得霍乱，后来就活过来了。当时没饭吃，啥也没有。霍乱大约是八月得的，有半月十八天。

民国32年下过雨，下过雨去弄稻穗。这离河18里地。那时候不会浇水，光靠天，没井。河里有水也不知道浇。当时都没去逃荒，有能耐的去逃荒，都饿死在家了。有逃荒的，到关外，闹不清有多少。

有蚂蚱，我还打过，记不清是什么时候。过贱年时没有蚂蚱。

土匪有，这个村也有。有枪毙的，有没枪毙的。没听说有活着的土匪。皇协军和土匪不是一回事。皇协军在我村毙了4个。以前八路军少，都穿着便衣，都去麦地里开会。

我是16（岁）来浅口的。从我来了，日本就没来过。我来前，日本人在浅口住了7天，杀党员，看谁干净。在村口集合，问谁是共产党。看手上有没有茧子。

过贱年时闹不清旱了多长时间。旱，推水车。拔水浇地。井里水不多，能留点。霍乱是下毒没听过，反正是没少祸害。

韩高庄

采访时间： 2008年9月1日

采访地点： 馆陶县寿山寺乡韩高庄

采 访 人： 于　播　李　波　江余祺

被采访人： 韩鸿勋（男　78岁　属羊）

韩鸿勋

我叫韩鸿勋，今年78岁，上过十来多年学（在自己村里），高小上不起。小时候家里6口人，父母、弟弟，家里有20多亩地，种麦子、高粱，地里没井，光靠天晀。民国32年粮食不够吃（平时够吃），村里饥荒很严重的，两个烧饼可以买个媳妇。

村里有逃荒到河南。关外的有两三个人。我们家没逃荒的。民国32年村里没上过水，之后上过，民国32年也没下雨，天气很旱，连草都不长了。过蚂蚱是以后的事。民国32年有霍乱，死了不少人，吃不饱缺营养，当时只可以扎针。村里面有两个老医生，发病时冷，浑身抽搐，扎好的人多。我们家里没有得过霍乱。村里有吃水，天热喝生水，平时喝热水。日本人没有在村里住过，井里打了围堵，村里有民兵。有人被抓到护法寺管修炮楼，也有人被抓到远地的，有个人被抓到山西挖煤的，没抓到日本的。

采访时间： 2008年9月1日
采访地点： 馆陶县寿山寺乡韩高庄
采 访 人： 于 播 李 波 江余祺
被采访人： 韩立章（男 79岁 属羊）

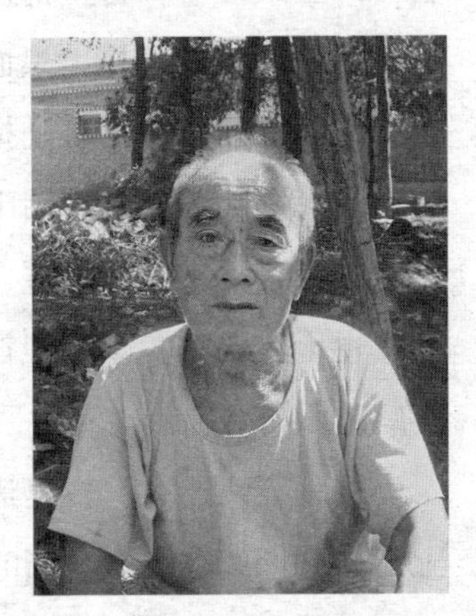
韩立章

我叫韩立章，小时候家里有七口人，一个兄弟、姐姐。小时候家里有十五六亩地。民国32年村里没上过大水，一直天旱。村子周围没有大河，村里有饿死的。人都吃花籽，村里很少有逃荒的。民国32年之后有过蚂蚱，有过霍乱，村里有不少人得了霍乱，我母亲死于霍乱。

后宁堡村

采访时间： 2008年8月31日
采访地点： 馆陶县寿山寺乡后宁堡村
采 访 人： 朱洪文 刘文月 孟祥周
被采访人： 郝新学（男 85岁 属鼠）

郝新学

我叫郝新学。民国32年大灾荒，那时候在家，后来去河南了。民国32年麦收的时候去的河南。当时村里有500多口人。霍乱抽筋最厉害，还有饿的。没粮食，大旱，小日本也抢。民国32年种不上麦子了。没下雨。没有上过水。日本人、皇协军抢，后来民兵就起来了。当时饿死了30多口子，老人死了了，没了。

还有得霍乱抽筋的，用针扎。饿的得霍乱，光吃菜。民国32年最厉害。邱县最厉害，村里都没人了。我见过得霍乱的人，吐、泻，一天就死了。后来会扎了，扎出黑血。扎过来就扎过来，扎不过来就死了。我奶奶是得霍乱抽筋死的。霍乱持续了六七个月。得霍乱的不少，老些人，光顾自己。我家除了奶奶都活下来了。这一片有得霍乱的。霍乱时都吃井里的水，新粮食下来死了一些，撑死的。

也上过蚂蚱，不是民国32年，再后。地里挖壕，地里很多。民国32年蚂蚱没有。

逃荒妻离子散。村里逃荒的多，家家户户的逃，都下关外了，到广平上车，到邯郸上火车。当时年轻的有年纪的都去，去了没一半。我割了麦从河南回来的。

见过日本人，还打过。（日本人）经常到村里扫荡，也打皇协军。经常跟日本人打。打死两个就跑，都是土枪。

采访时间： 2008年8月31日
采访地点： 馆陶县寿山寺乡后宁堡村
采 访 人： 朱洪文 刘文月 孟祥周
被采访人： 宁安然（男 85岁 属鼠）

宁安然

我叫宁安然。民国32年闹过灾荒，建国以后黄河水也出来，老天爷也下雨。东边到邯郸，北到北京，东到济南，7天全淹了。南边那个堤矮。水比箭头跑得都快。那时候后宁堡100多口人。我参加长征时十八九（岁），不到20岁。民国32年黄河水大，漳河水小。

民国32年我在部队，部队就在这一片，山西到济南、聊城。

发水时老天爷一直下，一共下了不到20天。那时候是五六月。民国31年、32年共产党过来时，年景不多好，连着三年，民国31年前后。那时候闹旱灾，不下雨，秋天都没人了，都逃荒走了，穷人都走了。吃糠吃菜。邱县的人都逃得快没人了。逃荒的不多，有几十口人，下关外，到邯郸坐火车去关外。饿死的不多，有12口子吧，也闹不清楚了。

过贱年没有蚂蚱，以前旧时候有，过贱年下来新粮食，人有撑死的。主要死的是小孩，吃了还吃。

过贱年时没有霍乱，没上大水。旱过以后，有河水出来，是漳河，那是建国以后，过贱年时没上水。两三天下一场大雨，河水涨的时候，从五月初起一直下到七月里。也是民国32年以后。

当时我参加一二九师第八旅，师长是刘伯承。有个地主领导了一个独立团，后来归红军了，革命。当时日本人抓你去当皇协军，咱村没有，都跑了，当时这还归山东。当时日本人和皇协军来的没数。两三天一回，抢东西。当时都把井盖上，怕他们下药。当时听说东边有村下药。当时把井都推了，到外面去拉水吃。日本人下药，皇协军不下，河东有河西也有。水不一样，颜色不一样，发黄水。共产党让把井口盖上。南馆陶一个，护法寺一个，两个炮楼。

采访时间： 2008年8月31日
采访地点： 馆陶县寿山寺乡后宁堡村
采 访 人： 朱洪文　刘文月　孟祥周
被采访人： 宁佩喜（男　85岁　属鼠）

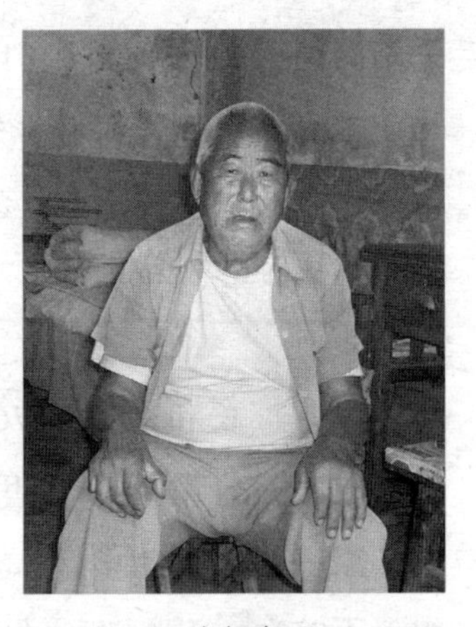
宁佩喜

我叫宁佩喜。闹灾荒的事我记得。吃糠、菜叶。没有井，旱灾，旱了两年，两年没收。饿死了老些人。民国33年下雨，收了点。吃野菜都没有。那时候我十八九岁，我这辈子艰苦，吃地里的野菜、摘杨叶、吃棉花籽。民国34年以后就不旱了。民国32年没下一天往外抬两口子。民国32年没有上过水，那时候光旱。不记得什么时候下的雨，下得小。村里那时有300多口，死了三四十口，都逃荒了，下东北。霍乱抽筋死的人不少。民国32年、33年左右闹霍乱。吃完花籽饼就死了。霍乱也死了不少人。死的死，逃荒的逃荒。那时候见过霍乱的，这一片就好几个，往胳膊上扎针，有扎过来的。得了霍乱身上抽筋，死得快。不知道霍乱持续多长时间。家里没有得霍乱死的，那时候家里十多口人，我爷爷饿死了。我逃荒逃到东北黑龙江，去了两三年回来的。在东北，那时候人少地多有吃的。还有逃到山西的。过贱年的时候没上过大水。民国32年没蚂蚱。

我见过日本人，日本人来了我们都跑了，他们杀人。打死人，往嘴里灌辣椒水。这的日本人不多。皇协军去抢东西、衣服。日本人问人，不懂的，他就拿刀捅你。他看你手，手上光滑就认为是八路，就打你，手上有茧子就不打。晚上到庄稼地里藏着。土匪那时候有，不多，北边多。南馆陶有炮楼，离这十里地。东边八里地也有一个。

护法寺

采访时间： 2008年8月31日

采访地点： 馆陶县寿山寺乡护法寺

采 访 人： 于 璠 李 波 江余祺

被采访人： 郝长和（男 76岁 属猪）

郝长和

我叫郝长和，今年76岁，上过几天小学，母亲死于霍乱，家里4口人，姐姐弟弟，家里有12亩地，种高粱、玉米、小麦，粮食不够吃，跑跑腿，做小买卖。

村里饿死和霍乱死的人很多，一天死了18人。村里有逃荒到山西、关外的，我家没有逃荒的，逃不动，民国32年村里上过一些水，村外有水，村子里没有水，大约10天。水从南边漳河来的。民国32年下过雨，记不清什么时候，雨不大，天气不太旱，高粱挺好的。

民国32年得过霍乱的人特别多，几乎家家都有，腿转筋，上吐下泻，不脱水，可能是挨饿的原因，高粱还不熟就吃了，吃了这些东西容易得霍乱，扎针有治好的，扎出的血是紫红色的，得病一般十来天就死了，我母亲姓刘，我十多岁时死的，扎针没扎好。

民国32年以后有蚂蚱。

日本人在我们村有炮楼，真正的日本人很少，不超过3个，皇协军比较多，日本人不抢东西，皇协军抢，日本人抓人给他们修炮楼，日本人不怎么打人，日本人在村里杀过人，他打了日本人。当时村里有很多吃水井，开水冷水都喝，没有喝水得病的。

采访时间：2008年8月31日

采访地点：馆陶县寿山寺乡护法寺

采 访 人：于 璠 李 波 江余祺

被采访人：郝明祥（男 86岁 属猪）

郝明祥

我叫郝明祥，今年86岁，上过半年小学，我们村以前叫过跃进庄，寿山寺以前叫过向阳公社。小时候家里有6个人，两个妹妹，一个兄弟，家里有18亩地，种谷子、玉米、高粱，一亩地好点（产）60斤，村里一般都不够吃，饿死的人很多，村里逃荒的人也很多，我逃荒，去过斜店。

民国32年下过雨，也上过水，漳河的河水，那一年不干旱。民国32

年村里有过霍乱，我母亲就是得霍乱死的，八月十六得的，二十六死的。村里死了大约400人。得霍乱的人抽筋，上吐下泻，村里有扎针放血的，没有治好的。

有过蚂蚱，但说不清是哪一年了，在民国32年以前，出现在秋天。

日本人抓人在附近挖过沟，没有到过远地方，日本人用刺刀杀死过南姚庄的两个人。我母亲叫郝西珍，死时36岁，属虎，我出去要过饭，村里还出现过水肿，（日本人）在南正村杀过一个人。

采访时间： 2008年8月31日

采访地点： 馆陶县寿山寺乡护法寺

采 访 人： 于　璠　李　波　江余祺

被采访人： 刘岚清（男　80岁　属蛇）

刘岚清

我叫刘岚清，今年80岁，上过几天学不管事，小时候有两个小妹妹，弟兄4人，家里有16亩地，种麦子、玉米、谷子、粟子等，一亩地高粱大约收100斤，粮食不够吃，做点小买卖，卖点馒头，挣点黑面吃。村里基本都不够吃，村里饿死的人很多，村里900人，死去300人。有人逃荒到关外，我们家没有逃荒的。

民国32年下过雨，也下过大雨，我们村没上过大水，这一年干旱，村里有井可以喝水，平时都喝开水。

蚂蚱有过，但不在民国32年，再以后，蚂蚱盖上天。霍乱在民国32年以前，我十二三岁，霍乱死的人很多，姓郝的比较多，得病一会儿就死了，我们家没人得上，没人治好，听说有过扎针的，听说放血可以治好。

当时日本人住在我们村，住在炮楼里，有被人抓去干活的，没有被人抓到远地方，有人被抓到南馆陶挖沟，前姚庄被抓，来一个被刺刀杀死了，说他是八路，我见过。没有被抓到日本的。

采访时间： 2008 年 8 月 31 日

采访地点： 馆陶县寿山寺乡护法寺

采 访 人： 于 播 李 波 江余祺

被采访人： 芦新起（男 74 岁 属猪）

芦新起

我叫芦新起，今年 74 岁，在息元村上过两年高小，小时候家里有父亲、奶奶、姐姐共 4 口人，家里有两亩地，种高粱、麦子。以前曾叫跃进庄。

皇协军不让吃粮，饿死很多，有许多人到关外逃荒。一般都是春天出去的，我们家没有逃荒，把姐姐卖了。

民国 32 年下雨少，六月份下过雨，日本人在这住着，有地不能种，七八月份上过水，上了一次，水不大，刚淹过脚，从馆陶禹河来的，河自己开的口，河距村十四五里地。有过蚂蚱，民国 32 年没有，村里有吃水井，村里人都喝井水，都喝开水。

民国 32 年有霍乱，得病的人很多，一天死十几个。地里不卫生，到处都是粪。得病的人抽。发生在秋天，死的人很多，在胳膊肘上放血，血是黑血。也有扎针扎好的，我奶奶这一年也得病。姓张的一家人都死了。

当时日本人在村里，皇协军很多，村里开始有新人。日本人在村里抓人修炮楼。皇协军管着（榆钱树）不让老百姓吃。日本人在一个大坑里杀过人，在张印家里杀了十多个人，说他们是八路军、民兵，村里没有被抓到外地的人。

前宁堡村

采访时间：2008年8月31日

采访地点：馆陶县寿山寺乡前宁堡村

采 访 人：朱洪文　刘文月　孟祥周

被采访人：孔德副（男　84岁　属牛）

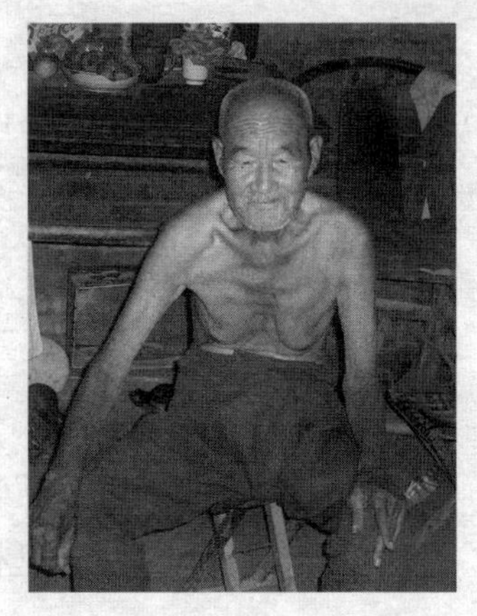

孔德副

我叫孔德副，记得闹灾荒，挨饿，地里不收粮食。老天不下雨，日本人打仗，顾不得别的，光跑。民国30年到民国32年闹旱灾。到民国32年后面不旱了。那时候吃花籽、糠、菜叶。一天饿死好几口子。过贱年时没有逃荒的。我兄弟出去干活了。俺家没有饿死的。民国32年没淹。

民国32年有得病死的，水肿、霍乱抽筋。七八月有得霍乱，那时候也旱着。霍乱死得快。得霍乱的不少，死的人不少。东边过道死了30多口子，因为霍乱。霍乱来了两个月，没听说治好的。

生过蚂蚱，六七月的，不知道是哪一年。

鬼子扫荡路过的多了，有两个钉子。日本人怕中国人在一块扳他。当时这是八路军根据地。

采访时间：2008年8月31日

采访地点：馆陶县寿山寺乡前宁堡村

采 访 人：朱洪文　刘文月　孟祥周

被采访人：孔德明（男　81岁　属兔）

我叫孔德明，记得灾荒年的事，那时我在家，十五六岁。那时候闹

孔德明

虫灾、旱灾、病灾，病就是霍乱抽筋，死的人特别多。开始是旱灾、虫灾，缺营养就有病，有病治不起。我们村死的人倒不多，五六个。曲周县、邱县那边死的人多。日本人去逮院里兔子，全是荒草。主要是霍乱抽筋，那会儿吃树叶、树皮，可以从西边换点东西吃，死得少。

旱灾，民国31年、32年旱。两季旱。民国31年下半年到32年。民国32年秋天还好点，就下雨了，那时候雨不大，地就能收点了。当时这个村也就300多人，是个小村，当时也就饿死了七八个人，不是很严重，民国32年没上过水。

民国32年生蝗虫，那时是秋季，把谷子都吃了，来的都是小蚂蚱，只剩谷秆了。蚂蚱后来都长成飞蝗了，不知道是从什么时候来的。蚂蚱不几天就很多了，蚂蚱闹的时间不长，也就十多天。在地里掘个壕，把蚂蚱赶到壕里，埋了它。蚂蚱变成飞蝗就走了。

那时候我村里逃荒的不是很多，都不敢出去，得过几道封锁线，这里是老根据地。

霍乱抽筋是民国32年闹的。可能是邱县那边传染过来的。霍乱有死的，五六个人。连饿死的带病死的也就十来个人，不严重。霍乱啥时候起的记不起来了，用针扎，流出血就好了。霍乱也就闹了六七个月。见过得霍乱的，没听说有其他特殊的症状，可能是上吐下泻。不是吃水的问题，当时吃一口井水。

我们这个村是最基本的根据地，这个村给日本人一分钱也没拿过，也抓住过30多口人，后来都跑出来了，皇协军你给他俩钱就放你。这个村民兵组织得好，打了不少仗。

浅口村

采访时间： 2008年9月1日

采访地点： 馆陶县寿山寺乡浅口村

采 访 人： 朱洪文　刘文月　孟祥周

被采访人： 平今发（男　82岁　属龙）

平今发

我叫平今发。过贱年时我16岁，民国32年，老天爷不下雨，地里旱。从这往北饿死的饿死，逃荒的逃荒，北边有个辛庄最严重。往南还好点，吃糠吃菜吃花籽，北边嘛都没有，这饿死了20%。往东边、黄河南逃荒。旱了两年，从民国31年开始旱，日本人在这，也不能种地。日本人到这杀人。我跑到南边去了。有一回日本人杀死了6个。

到了民国32年七月下雨了。下了没多大，下了大约有半晌，种庄稼晚了，种荞麦，没种棒子的，都种高粱。黄风天天刮，把高粱都刮倒了。先刮的北风，又刮的南风，过来的黑旋风，看不见人。那时候天天刮风。在村外面盖炮楼，老百姓在外面挖一丈深的沟。

民国32年没有上过水，河里没水，没人管事。八路军白天不敢出来，黑天才敢出来。民国33年来的蚂蚱，闹了有一二年。把庄稼都吃遍了，那时候种上粮食了，吃的高粱。

灾荒年以前村里有1000多口人，闹完灾荒还剩800多口。也有得霍乱的。民国32年都得霍乱，上吐下泻，都死了。一吃好的撑的都得霍乱。吃大瓜的时候，六七月的时候。医生让得霍乱的烤，烤死了。让一个吃大瓜，就好了。大瓜和西瓜差不多。

霍乱闹了有一年。我跟着母亲逃荒走了。民国32年我去逃荒到赵州。在那待了17天。走到怀桥，我走不起来了，用锅换了四个窝窝。村里别的人都逃到黄河去了，逃了百分之二三十。

不让日本人喝水，在村外挖土井喝水。八路军让把井堵起来，不让日本人喝水。村里有人自愿去当皇协军，家里没吃的，日本人给他发枪。北馆陶有钉子，东北、西北十八里都有钉子，这离钉子远，最近的12里地。北边土匪往这来。王来贤、吴作修。有好几千。八路军三八六旅二十三团在这活动，和日本（人）、老杂打。

采访时间： 2008年9月1日
采访地点： 馆陶县寿山寺乡浅口村
采 访 人： 朱洪文　刘文月　孟祥周
被采访人： 王清江（男　82岁　属兔）

王清江

我叫王清江。灾荒年我记得。那时候我12（岁），民国32年。土匪闹的，日本闹的，东西都给你抢走的。那时候旱灾，淹灾。民国32年也旱，春天旱的，庄稼耩不上，没井，光靠天，天上不下雨。那时候哪有吃的。吃啥，吃树叶，啥都吃过，野菜。民国32年天旱地干刮风。秋天里上大水，五六年。上水，屋都塌的，民国32年没上水，光旱。

北边十多里地死得都没人。南边的逃荒的逃荒，死的死。

上过蚂蚱，闹不清什么季节，不清楚是哪一年。蚂蚱闹了没多少天，能飞的都飞走了。可能是民国32年的事。共产党还没来。

民国32年旱，那时候河里没水。记不住村里有多少人，闹完灾荒村里没剩多少人，100多口人。灾荒年都饿瘦了，没东西吃，饿得皮包骨头。抽筋霍乱，用针扎。死了很多人，扎不过来。又瘦又黄。死的人没有数，人死不清，一家一家的都死了。我娘也是霍乱病死的。五六口人都死了，就剩俺俩。饿死的没有，得霍乱死的多。霍乱病上吐下泻，没多长时间就死了。说得就得，传染。霍乱病没多长时间，一天死好几口子，后来就不得了。霍乱不是吃东西吃的，就是这个病。逃荒的太多了。我到鱼台县，四五百里地，有饭吃。

土匪一杆一杆。奉庄以北土匪才多，全是土匪。土匪、日本人抢砸。

过了民国32年，毛主席领导，打地主、恶霸。

采访时间：2008年9月1日

采访地点：馆陶县寿山寺乡浅口村

采 访 人：朱洪文　刘文月　孟祥周

被采访人：闫恩重

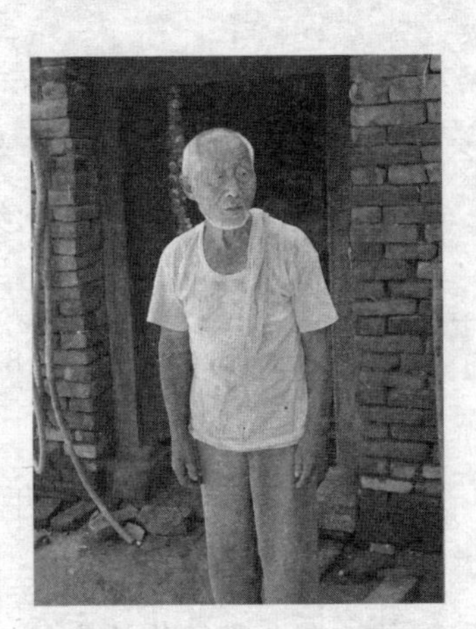

闫恩重

我叫闫恩重。民国32年那时有十来岁，闹灾记得，没嘛吃。闹的旱灾，旱得厉害，饿死了很多。我父亲在地里卖瓜。死得很多，北方的人都饿死到这了，村长给你两个窝窝，让你把人给埋了。有卖粮食的。旱了一年多，日本抢走点，土匪抢走点，这里是根据地，大扫荡。

六月二十下了一场大雨。雨不小，下了七天七夜。房子都漏了。这里没有河，没淹，离河十多里地。有逃荒的，逃到关外的、大名的，逃出40里，过了卫河就死不了。

民国32年那时候有2000多人，闹完灾荒还有1000多人。有人给日本（人）当华工，挖煤。我有个三弟得了霍乱，吃了两个窝窝，有个医生给他扎针，活过来了。人都没饭吃，天潮，饿的，得霍乱。霍乱死了百八十口子。不扎针不好治。得了霍乱吐、泻。

我没去逃荒，在地里拾个庄稼，地主家收。

民国33年闹过蚂蚱，满天飞，抓住烧了吃、炒了吃。它们咬黍子、高粱。

日本人平常不来，有时来扫荡，我们是革命根据地，不纳粮。闫金亮，我五叔，是个班长。我叔叔是个烈士。日本鬼子把人弄到一个坑里，问哪个是八路军，哪个是妇联主任。五月十三，不清楚是哪年，我十几岁，（日本人）打死了几个人，有一个姓张。

采访时间： 2008 年 9 月 1 日
采访地点： 馆陶县寿山寺乡浅口村
采 访 人： 朱洪文　刘文月　孟祥周
被采访人： 翟善清（男　90 岁　属马）

翟善清

我叫翟善清。过贱年，民国 32 年，北边马店把树皮都啃没了，当时老些卖儿卖女的。过去地主多，还有点东西，去赶集。卖点贱东西。民国 32 年大旱，几年年景不好。当时共产党力量还小点，不跟日本（人）打。

民国 32 年说不清多少人。旱，那时候一年没下雨。饿死的不少，老人都饿死了。我有个哥哥到梁山逃荒，到黄河以南逃荒。没有去东北的。一个人提粮食回来的。

河里没上过水。闹年景的时候有过一段霍乱，收菜、瓜的时候，吃两个大瓜就扛过来的。用针扎，扎出老黑血。有两个霍乱症都死了，老人都死了。六七月开始霍乱，有 20 来天都过去了，不知道咋得的这个病。

闹蚂蚱，飞机打，人打。蚂蚱把高粱都给吃了。那时候七月，不知道是哪一年。

我 17 岁时日本（人）就过来了。村子里全是土匪、老杂。土匪会抓人，有的吃你的、拿你的，要粮食，有假共产党。土匪比皇协军还孬。皇协军打你、闹你。这一块净八路。皇协军抢人给你要东西。八路军不跟日本人打，躲。

张高庄

采访时间： 2008 年 9 月 1 日

采访地点： 馆陶县寿山寺乡张高庄

采 访 人： 于 璠 李 波 江余祺

被采访人： 张保众（男 79 岁 属马）

张保众

我叫张保众，79 岁，男，上过几年学（村里），民国 32 年，家里有一个兄弟，一个妹妹，还有父母。家里有 16 亩地，种高粱、玉米、谷子、小麦等，多少收点。

民国 32 年天旱，种地瓜，下过雨。民国 32 年没有上过水，村里着过火，日本人点的火。100 户有 90 户着火，村里有逃荒的，到河南等地，到了黄河南边，还有到关外的。我家没有逃荒的。民国 32 年没有蚂蚱，水下去后第二年才有蚂蚱。

民国 32 年有霍乱，过了秋，人吃了新庄稼，高粱不熟，得的人不少，每天两三人死，上吐哕下泻，扎针在胳膊上放血，紫的，病轻的可以扎好，一两天就死。我兄弟七八岁得霍乱，两三天死了。扎针没扎过去，也有扎好的，父母也得过。父亲叫张善争（那时 30 多岁），母亲姓范。村里都喝井水。

日本人没在村里住过。村里有被抓去修炮楼的。日本人要枪要子弹，有推井里的，用棍子打的，枪打死的，杀了十多个人。

采访时间： 2008 年 9 月 1 日

采访地点： 馆陶县寿山寺乡张高庄

采 访 人： 于 璠 李 波 江余祺

被采访人： 张兰社（男 77 岁 属猴）

张兰社

我叫张兰社，77岁，上过小学，小时候家里有五口人，有父母，俩妹妹。我们村一直叫张高庄，属于馆陶县。小时候家里有八九亩地。种麦子、玉米、高粱、谷子等。粮食不够吃，吃糠、野菜、树叶等。村里基本都没吃的。村里有到关外、山西逃荒的，关外的多。我们家没有逃荒的。民国32年天气干旱，下雨不多。3年旱得严重。

民国32年没上过大水。村子周围没大河，有吃水井。开水、凉水没喝。

记不清是哪里来过蚂蚱（六月份），从南往北飞，时间不长，东边是多里地庄稼吃得多，蝗灾不严重。

村里也霍乱，有80个得的，上吐下泻、抽筋。有治好的也有死的。五六月份。我母亲也得过，在腿弯扎针扎出紫色泡，病好了，一天就好了，母亲叫武从枝，30多岁得的。村里大夫武招财给扎的，有很多扎好的。周围村都得了。

民国32年日本人没在村里住过，杀的人很多，问粮食在哪。说不说都打，杀了三四个。杀过三四回。有两个当兵的（打仗），日本人包围了西边一个村。没有被抓去修炮楼的。村归八路军管，距日本人有十多里地，大部分是皇协军拉东西。八路军有医院在村里。日本人用火烧人，往井里扔，死了4个人。还有一次有一个人和日本人动手了，被杀了。

王　桥　乡

北孙店村

采访时间：2008 年 8 月 29 日

采访地点：馆陶县王桥乡北孙店村

采 访 人：朱洪文　刘文月　孟祥周

被采访人：郭平氏（女　79 岁　属马）

郭平氏

我姓平，夫家姓郭。我属马，79 岁，知道那回事，民国 32 年十二三（岁），家里有老人，有哥，有兄弟，当时没母亲有父亲。民国 32 年过贱年，旱灾，耩不上庄稼，不下雨，过秋下的雨，出霍乱，生病带饿，连饿带霍乱死了很多人。没钱治，没医生。大多数人死了。

采访时间：2008 年 8 月 29 日

采访地点：馆陶县王桥镇北孙店村

采 访 人：朱洪文　刘文月　孟祥周

被采访人：郭新友（男　82 岁　属兔）

郭新友

我叫郭新友。民国32年我16（岁）了。那时闹灾，一开始是蝗虫，民国29年、30年左右生的蝗虫，南边过来的，地里刨沟，把蝗虫往沟里撵。沟3尺深，2尺宽，用土埋，叫蚂蚱。没有别的办法治蝗虫。

民国32年地干不下雨，一片干死。民国32年闹旱灾，一年都没下雨，民国31年也没下雨。民国32年没东西了，麦子没种上，后半年才下雨，村里没人，都跑了。我民国32年三月二十七去逃荒的，村里去了6户，30多口人，去了山西临汾县平安埠，6户都去那了。家里就剩一个爷爷，饿死在家了。我们过了6年才回来，去那要饭，给人家干活，那里有吃的。

八路军在南方和日本人打，过不去了。逃荒的一堆一堆，拿衣服换了俩锅饼吃了。没走的时候都没吃的。路上饿死的一堆堆的。有没有得病死的拿不准。我让日本人抓走过一回，抓到南馆陶。那时候没逃荒，13岁时抓的我，皇协军抓的，跟家里要钱，家穷没有钱赎我，没给钱又把我退回来了。

采访时间： 2008年8月29日
采访地点： 馆陶县王桥乡北孙店村
采 访 人： 朱洪文　刘文月　孟祥周
被采访人： 郭赵山（男　73岁　属鼠）

郭赵山

我叫郭赵山。73（岁），五几年念书，属鼠。

民国32年，不记得，不下雨，连两年没东西，旱灾，旱三年，民国34年，没饭吃。霍乱，上吐下泻，家人没人得，邻居多，大部分治不好。得霍乱，我家没逃，一个姑姑卖到陕西，有逃河南，下关外、东三省，逃荒的大部分人死了。吃糠。当时村里不到400人，一半多逃荒。扎，放血就好，扎胳膊这里，听说的。死的席卷掘口埋了，埋家里，没人抬，饿得抬不起来。三四十个得霍乱。四五个月、五六个月以后就好了，都是估计。

蚂蚱。1948年，民国32年没听过蚂蚱。

被日本（人）抓走的不多，有回来的。咱村里没被打死的。挖沟，修钉子，徐进勇在村里住过。1956年、1963年大水，1956年大水，南边上来；1963年水很大，都逃。

采访时间：2008年8月29日

采访地点：馆陶县王桥乡北孙店村

采 访 人：朱洪文　刘文月　孟祥周

被采访人：郭赵氏（女　80岁　属蛇）

郭赵氏

我姓赵，夫家姓郭。80（岁）整，属小龙。很多人得霍乱死的，民国32年，十多岁，旱灾，光知道秋里死得不少。我奶奶九月二十几死的，霍乱死的，没先生，半夜得的，第二天死了，抽筋，死得快。村里很多得霍乱死的。先生扎，扎过来的人不多。不知道邻居状况。

出去逃荒的人多。俺家人多，俺姨死，咱多扎过来的，医生是外边找的。

后来上水，不记得啥时上水，有蚂蚱，埋坑里，蚂蚱民国32年之后。三几年，吃糠、棉花籽。

日本鬼子在南边离这四五里地，听说鬼子来，光跑。八路在东南。

东芦里村

采访时间： 2008 年 8 月 30 日

采访地点： 馆陶县王桥乡东芦里村

采 访 人： 于 播 李 波 江余祺

被采访人： 李好新（男 77 岁 属猴）

李好新

我叫李好新，今年 77 岁，上过几年小学，家里 4 口人，父母和弟弟。家里有 4 亩地，种点菜，粮食不够吃，给人家打工、种地。村里都没有粮食吃，民国 32 年前半年旱，后半年洪水淹。

七月份发的水，八月二十左右还有水，水不大。从漳河来的水。河水冲开堤来的水。

村里大部分人都逃荒了，到了黑龙江、河南、山西等地。我十月份去梁山逃荒，和母亲弟弟。第二年春天回来的，到那边要饭吃。到河南就不用要饭吃了。八路军打回来就给我们饭吃。

民国 32 年下雨很小，庄稼不好。

有很多人得霍乱，都是饥饿，自己扎针放出紫色的血。扎完就好了。也有死于霍乱的，不到一天就死了。我也得过霍乱，夏天得的。没有喝井水得病的，喝生水的多，当时也有很多人发疟，我也发过。浑身抽搐，一会儿冷一会儿热。得霍乱时头晕眼花，不吐，抽筋。没有人给看病。

霍乱哪年都有。民国 32 年不记得有蚂蚱，后来有几次。日本人和皇协军到过村里，皇协军抢东西，日本人都住在县城，馆陶、营寨都有。日本人抓人去修炮楼，没有人被抓到远地，日本人没有杀过人，日本人很少，一个县城也就二三百人。日本人在周围也打过仗。

采访时间：2008 年 8 月 30 日

采访地点：馆陶县王桥乡东芦里村

采 访 人：于　璠　李　波　江余祺

被采访人：李俊善（男　77 岁　属猴）

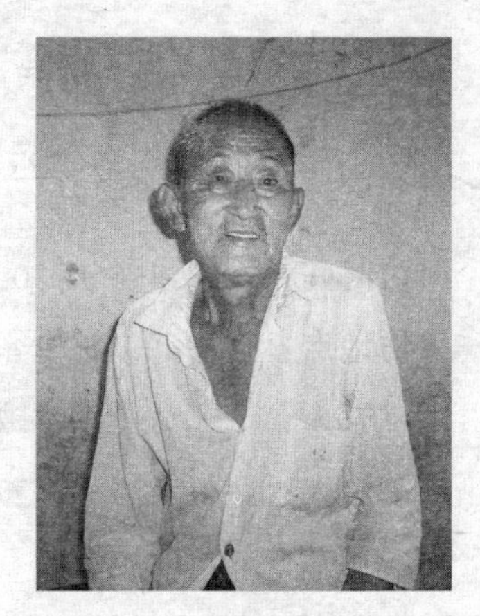

李俊善

我叫李俊善，今年 77 岁了，在东芦上过四年小学，出去上过两年。家里有爷爷、奶奶、父母和一个姐姐、两个妹妹，家里有 80 多亩地，种麦子、高粱、五谷杂粮等。一般的时候粮食够吃，民国 32 年就不太够吃了，一般人都不够吃，出去逃荒去，很多人到梁山、黄河以南、黑龙江等地。都是边走边要饭去的。

民国 32 年天气旱，秋季粮食种不上，民国 31 年就很旱，民国 32 年天也下了点雨，但基本上还是旱。民国 32 年旱了半年，六月份来的大水，到了八月份还有，粮食都没种上，水从南边黄河来，水下去就很冷了，麦子没种上。

灾荒年出现了霍乱，恶心难受，上哕下泻，抽筋，老中医扎针吃药治疗，也有治好的。扎针扎肚子、胳膊、脊梁。但是不出血，我没有得过霍乱，也有说不是霍乱的。夏天得的霍乱，没几天就死了。没穿白大褂的，村里老中医给扎针。

民国 32 年之后，民国 33 年秋天来了蚂蚱，满地都是，地上自己生的，一个多月后就没有了。

民国 32 年日本人不在这，之后就来了。村里有被日本人抓到辽宁的，抓我们去修炮楼，我十四五岁的时候，有一个人被日本人杀了。

采访时间：2008 年 8 月 30 日

采访地点：馆陶县王桥乡东芦里村

采 访 人： 于　播　李　波　江余祺

被采访人： 李如奎（男　82 岁　属兔）

李如奎

我叫李如奎，没上过学。当时家里有弟兄 4 个、姐妹 3 个。家里有 60 多亩地，种高粱、麦子等，粮食不够吃，村里很多人逃荒，有去梁山、高邑县、山西、黑龙江的。六月份有洪水，我和父亲、兄弟、妹妹等逃荒了，收麦子时回来的。

民国 32 年有三场连续的大水，先旱后下大雨，六月份下大雨，屋里漏水，下了十天八天的，先下雨后大水。东边两里地的漳河开口了，麦子种不下，十月份洪水退了。

民国 32 年后有蚂蚱，民国 32 年有霍乱，我爷爷奶奶都是秋天得的霍乱，死了很多人，我没有得过霍乱，都说是饿的，抽筋，上吐下泻，脱水。我爷爷叫李文明，70 多岁得霍乱死了。得病一两天就死了，村里得霍乱的人都死了。当时有井喝水，都喝开水。

逃荒时就有日本人了，他们到村里抢东西，打人，皇协军抢得多，他们没有在村里住过，在营寨、崔庄等地方住。抓人去修炮楼，我也去过，也挨过打，村里没有人被抓到远方的，自己中午带干粮，日本人在村里用枪打死过人，说他是八路。

东盘村

采访时间： 2008 年 8 月 29 日

采访地点： 馆陶县王桥乡东盘村

采 访 人： 于　播　李　波　江余祺

被采访人： 武庆文（男　84 岁　属牛）

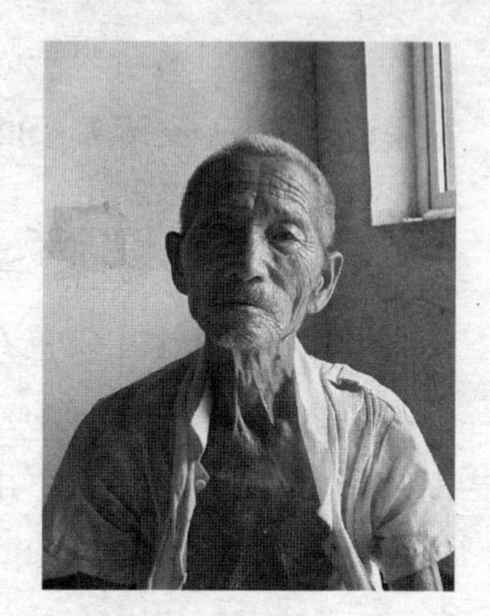

武庆文

我叫武庆文，在村里上过小学，我们村一直叫东盘，属于馆陶县。小时候家里有一个兄弟、一个姐姐、一个妹妹，家里有20多亩地。一般种玉米、谷子等等，一亩地麦子收五六十斤，棒子100来斤。粮食不够吃，家里做一些小生意，卖馍馍、馒头等。村里粮食基本都不够吃，有人逃荒，到东北、黄河南，逃荒的人不是很多，村里当时有200来人，有七八十人出去逃荒了，我家里也有人逃荒了，村民有人到其他村要饭的。村里当时饿死很多人。

民国32年比较干旱，粮食不能下种，立秋的时候下过一些雨，不大，村里没有发过洪水，村里有五六口井，村里都喝井水，一般都喝熟水，八月出现过蝗虫，蝗虫满天飞，从东南方向飞过来，把地里的粮食吃完了，村里很多人去抓蚂蚱吃，自己去抓的，白天来的，待一两个月，蝗虫寿命短，一个多月就死了。

民国32年秋天发生了霍乱，村里有得霍乱的，有二十多个人，上吐下泻，得病的不很多，我见过得霍乱的人，治不好。上吐下泻、脱水、手抽筋，很多人死了。我们家没人得这病。有一个姓吴的、一个姓张的50多岁了，得病死了。没有传染人。那时候没有医生，没有扎针的，时间不长就死了，没有饭吃，又加上这病，就死了。

我记不清日本人什么时候来村里了。日本人没有在我们村住过，馆陶和大名有日本人的据点，日本人抢东西，在村里打人，皇协军把牲畜抢走，日本人抓人修路、修炮楼，我叔叔当时也去过，日本人不管饭，自己带干粮，当天回来，第二天再去。不干就要挨打。我们村没有被抓到很远的地方的。我叔叔被日本人害了，他是做地下工作的，皇协军给日本人报信。还有一个光明县的人。皇协军也杀过人。在孩寨杀过很多人。八路军和他们打过仗，八路军二十三团，八路军把日本人消灭了。我们村附近没有大河。

采访时间：2008 年 8 月 29 日

采访地点：馆陶县王桥乡东盘村

采 访 人：于　播　李　波　江余祺

被采访人：张洪玉（男　79 岁　属马）

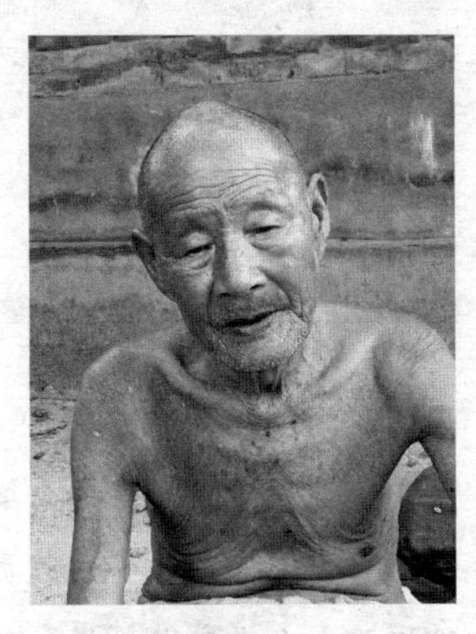

张洪玉

我叫张洪玉，小学毕业，在西盘村上的学。小时候和父亲两口人，有两三亩地，没啥种，贫农。种点棒子也长不好。一亩地打 2 斗 60 斤，粮食不够吃的，父亲是木匠，给人做工挣点钱，村里粮食不够吃的，饿死的人多着呢，有很多人逃荒去山西、黑龙江等地。有很多人死在外边了。村里当时有 200 多人，灾后村里还有三五十口子，不赖，逃荒的都是步行去逃荒的，坐车坐不起。

民国 32 年天气旱，下雨很少，种谷子、玉米等，我们村周围没有大河，南边 20 多里有卫河。没有发过洪水，村里没有井，浇地也浇不上，喝水一般喝开水。

霍乱听过，没害过，霍乱病死的人很多，我没有得过这种病，姓张的、姓吴的都有死的，不知道怎么得的病，见过得这病的人，得病的人上吐下泻、脱水，大家都说是饿的。得了病基本上就治不好了，我们家没人得过这种病。霍乱时我和父亲在外村干木匠活。

当时有蚂蚱，从东南方向来，哪有庄稼就往哪飞。村里人都去抓蚂蚱吃了，蚂蚱不难吃。时间不长。日本人来的时候我在旁边，不记得是哪年了，日本人很多，过了一两天马拉着小铁车，炮车。日本人没在我们村住过，在东边五里地东南角的隆化（大名县）有据点。往东一二里有炮楼，日本人和皇协军经常来抢吃的东西，鸡蛋。村里五里地属于他了，村里挨户发日本旗挂在门口，在村里没杀过人，没听说过被杀的，有两三个地下党给八路军通信。日本人给村里要人去干活，我没去过。日本人不打人，没有被杀的。村里没有被抓到远方的。我们一直住在村里，没逃过荒，我没当过兵，是老贫农。

梁齐固村

采访时间： 2006年7月19日

采访地点： 馆陶县王桥乡梁齐固村

采 访 人： 唐寅等小组成员

被采访人： 梁庆进（男　73岁　属狗）

民国32年天旱，民国32年这一年上水淹了，淹了地里庄稼就没粮食了，光记得淹了就上地里，捡点水淹谷子，把高粱都淹了，谷穗有籽还能吃。就是漳河水，后边的一个小河。民国32年前半年旱，后边年上水了，都上东南逃荒了，逃到东南又回来了，没走远，南边生活也不好，就俺父亲卖卖东西，去了郓城、梁山附近，南边收成好，没淹没旱的。淹了以后逃的荒，出走又回来了。死人不少，连年地受灾，饿死的，又生病死的。

霍乱就是那年的病，我那也小，不太记得了，有得的，传染病，还是饿死的多。我小时候爷爷没死的时候教我识字，教我《三字经》《百家姓》，都学了半本，他是灾荒时候饿死的，一下炕就站不起来了，就饿死炕下边了，门外有半膝盖的雪。民国32年日本（人）来，村里都没东西吃，他在那年秋天里那会儿得的病，到了腊月里就没了。日本人上村里来了，来了俩日本人，要钱，还没给他，响枪了，八路在这儿来，他俩吓毁了，就跑了，没逮住他就让他跑了。营镇住着日本人，在刘齐固打围墙，八路军来了就扒，白天打黑了扒，日本把打围墙的人抓走了，上营镇想用毒熏死，营镇有人不要让熏死，打了一顿给放回来了。我父亲也叫他抓走了，都挨打了。

俺没出去，一个妹妹一个兄弟，还有母亲他们逃荒走了，剩下我跟爷爷，把俺爷爷饿死了。那年也有蚂蚱，上水了，还吃蚂蚱，都是天上飞过来的，地上都是水，都落在庄稼上，都在房上庄子上。有的还烧点米汤，都没洗头水稠，喝点米汤。发水也就是六七月里，这一片都淹了，平地里有四五尺深，房没塌，淹了以后就喝河水，水下去以后，我听说得的病。

有人叫日本（人）抓走了，日本战败了，梁振夫就回来了，后来死了。俺父亲叫日本抓走了，傍黑儿就逃回来了。那时民国32年过了年，民国33年在这边抓人，在那边抓人，哪都抓人。

南孙店

采访时间：2006年7月19日

采访地点：馆陶县王桥乡梁齐固村

采 访 人：唐寅等小组成员

被采访人：姚兰芳（女　76岁　属羊）

他日本人进中国到村里没干好事，强奸，在外村里抢过，在咱村里没有。

灾荒年就是以前的1943年、1942年的事，1942年我12岁，俺妈1943年死的，那会儿还在娘家，娘家是南孙店，在这正西里。1943年十月里，那时候就是不收，那时候不是水浇地，靠天吃饭哪，庄稼没长到时候，老些要饭的，要饭的走着走着咕咧就死了。当时我住的那个村，都走得快没人了，也有好过的，有穷的。那时候有病治不起，叫霍乱抽筋，俺妈得这个病我才13（岁），大人得的，拉肚子很难受，没记得村里上了水，也没记得下大雨了，光记得十月份，也不记得得病时间了。

遭过土匪老杂，上你住家里要钱，抢你打你砸你，跟你要钱，让你送钱，送到没事，送不到他来抓你，跟你要钱要东西，不给就打你抢你。皇协军、日本人都有，来了就抢你的。他看见你啥好就拿你的。他来了抓走，住隆化，有他的钉子炮楼，抓走打，有放回来的，干得好，给放回来，干不好，就有打死的。

平　庄

采访时间：2008年8月29日

采访地点：馆陶县王桥乡平庄

采 访 人：于　璠　李　波　江余祺

被采访人：李为兴（男　80岁　属蛇）

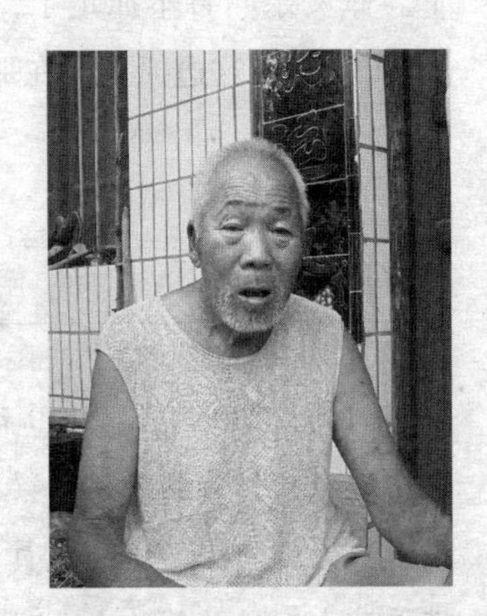

李为兴

我叫李为兴，就上过几天（学），小时候家里有父母。我们村一直叫平庄，一直就归馆陶管。家里有三四十亩地，种小麦和玉米，一亩地打200斤粮食，粮食不够吃，村里谁都不够吃。村里有逃荒的，到山西等地，我们家没有逃荒的，不够吃就靠野菜。

民国32年天气旱，有时候也下些雨，当时种谷子。村里没有井浇地，有吃水的井，一般喝开水。那年有蚂蚱，非常多，从东边来，把庄稼都吃完了。村里很多人吃蚂蚱，待了有十来天。

我得过霍乱，吃得不好，挨饿，上吐下泻，抽筋，脱水，在胳膊上扎针出血就好了。村里得霍乱的很多，当时治好的人多，家里没有其他人得过这个病，没有医生治病。

日本人没在村里住过，他们住在隆化，日本人在村里抓人修路、修炮楼。去得慢了还要挨打，我也去过。我们村没有被抓到远的地方的。皇协军来抢东西，在我们村没有杀过人。在附近没打过仗。村旁边没有大河。民国36年上过水。

王齐固

采访时间：2006 年 7 月 19 日

采访地点：馆陶县王桥乡王齐固

采 访 人：唐寅等小组成员

被采访人：徐　行（男　76 岁　属羊）

日本人在营镇住，还在龙化住，日本在这安钉子，往咱村来过，那时我才八九岁，他来要东西要钱，看准你啥东西好就给你拿走，拿不走的就给你祸害了。咱村里人没杀过，他牵走一伙人，圈起来吓唬人要钱，要使臭炮熏，吓唬人，要把人都熏死。日本人在这儿时，咱这儿就乱翻腾，八路军也在这儿，土匪也有，吃喝抢，有土匪他骂人，他要东西要钱，要吃头，比日本人还孬。

日本人在营镇盖房，抓咱这里人给他挖洞，在刘齐固也打了一道围墙，围起来了，自日本（人）打了围墙，八路军来了就给他扒了。

那会儿生活不好也够吃了，吃糠吃菜。民国 32 年，灾荒年没收粮食，有腿力的就跑了，有下河南的，有下山西的，俺也出去了，俺是民国 31 年正月里就走，跑到山西，住了五六年才回来。在陕西那边不闹灾荒，自流井灌溉，随浇。

西芦里村

采访时间：2008 年 8 月 30 日

采访地点：馆陶县王桥乡西芦里村

采 访 人：于　璠　李　波　江余祺

被采访人：李保起（男　74 岁　属猪）

李保起

我叫李保起，上过四五年小学，在本村上的。民国32年家里有6口人，爷爷、奶奶、父亲、哥哥、弟弟，家里没有地，粮食都不够吃，没有吃的，跟别人借，春天借了秋天还。村里大部分都不够吃，很多人出去要饭，能跑的都去了黄河南岸，还有在邻村的，父亲和哥哥推车到东边要饭，我没有出去，逃荒的大约有一半人，地主地多还可以勉强过活。

民国31年八月十四上了大水，十来天。民国32年七月份发过小洪水，这年下雨了但不大，是六七月份。大名县来的水，大雨冲开堤，谷子长到大约10公分的时候，六七月份来了蚂蚱，到处都是。十来天生了小蚂蚱，待了十多天，从西往东去了，满天飞。村里有抓蚂蚱吃的。

民国32年五六月旱得很厉害，下过一次小雨。村里饿死了70多人，东芦也差不多。民国32年有霍乱，有死的，得病的不是很多。

日本人三天两头来，没有给人看病的。和皇协军一块，没有在村里打死过人，八里地外的营寨有炮楼，没有人被抓到远处的。在向阳杀过好几个人，好像是因为日本人的马死了，被人吃了，他们就把人杀了。

采访时间： 2008年8月30日

采访地点： 馆陶县王桥乡西芦里村

采 访 人： 于 播 李 波 江余祺

被采访人： 李灵铅（男 80岁 属蛇）

我叫李灵铅，今年80岁，上过两年小学，家里姊妹6个，一个哥哥，两个弟弟，当时家里有四五十亩地，都种麦子、高粱、绿豆、谷子、粟子

李灵铅

等。一亩地大约打60斤，粮食不够吃就吃糠、吃野菜，村里都这样。

村里很多逃荒的，大部分下河南，也有上去关外的，坐火车去的，我没去过。

民国32年大旱一年没下雨，两年基本没下雨。村里有砖井，村里喝水一般喝开水，没发过洪水。民国32年秋天蚂蚱把天都遮上了，从东往西飞，有大的，也有不会飞的。我们都吃过蚂蚱，树叶也吃过。村里人大约在春天去逃荒。

民国32年有霍乱，我也得过，有很多人得了，上哕下泻，抽筋，不能走路，扎针放血，扎完针就好了。你不扎针一会儿就完了。紫色的血。我也发过疟，村里很多人得霍乱，李桥姓李的一个女的，一天一夜就死于霍乱了，都扎针扎胳膊。发疟的比得霍乱的还多，发烧、身上冷，说冷就冷，说热就热。时间长了慢慢就好了，要十天半个月的时间。

东南8里地有个钉子来，馆陶、隆化也有。日本人抓人修炮楼，我也去过，干得慢就挨打，饿了一天，不让吃饭。日本人在我们村没杀过人，皇协军抢东西。得霍乱时没有日本人给我们看病。

李廷宪

采访时间： 2008年8月30日
采访地点： 馆陶县王桥乡西芦里村
采 访 人： 于 璠 李 波 江余祺
被采访人： 李廷宪（男 87岁 属狗）

我叫李廷宪，这个村一直属于馆陶县。小时候上过一年学。家里有两个姐姐、两个哥哥。只有一亩地。旱的时候就收不到粮食，靠天收。主要种麦子和玉米，家里给地主种点地。粮食不够吃，吃过很多东西。民国32年去东北逃荒的就有十一户，还有去山西等地的，到外逃荒的人很多都是因为没东西吃。

饥荒很严重，从民国31年六月十八到第二年三月份一直没下雨，从我们村到邯郸地里看不到庄稼，我也去逃荒了，到了黑龙江省商正县，去给人家干活，是从邯郸坐火车去的，二哥给的钱。

我是民国32年三月份去的，在那儿待了8年，我去的时候我们村还被日本人占领着，那年我们这儿是大旱，没上过洪水，我们村西边有商河，通着卫河。

听说这一年村里死了六七十口子人，没有吃的，又得了病，很多人就死了。

没有人和日本人打仗，他们就不杀人。东芦死了两个人。日本人跟村里要人修炮楼，馆陶、隆化、崔庄都有。我到隆化去修过，走得慢了就会挨打，我们村没有被抓到外地的，一般情况下他们也不打人。日本人和皇协军在我们村没杀过人。

民国32年之前上过蚂蚱，满地都是。

采访时间：2008年8月29日

采访地点：馆陶县房寨镇孩寨

采 访 人：石兴政　高灵灵　樊祎慧

被采访人：李学芳（女　83岁　属虎

娘家是王桥乡西芦里村）

李学芳

我叫李学芳，今年83岁。民国32年旱，没下过雨，没收，不记得几月份了，那时有小枣。下点雨也不顶事，后来下了。灾荒年得抽筋病，霍乱病，没啥吃，喝凉水。

得病的多，几天就死了。那时我家在西芦里村，得病的不少，小孩大人都死，抽筋、拉肚子，不发烧。

那时没粮食，把地里的草都吃光了。有逃荒的，逃山西的。灾荒年，我家没人得霍乱抽筋病。那时土匪多，晚上我们睡在地里。那时地里种玉米、麦子，喝凉水。我十四五岁见过日本人到村里来过，没见过日本人穿白大褂。日本人打老人，没听说过红枪会。当时日本人到村里抢女人。皇协军抢东西，有好有孬，都是当地人。有好的还救人，坏的光出坏主意。八路军与日本人打仗，成天打。日本人看见人就用刀挑人。

灾荒年没发过大水，人难过，没粮食。没听说过闹蚂蚱。

西盘村

采访时间： 2008 年 8 月 29 日

采访地点： 馆陶县王桥乡西盘村

采 访 人： 于　播　李　波　江余祺

被采访人： 韩清现（男　85 岁　属鼠）

韩清现

我叫韩清现，今年 85 岁，我一直住在村里，我们村一直属于馆陶县，没上过学。民国 32 年，我们家有 9 口人，兄弟 4 个，姐妹 3 个，家里有几亩地，顾不住，靠天吃粮食，不够吃，要饭，我们一家出去逃荒到孩寨了，那边粮食不够吃就回来了，村里其他人也有逃荒的。有不少人到山西逃荒了，当时种麦子玉米。

民国 32 年天气很旱，不下雨，地里没井，夏季也有下雨时候，有下连续七八天的。时间长但雨量不大，村子南边有条河叫大禹河，下大雨时水比较大，房子倒塌了，这是以后的事了。这年夏季也下雨了，有时大，有时小。当时有得霍乱的，吃新粮太多，肚子胀，我们家没有得的，得病的人上吐下泻，得霍乱的人基本都死了，没有人来给他们治病。当时有发疟的，一会儿热一会儿冷，我也得了病，也说不清怎么治好的，我哥哥也得过，也好了，我们村没人来给治病的。村里也有井，村民都喝井水，井水很浅，一般都喝开水，我是夏天得的病。

当时我们白天给日本人修路，晚上跟着八路军去挖路，我们村没有被抓到日本国的。我们被抓到隆化、拐渠，皇协军很多。皇协军经常抢东西、抢粮食，日本人杀过人，有一个看枣的，日本人用刺刀把她肚子挑开了，夜里被杀了。在南门杀过人，说他身上有肥皂味，是八路，把他摔死了。

这一年也有蝗灾，天热，有谷子的时候，没有东西吃，村民抓蚂蚱吃，说不清楚哪一年了。我们是自己抓蚂蚱，粮食不够吃的，吃过枣子。

八路军和日本人在北边打过仗，八路军回来时碰到日本人，日本人和皇协军不经常来，我给日本人干过活儿。我没有当过兵，一直住在村里。

采访时间： 2008 年 8 月 29 日
采访地点： 馆陶县王桥乡西盘村
采 访 人： 于 璠 李 波 江余祺
被采访人： 门金成（男 78 岁 属羊）

门金成

我叫门金成，今年 78 岁，一直住在这个村里，我们村一直属于馆陶县。我高小毕业，在南刘庄上的。小时候家里有 5 口人，父母还有一个兄弟、一个妹妹。家里十八九亩地。一般种玉米、谷子、高粱，也种小麦，产量很低，也种红薯，一般种两季。村里没有水浇地。靠天吃饭。粮食不够吃，不够吃就去借，没钱买粮，借一斤还两斤。当时村里有不少饿死的，我们家没有饿死，村里有些人出去逃荒了，有的人把女儿卖到山西等地。

民国32年全年比较旱，粮食种不上，这年没发过洪水，我们村附近没有大河。村里有三口井，水差不多够喝。不够喝，就打不满桶了，不能用来浇地，一般喝开水，干活回来有人喝凉水。那时人都饿得皮包骨头，新粮食一下来吃得太多，肚子胀，有不少人死了。

当时有得霍乱的，抽筋，水肿病。我见过有人上吐下泻，有老中医治病。由外村的老中医开偏方治的，我听说过有扎针治的，我们村得霍乱的不太多，饿死的人比较多。一般每天有十多人饿死，我们家没人得过霍乱。

我们村有蝗灾，是民国32年之后的事。蚂蚱从南边过来，在我们村待了一夜，高粱被吃完了，人们抓蚂蚱吃。

当时日本人已经来了我们村了。当时有八路军站岗，日本人追来了，双方打了起来。我和几个小孩天不亮去拾枪壳，看到日本人拿着枪进村了，打死村里两个人，一个姓赵的手上没有茧，头上有毛巾，日本人说是八路，两个人抬胳膊，两个人抬腿把他摔死了。这是我听说的事。还有一个看枣的，我看见的事，被日本人用刺刀砍伤了，后来又用刀杀死了。

我们村没有皇协军，来我们村的日本人有200多，打完仗后去了孩寨、拐渠，日本人在拐渠盖了房子。大名县有日本人的据点。日本人经常来抓人修路，到隆化挖沟、修炮楼，白天干，晚上八路军给挖开了。日本人不给饭吃，拿电鞭打人，村里有联络员，发给村民日本旗，没有就挨打，每村一个联络人。我们村没有人被抓到远的地方。去修炮楼是白天去，晚上回来。日本人来我们村里有开车的，有步行的。

得霍乱时日本人没有医生给我们看病。我父亲曾被抓去挖沟、修路、修炮楼。我们村有得过羊毛疔的，姓刘，已经死了。

我们家没有逃荒的，不够吃就到别人家去借。我们村里没有地主，不过也有够吃的。

采访时间： 2008年8月29日

采访地点： 馆陶县王桥乡西盘村

采 访 人： 于 璠 李 波 江余祺

被采访人： 门金堂（男 78岁 属羊）

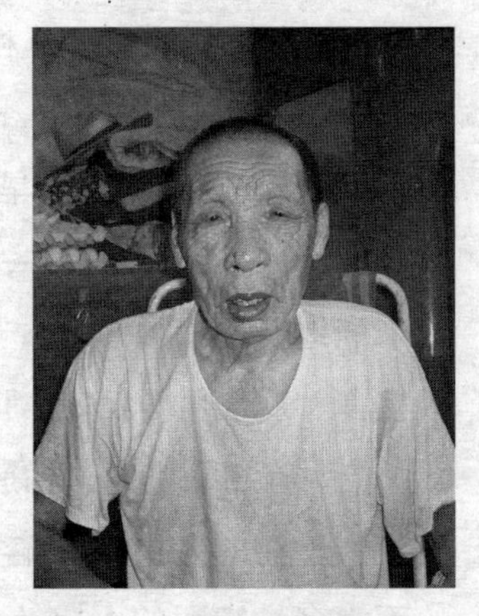

门金堂

我叫门金堂，在刘庄初中毕业，小时候家有七八口人，有30多亩地，粮食不太够吃，一亩地大约产60斤，种谷子、红薯，下雨的话，一年种两季，靠天收粮食。灾荒年因为没下雨，两年没种上麦子，靠吃野菜为生，吃谷子、树叶、糠等，人们基本吃不饱，很多人逃荒到山西太原、邢台等地，推着小车步行去。那些地区有井，可以灌溉，我们家没人逃荒，一直居住在这里。

民国32年那年秋天下雨，地里种谷子、红薯，雨不大，全年比较干旱。这年夏天还有蝗灾，满天飞，可以煮着吃，它们把谷子吃得只剩下秆儿，蝗虫从南向北飞，在这里停了大约一晚上。

民国32年秋天发生过霍乱，谷子熟得早，人吃得多，肚子撑，上吐下泻。我亲眼看见过得病的人，脱水、四肢抽筋。有不少人得霍乱死的，有的一家人四口死了三口。这种病传染，我们村有十多口得霍乱的，有扎针好的，有没治好的，扎针先生也不太懂，一般扎脖子、手腕儿。是东盘村一个50多岁的老头儿来扎的，扎出来的血是紫色的，有个姓门的和一个姓姜的男的得霍乱死了。当时人都饿得很瘦，吃东西多，就撑死了。得霍乱一般两三天就会死，人死了一般拿席子卷好埋到老坟里。我也得过霍乱，扎针扎在胳膊肘和脊梁骨处，两三天就好了。我当时13岁，发烧，肚子疼，上吐下泻，但是没有抽筋，也没有脱水，别的村也有霍乱，东盘村比较多。

我们村那年没有发生过洪水，当时日本人还在。

村里有日本人，我们村东南有一个日本据点，他们没粮食就来抢，日本人少，皇协军很多，没有杀过人，只是打人。日本人曾来扫荡过，村里有两个人看枣树，把日本人当成偷枣的了，被日本人打死了。一个摔死了，一个被刺刀捅死了。

日本人曾抓人修路，我们白天修，八路军夜里带领我们再挖开。不给吃饭，自己带干粮，上午吃饭后去，中午在那里吃饭，下午回来。干得慢日本人会打你。我们村没有被抓到日本的，当时南孙店有土匪头，不杀人，只要些东西吃。

日本人1945年在贾庄和共产党打过仗，共产党二十三团和二十五团打完仗回来正好碰到日本人了，共产党胜了。我们村有盐土，可以弄到盐，还可以卖。咱村没有大河，有三口井，不顶事，水勉强够吃，平常都喝开水，有时也喝凉水，不得病。我1953年出去过，不过没有参过军。

徐万仓村

采访时间： 2008年8月30日

采访地点： 馆陶县王桥乡徐万仓村

采 访 人： 于　播　李　波　江余祺

被采访人： 徐要张（男　87岁　属狗）

徐要张

我叫徐要张，小时候没上过学，有两个哥哥。家里没有地，村里种麦子、玉米、高粱等，当时粮食都不够吃，我经常出去要饭。村里要饭的人很多，上南边。靠天吃饭，下雨多收点，没下雨少收点。霍乱转筋有一年，村里得病的人很多，种麦子的时候得的。

赵齐固村

采访时间： 2008年8月29日

采访地点： 馆陶县王桥镇赵齐固村

采 访 人： 朱洪文　刘文月　孟祥周

被采访人： 郭庭军（男　74岁　属猪）

郭庭军

我叫郭庭军。今年74岁，属猪的。灾荒年的事我记得。那时我8岁，家里有个哥哥，在淄博当工人，那时父母都在。灾荒年时旱情严重，闹了两三年，从民国30年前后开始闹的。我上过几年学，识两个字，也不多，上不起学。

灾荒年饿死了很多人，有三分之一，没闹灾荒时村里有六七百人，那时我在北村店，这是我闺女家，光闹旱灾。

那时逃荒逃到山西，我也逃荒，3口人，我要饭，逃到西边广平那。有一个叔叔逃到山西临汾，还有逃到梁山的。逃荒的有一半，家里人都吃糠吃饭吃花籽。记不太清楚人什么时候逃荒，逃荒什么时候回来也闹不准。

那时候也有害病死的，害霍乱。治不起，没有医院。看见过得霍乱的人。霍乱抽筋。也不少得霍乱的。旱灾完了得的霍乱，没听说传染。俺家没人得，那时都说霍乱霍乱，也不知道啥病，没听说有治的，得病一躺下就起不来了，死得快。饿得肠子薄了，吃得多，就得病了。那时有埋地里的也有埋在家里院的。霍乱那时吃井里的水。

民国32年也发过水，那时水小，1963年水大。旱灾之后发的水。水是从漳河过来的。发水之前有的霍乱，水是从山上下来的。

民国32年那时见过日本人，到村里扫荡，东南角有炮楼，离这六七里地。

那时候，打过蝗虫，灾荒年以后才发的蝗虫，都去打蚂蚱，我也打过，挖沟，把蚂蚱赶到沟里。

采访时间： 2008 年 8 月 29 日

采访地点： 馆陶县王桥镇赵齐固村

采 访 人： 朱洪文　刘文月　孟祥周

被采访人： 李爱婷（女）

李爱婷

我叫李爱婷。灾荒年兄弟卖到山西去了，没吃的，逃荒要饭。那时村里有霍乱病流传，许多人得霍乱死了，霍乱没钱治，也找不到医生，没记得有治好的。民国 31 年没有上过大水，没有东西吃，饿死很多人。好几年不下雨，也没有井，地里不收，都去逃荒了，去什么方向的都有，一家子一家子地去逃荒。我们家民国 31 年去逃荒到山西。日本人不抓人去给他们当劳工。日本人来这里的不少，日本人挖的沟还有，在这里的南面。日本人在这里杀人放火。得霍乱的人抽筋，是因为饿的才得的这病。那时谁也不顾谁，有扎针的，但也得有吃的才能治好。

采访时间： 2008 年 8 月 29 日

采访地点： 馆陶县王桥镇赵齐固村

采 访 人： 朱洪文　刘文月　孟祥周

被采访人： 徐振兴（男　79 岁　属马）

我叫徐振兴，今年 79 岁，属马。民国 32 年，1943 年闹灾荒，闹的

徐振兴

水灾、旱灾。这个村死了很多人，一天要抬走六七口子。村里没有井。民国30年开始闹旱灾，32年最严重。吃糠吃菜，卖儿卖女。这一片洼，秋季下雨，除了淹就是旱，一直到1949年才好起来。一个村500多口就剩300多口，都死了，也有卖的。有井浇地的能收二三十斤，解放之前也淹过，少，旱情多。灾荒年我十二三（岁），家里有3口人，有父亲和母亲。我叔叔家饿死了几口人。大部分都是饿死的，有病死的。

大部分都逃荒，逃到关外山西。当时和姐姐失散了，到了山西，婆家把姐姐卖了。我姐姐民国30年就去逃荒了，我们3口没去。那时也闹过蝗灾，蚂蚱特别多，我也不确定是哪一年。霍乱和转筋也闹过，民国32年、33年。家里亲戚有得霍乱的，用针扎腿窝，也有扎过来的。得霍乱死的人很多，不知道传染不传染，扎得准的治过来，扎不准的就治不过来。得霍乱上吐下泻，腿转筋死得快，顶多一天，不知道哪来的。别的症状闹不准。吃野菜吃瓜，乱七八糟的瓜吃得多，肚子疼，要生病。我们家没逃荒，在家，吃树叶，都吃没有了。当时钻井吃水。

民国32年日本人在这，人都跑。不知道日本人来不来。从这过来过，带着皇协军。

四几年这上过水，1956年、1963年也上过水。民国时上过水，不知道是哪一年。连着下过七八天大雨，那时是三几年还是四几年，那时是夏天。那时不淹就旱，地都漫了。闹不准是下雨前还是下雨后闹的霍乱。

我上过一年小学就不上了，参加民兵了，1958年入党。当民兵村里有枪，保护村里治安，没解放那会儿就有枪。

魏僧寨镇

安雷寨

采访时间： 2006年7月

采访地点： 馆陶县魏僧寨镇安雷寨

采 访 人： 邵贞先等小组成员

被采访人： 毛际孝（男　82岁　属牛）

安雷寨属于魏僧寨，一直没变。我文化很浅，高小文化。

死人不算多，但有。反正是夏天，再晚点，大约秋棒子没熟，都穿单衣服。饿死的人多，但病的不多，一连下了几天雨。赶集去的没事，回来就病了。不超过三天，死得其快。我那时六七岁，那时有1000口人，去尖庄赶集，距这12里路，村西头二十三四五个，扎针没治好。病死的多得是，光这一湾就有五六个，年龄50多岁、七八十岁，大多数50岁以上。症状拿不准。

生活和高雷寨差不多。逃荒的多，跑河南，徐州以北。1944年左右回来的。当时19虚岁，干农活，逃荒去了山东禹城。逃荒的村村有，往西多，邱县死得更多。村里没人，逃荒走了，房子空着。从这往西15里地，都没人。老少逃荒都有。吃野菜，很少，榆树叶。麦子没收成，最晚六月才有的雨，头年里耩麦子根本没下雨。生病在之后。阴历六月之后，雨下了七天七夜，没淹，雨不大，地没淹。一般情况不淹。喝井水，多数喝井水，房子塌了，流水流不进去。

卫河距此8里地，卫河没开口子。秋天收点粮食，种的是荞麦，没有发大水的地方。

15里北馆陶有日本人，往南3里周庄炮楼，（日本人）人数不知道。

日本（人）皇协军都来，来了有七八次吧。有时经过，记不清有没有抢东西。给小孩东西，有这体会。我十五六（岁）去馆陶修城墙，给糖，村里派去的，日本看着监工，怕日本（人），看见就积极（干），卸煤。日本人拿煤打我，一闪躲开了。北边杨草场用刺刀刺人，杀人跟玩似的。土匪多，王来贤投了日本（人），当了皇军馆陶县长。

日本（人）来了不少，十个八个抢东西，这里是敌占区，往北十多里是根据地，贺伍庄，打了一个大仗，1942年三月十五，日本（人）赢了，八路死了不少，还有火烧赵官寨。飞机不矮，上面看不清记号。

丁圈村

采访时间： 2006年7月9日

采访地点： 馆陶县魏僧寨镇丁圈村

采 访 人： 兰 坤 姜亚芹 李雪雪 张村清 杨兆乐

被采访人： 陈有志（男 84岁 属猪）

我没上过学。民国32年有一场病，得霍乱。阴历七八月那时候开始下雨。有一个歌，“民国32年，灾荒真可怜，人人得霍乱”，当时就知道叫霍乱，死的人不少。得病厉害，当时有300来口人，得霍乱的有十来个。我得霍乱的时候扎好了。老医生给你扎针，吃汤药。不记得方儿了。民国32年，那时候有。当时家中有七八口人。弟兄5个，有十来口吧。父亲、母亲，有两个媳妇。家里就我得这个病。下雨那会儿，正下着雨得这个病。连阴天，受潮湿，没吃什么东西。那时候吃的饭食还叫嘛饭食啦。一亩地收

70斤谷子。八路军、皇军都要。正式军还没过来，八路军在井甘（音）寨。

抽筋放点血就好。扎哪儿不记得了。光针尖，放点血，濶着盐水，盐炒了。给点儿汤药。下雨喝井里的水。这一条街有三口井。一条街一个井。砖井没多深，不到三丈，两丈多深。井比地面高，有井沿儿。下雨后还喝井水，井没盖儿。下雨下进去了，不往外流。下雨时候把火烧开，有喝凉水，有喝开水，喝凉水的多。

扎扎针，喝盐水就能过来。没多少时间，两三个月就没这个病。天晴了，太阳一晒，就好了。有半个月病就好了。附近的村有得这个病的，多，不治，一会儿就死。各村都有医生。医生就是给扎扎针开个草药。死得多了，死了就埋，有棺材。棺材都买起了。

得病了抽筋，浑身抽搐。不扎一晌就完。一抽搐就叫医生来了。扎了当时就过来了，放放血。用大盐炒炒，炒糊了，喝了，就过来了。吃的没有，吃高粱、吃红薯的就少。该不传染呀？它得多了，不传染了吗？不走亲戚了，没啥人了。谁也顾不了谁了。都逃荒了，都走了。我没逃，就在这儿。民国32年，到五六月那会儿，有逃荒的。逃到南方，河南，有逃荒走的，有得病的。地里不收，没下雨，旱的。大雨从七月那会儿开始下。下了七天七夜。村里没发水灾。卫河没发，离这一里地。咱这是卫河西边。卫河也没大些个水，有水不多。没有开口，下得不大，下的时间长。

发病日本（人）不管，发病的时候日本人来了，在城里住，在北馆陶那儿。民国32年，我22（岁）了。14（岁）的时候日本就过来了。

有日军，在城里住着。一开始该不来了呀？他打仗的时候往南走的时候来。跟国民党打，二十九军，没有皇协军。以后有皇协军。过灾荒的时候有皇协军，有打仗。日本人住城里。八路军也没来。皇协军来村里要粮食，没粮食要钱。这弯儿不抢，不给就带走，带馆陶去。

日本人不杀人，不打他就不杀人。一打他就杀人。抓人，抓苦力，给他当劳工去，他也修铁路当时。榆林有炮楼，堡上有炮楼。刘圈也有。有时候放，有时候不放。不放的抓到关外了。这村没有被抓的。刘圈有一个抓到日本，东昌有一个，解放后回来了。刘圈的那个姓刘。

当时没有土匪，日本（人）过来，才有土匪，土匪开始抢东西，土匪一变变成皇协军了。土匪的头叫王来贤，早枪毙了，有叫王进甲，别的记不着了。

日本飞机经常见。日本飞机飞得矮，没咱中国的飞得高。日本飞机飞得特别矮。没见到么啥，没扔过东西。他过来，开汽车过来，飞机罩着汽车，不给小孩东西。

采访时间： 2006年7月9日
采访地点： 馆陶县魏僧寨镇丁圈村
采 访 人： 兰 坤 姜亚芹 李雪雪 张村清 杨兆乐
被采访人： 李思勤（女 79岁 属龙）

从八月初一开始下雨，下雨漏房。人都没吃的没喝的，喝凉水，没柴火烧。喝井里的水。记不清有多少井。那是一个老深井（砖井）。村儿没改过名儿。

兄弟得这个病死了，当时5岁。家里别人没得这个病。家里有6口，爷爷、父亲、母亲、一个兄弟、一个妹妹。妹妹送给别人了。兄弟是饿死的。我还得过那个病，是民国32年，八月下雨的时候得的这个病，得病唠，跑茅子。扎过来了。浑身没劲。得病的时候16（岁）。不知道什么原因。当时村里也有别的人得这个病死了。医生扎过来的。忘了他的名儿了，姓王，男的。那一天得的病，扎针完了，一上午就老了。上午得的，过了晌就好了。忘了扎哪儿了。扎肚子上。扎完就老了。没吃药。得病的时候，没吃什么东西，吃糠吃菜。阴天，下雨下的。人得潮湿，没有人告诉是什么病。村儿里死了好几十口，不知道当时有多少人。黑暗世界。村里人得病也都人上边唠，下边跑茅子，抽筋。都那个劲儿死的，不晓得什么时候叫霍乱，当时还下着雨。哪个村儿也有得这个病的，不知道哪个村儿最厉害，下着雨，谁也不上谁村上去。死得才多呢，见天往外抬，谁还埋，使席卷的，把门对着当棺材，埋地里，村里人埋，没看过怎么埋。

也得打的水喝。井跟地面平。有井台，没多高，水没没井。那雨一个劲儿下，不是多大。井没有盖，还得喝井水。下大雨，没河水，庄稼也没淹。

不下雨了，有吃的，就不得过且过，八月里，谷子就熟了，十拉天半个月的就没有得这个病的了。

滩上东边都是卫河，离得远，水不高，就是整天下。

以前没有得过病的，后来也没有。那就是下雨下的，成天下雨，不像这方便，做饭都没柴火使。扎针的人不多，那时候医生也少，把医生叫家里为的。有走的，下关外了都。我父亲就下关外的。

没啥说，皇协军整天要。过年下的，父亲下关外了。就剩俺母亲了，妹妹给人家了。待了好几年，下煤窑。下了7个，死了5个。下病了。家里的庄稼没人管。父亲走的时候没种。

下雨没淹。上水还早，民国32年前四年，上了一回水。卫河开口子，比民国32年早。

下雨的那一年，日本人也没去，皇协军去。得病的时候那也去。还是抢东西。皇协军穿绿色的衣裳，戴帽子，有枪。他好好的杀你呀？

没见过日本的飞机。飞还记的，忘了嘛模样，过了就忘了。飞机不多。不知道他们干吗。

不知道有没有国民党，有八路军，不在这边住。他净黑下来。皇协军白天来。八路军也来要，上干部家去。穿灰色的衣裳，便衣。没见过，听说过。得病的时候没见过八路军。得病后来过。没见过土匪，当时俺打家里待着，也不出去。

采访时间： 2006年7月9日

采访地点： 馆陶县魏僧寨镇丁圈村

采 访 人： 兰 坤 姜亚芹 李雪雪 张村清 杨兆乐

被采访人： 刘景玉（女 87岁 属猴）

我娘家刘圈，些（很）近。没上过学，些穷，上不起。

下大雨的时候，民国32年，我才18（岁），乱得了不得。老毛子进中国了。民国32年下了七天七夜（雨），没住过点儿，净土房，瓦房都漏了，要不都抽筋了。八月底九月里下的雨，下到九月。不是下那瓢泼哗哗的大雨。

民国32年，编了个歌儿："民国32年，灾荒真可怜。"死了好些人，饿死的。抽筋，死得些快。八九月下了七天七夜。人一黑下就死了，一会儿就死。抽筋，光抽筋，没点儿毛病。饿的，搐筋，没点病，吃谷粒子。饿得逃荒。有个兄弟，逃荒回来，割谷子，吃俩谷子撑死了。肠子饿细了。撑得他肠子断了，薄了，饿的。

民国32年，儿5岁了。俺娘俩没饿死，我20多岁，我凑合，自个儿种地，我卖布，卖双鞋，买点儿吃的给俺小儿吃。

俺街，前街上还是秀才哩，一个老头儿，一个老妈妈，老妈妈先死的，后来老头儿囫囵个儿地卷，囫囵个儿地，往壕里拿席卷，5天后老头儿死了，老头儿还找布哩，隔五天就死了，老头儿他俩死了。灾荒那年都没人了，一家家地死。

没点儿吃，还漏房，吃野菜。上哕下泻，我也是上哕下泻，俺没抽过筋，我扎过来的，扎了几针就好了，不泻了。以后没犯过。没吃药，没药，光扎针，扎心口。俩先生扎过来的。摊上的。那在村里没有，老辈子没有。俺娘俩没死，他爹，俺仨没死。有白天死的，有黑下死的。死得没人啦，死的净年轻的，孩子，20多岁死的。过了民国32年就没得病了。以前没听说过抽筋，后来也没有了。那时没医生，正下着雨哩，就抽筋了。要不咋抽筋儿哩。民国32年没上河水，过了灾荒年才上河水。

喝白开水，待井里打哩。要没井咋吃饭？没淹井，没下多大雨。

老毛子在这待了8年。民国32年在这住呢。咱村儿里没有，住北馆陶。老毛子上村儿来，还打人呢，见人就逮。老毛子走了。八路军才来。皇协军跟着老毛子，皇协军抢东西。老毛子来村自己带吃的。带饼干，愿意了也给小孩饼干，不打小孩，打大人，打留平头的，说是八路军。待见小孩儿。下大雨的时候老毛子没来。八路军没来，有皇协军。老毛子抓人，弄死你。不叫人干活。老毛子有飞艇（飞机），黑的，飞老高。

有土匪，咱村儿没有，老实人不当，厉害人才当呐。

瓜厂村

采访时间：2006 年 7 月 12 日

采访地点：馆陶县魏僧寨镇瓜厂村

采 访 人：刘京军 赵新燕等小组成员

被采访人：许四元（男 67 岁 属龙）

我上过小学 6 年级，高小毕业。

民国 32 年，有霍乱病，少，西边多。

那年先旱，遭蝗虫，没听说下雨倒。我 4 岁时自己还逮过。把榆叶树都勒干净了，吃么的也有，吃糠，吃花种。没听说下大雨。头二三年，刘口开口子，俺姐姐那年出生的。蝗虫在这成灾了。逃荒哪都有，东北有，当劳工，俺村还有。

刘口开口那会，日本人来的。我听俺娘说，她抱着俺姐姐藏山窖里面，跑到北边那儿，我大哥说："我抱着吧。"就瘸着跑。

这个村有皇协军。饿，挨饿，哪里管饭。就在台庄，台庄有炮楼。挨饿，家里没饭吃。挨饿走丢人么？不丢人，要不在家里就饿死了。到其他地方抢东西，不到咱这抢东西。

土匪，有，就在尖庄东边那里，后来又跟皇协军他们，净牵牛架户。

根据地在西边，下巴寺是根据地。这个村北边有大庙。秦保海打大庙，打土匪，老缺。

后符渡村

采访时间： 2008 年 9 月 3 日

采访地点： 馆陶县魏僧寨后符渡村

采 访 人： 王占奎　刘　欢　陈　艳

被采访人： 乔麒善（男　81 岁　属龙）

乔麒善

灾荒年天旱，33 县没收，也不是没收，收点也叫皇协军抢走了，八路军也要。那时一亩地收几十斤，现在一亩地 1000 多斤，那会儿 100 多斤就最好了。麦子没收，兔子都能看见。那时不下雨，人都逃荒走了。八月二十二，又下雨了，下了七八天。（唱）“八月二十二，老天阴了天，昼夜不停地里连连下了七八天，自打受了潮湿，人人得霍乱，男女老少没有粮食吃就把草子砍。”这歌过了灾荒年编的。那会儿这歌都会唱。那时死了没人埋，都饿的，过了秋死了老些人，撑的，谷子黄了，吃了撑的，肠子细了。

那是民国 32 年七八月。吃粮吃了撑死，不是饿的，饿死的人更多。那时死的人不少，死多少知不道。先是旱，过年收点庄稼。咱这没淹，这地高。民国 32 年没淹，光是旱。下雨不是瓢泼雨，就是滴滴答答。有得病死的，得霍乱，抽筋，都是饿的，下雨以后得的霍乱，粮食收了，又死人，又得霍乱。啥症状，我那时小，不知道。人死了在路上没人管。这霍乱就是饿的，人一饿，再受潮湿，就得这病了。那时没衣裳。我有个妹妹也是饿死的。

逃荒的都（朝）黄河南走了，回来没人浇麦子，我民国 32 年走的，天凉了，过秋之后，第二年回来的。大部分头年走了，过了年，高粱、谷子收了才回来。

民国32年上蚂蚱没不记得了。

日本人、皇协军，游击队都来过。那边有一个村，日本人在那住，没见过穿白大褂的来。有上日本国当工人的。

采访时间： 2008年9月3日

采访地点： 馆陶县魏僧寨后符渡村

采 访 人： 王占奎 刘 欢 陈 艳

被采访人： 乔如岗（男 87岁 属狗）

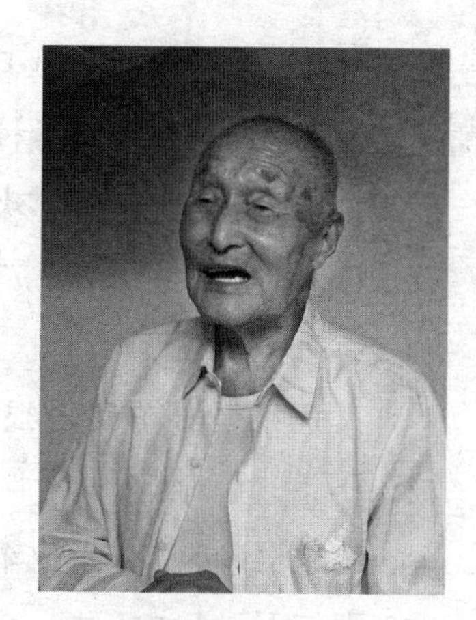

乔如岗

灾荒年，我记得，民国32年。那年死人不少，日本（人）要东西，麦子那会儿收了，不够吃。那会儿没水，天不下雨。一亩地百十斤麦子，灾荒年五六十斤，不够吃，饿死老些人，这村里一家七八口的死，那时没人救济。那时下雨了，下不多，过了八月十五，雨不大，下了没多大会儿，不够用的。秋里高粱、棒子收了，收不多。

民国32年秋天饿死的多，粮食收不多，不够吃。柳树叶、槐树叶都吃了。吃不到粮食，也不见月日，一见太阳就昏了。得病死的不多，那时得霍乱，得那病一会儿就死。饿的，一个钟头就死了。那会儿医生少，没人治，不好治。不吃粮食，光吃菜。槐树、柳树叶子都捋吃了。见过得那病的，我大爷那边死了七口还是八口，一会儿就不行了，霍乱顶不住月日，不经太阳晒，太阳一晒就死了。那会儿一个村死了老些人，都得霍乱死了，他不吃粮食，脸肿。死了埋，就是用门板一夹就埋了。就六七月份得的，没下雨，后来下雨，不大，以后凉快了，霍乱病就少了。

有逃荒的，尽推个车，领孩子，妇女都xún（嫁）在那了。关外的有，不多，河南的，哪都有去的，往南去的多，那年没虫子。

民国32年没淹，1963年淹了。

日本人在北馆陶，来过咱村，他不要馍。有皇协军，他们要东西。日本人不要东西，吃大米，得霍乱时日本人没来过，皇协军也没来过，他不要东西不来。

采访时间：2008年9月3日

采访地点：馆陶县魏僧寨村后符渡村

采 访 人：王占奎　刘　欢　陈　艳

被采访人：乔元贞（男　77岁　属猴）

乔元贞

灾荒年皇协军要得狠点。日本人住县城，不下来。咱这村西半部魏僧寨有皇协军，咱这没日本人。解放军在西边。

那年下了七八天雨，六七月，谷子还没收成呢，快熟了，下了七八天，也不是光下，哗啦啦一阵子。谷子收了，不咋地。没淹，下的雨点小，时间长。没遭洪水，东边是卫河，卫河没开口子。麦子年收得不好，头年光旱了，那会儿我记不准了。不下雨，也没工具浇。春天耩上谷子以后就没下，棒子没耩上。那会儿下雨下得晚点，耩棒子是四五月间。

有一年上蝗虫，日本人还在，我那会有十一二（岁）了。下雨的时候没蚂蚱，收麦子的时候也没有，耩麦子的时候有。逮蚂蚱吃，维持生活。那年下雨以后，饿死不少人。

闹霍乱，也没粮食吃，身上虚，病了就死了。那病得几天，一个月没人管就死了。那会儿也没法治，没医院。有个私人开个小药铺，你请人家给你看看，不请拉倒，也没钱请不起。我见过得这病的，俺这就不少。得那病腿肿得老粗，他没吃的，支不住。他有吃有喝像现在还死了啊？那会儿就民国32年，那会儿也就八九月，下雨以后地潮湿，得的霍乱。腿肿，走路没劲，在家靠（熬）两天就不中了，得那病的大人多，老人多。那会儿死的人不少，大体上说，总共死了几十口子，那会儿咱庄上也就200来口人，死的也得二三十口。那会儿死的死，不死的也外逃了，上河南、关外、陕西，谁愿上哪上哪。

年轻的上关外，给人当苦力。嗨，挣个么钱，吃口饭就拉倒了。冬季那会儿该走的都走了，走不动的都死家了。我也走了，逃到郓城，跟大人去的，那会儿有父母，过了年，割了麦以后回来的，回来地里有庄稼苗了。我是在家过了年走的，也有没过年走的，在家过不住了，走了，老的，少的，推着车。

日本人不来，尽皇协军来，皇协军尽年轻的，十八九（岁）、二十（岁）的，就这一窝的人，粮食抢了他们吃，没听说他们得的。那会儿不是拔钉子，钉子就是炮楼。大炮楼住日本人，小炮楼住皇协军。他吃楼上吃，喝水也喝井水。家里也尽喝井水。没人给咱治病的，没人管，谁也不管谁。

尖　庄

采访时间：2006年7月9日

采访地点：馆陶县魏僧寨镇尖庄

采 访 人：徐　畅　马子雷等小组成员

被采访人：于子菊（男　83岁　属鼠）

日本人以前在这里烧杀人，四几年的时候卫河上有摆渡的，日本人扎浮桥到临清，用大铁丝绳拉着船，日本人割开绳子往北漂去。江焕臣当教练（国民党的），跟日本干上了，他有人有枪，打死十几个日本人（九月二十六日），日本人二十八日来报仇，烧死两个叔叔，俺村死了四五十口子，尖庄死了500多口。在尖庄烧了许多房子，汽车开到村里来把人围住，尖庄西南有个大沟，汽车过不去，倒回去，从尖庄西绕到俺村来了

(因此拖延了时间),俺村人死得少。叔叔在家买卖,村边有个松林,一个姓卢的人说:"藏在这儿就行。"两个叔叔没逃跑藏在那儿,死在那里。我一个80多岁的老奶奶也藏在松树林子里,她藏在树林中的一个是桌子底下,没被打死。姓卢的也被打死了,他妻子给了鬼子3块大洋,没死,还抱着一个孩子。

(民国32年)八月十九,开始下了七天七夜雨,当时冰雹有枣子那么大,把庄稼砸光了。下雨后抽筋霍乱出现。俺村有会扎针的,死的人不多,有70%的人得了霍乱,不能动不能走路。医生有于伍章、于有忠、于庭钊。他们3个会扎针,救了不少人。因为扎了针,所以死的人不多。没见到过病人,以前没见过,后来也没听说过。天气潮湿得了这种病。

每年八月份卫河涨水,跟大堤一般高。当时大堤5尺多高,跟现在的房顶一样高。一到涨水心里就害怕。

皇协军就在村东南驻着,山才有炮楼,常住在村里。

闹霍乱时,鬼子不常进村。枪不响没事,枪一响鬼子就要杀人了。人们必须摆上桌子酒菜欢迎他,经常串村讨伐。日本人在馆陶时,在村东南一里地,有一个闸,日本人在河水涨的时候挖过口子,在闸北边挖的。人传人很快,赶集人说:"日本人挖口子了。"大家赶快回自己家,馆陶那边的水满了,在大堤里面挖的水,这边水还不满。我当时在尖庄集上。

刘 圈

采访时间: 2006年7月9日

采访地点: 馆陶县魏僧寨刘圈

采 访 人: 刘京军　赵新燕等小组成员

被采访人: 刘亚堂(男　87岁　属猪)

我是八月得的病,先下雨再得病。哕,干哕,跑茅子,泻稀的水,浑身一个劲地抽搐，手也抽，头也不清醒。不穿衣裳，房塌，肚里吃不了东西，浑身没劲。吃不进去东西，没东西吃，喝水，喝凉水，没柴火烧。一个劲搐，一个劲搐，搐来搐去没劲都死了。

潮湿，就跟瘟疫灾样，就得了。谁知道传不传染？差不多人都得这个病。没出过远门，哪去呀？就一个会扎针的，得病的都叫他扎，治好的很少，死的很多。那会儿身体还好点，上岁数的，得病就死了，还扎针哩？那会扎针的就四五十岁吧，叫刘修云（男）。不要钱，也不吃你的饭。不卖药，光给扎针。记不准扎哪个地方，虎口、腿腕、手腕，扎人中、印堂，不 xǔgù（没注意）扎耳后，背上、腰上都扎，扎针多了。

那还有不疼的哪！一扎就几个小时。扎上针不起了，他去歇着了，最少得半个小时。就扎一次，不好就死了。净从人家家里叫过来，这个医生可好了，淬啥活，一叫就过来。不抽血。最少得一个小时才见轻哩。觉不得劲了，难受了，赶紧请医生哩。

那会儿有 5 口人：父母、姐姐、弟弟。俺亲家有死光的，刘书祥家都死了，就两口人，都死了，就有 30 来岁。街坊帮忙埋的。哪有棺材啊？拉去就埋了。

不埋一块，谁的人埋谁地里去。还出啥殡啊？没斗子，没棺材，找两个人，一挖坑，埋了。从前没得这个病的。

说不上谁先得了，闹不准了。不串门，谁上谁家去啊？

张寨不断死人。山东刘哨叫无人区，没人了。这会儿归贾镇管。

没留下什么伤疤，现在痊愈，只要过来不跑（茅子）不哕就好了，有一晌就好了。

净土房，院里下，屋里下，天冷。也有大的时候，也有小的时候，七八天。这七八天共同没见过太阳。水不深，都流街上去了。路上的水，不过井。朝西边，发大水，朝西比这边死的人多，说不准哪个村。

那会 600 口人，听说死了有百十口人。都一样，得病就死，上哕下泻，没其他的病。扎好的有几十个。得病的没跑的，不得病的也没走的。下雨前没得这个病的，都在这六七天内得的。以过去这七八天，一有太阳光了，晴天了，就不死了。就没这个病了。有干柴火了，喝开水。

有啥啊，树叶，只要不苦的都吃。哪还有粮食？地主家也有得的，姓刘，有看好的，有死的，这个村的看好了。也吃不好。

要说地主孬，也不是都孬的，咱给人家干活，人家给咱俩钱。也干过，见活干活，一年多少钱，论年的，叫长工。过年过节给三四十个袁大头，大洋。家家户户够树叶吃罢了。棉花籽也吃，用石磨磨了，攥成蛋蛋，蒸蒸吃。喝井水，砖井，没盖，没柴火，喝生水。

下雨之后蚂蚱多。

日本人在北馆陶。皇协军比日本人多一半还多。会儿会儿来，隔不了几天就来，皇协军来了要粮食，日本人不吃中国粮食，从人家国运过来的，过路就走了。日本人倒不抢东西，要鸡、猪，其他东西不要，倒不杀人。皇协军要东西，不给就杀人，俺村就有。日本人倒在咱庄不吃东西。

日本人叫皇军，王来贤叫皇协军。得病的时候不来，后也没来。

雨后，日本人飞机，翅膀上有红月亮，跟咱中国不一样。两个月不断地来。

没见给小孩糖吃，日本人穿黄地子，戴铁帽子，他咋给咱治病啊？净皇协军叫老百姓给干活，干几天再换班。八路军黑下来，白天藏起来，不敢露头。

国民党在外三省挡日本，老蒋一退，日本人才过来。

净土匪，那时候，王金家，王向洪，净剩老缺了，没庄稼人了。

范筑先，范司令把他们收起来了，住聊城了。日本人才过来，这些人都叫宁死不退，烧死的。

采访时间： 2006年7月9日

采访地点： 馆陶县魏僧寨张店

采 访 人： 刘京军　赵新燕等小组成员

被采访人： 石英杰（男　84岁　属猪　刘圈人）

民国32年我在村。上过小学，知很多人得病。

八月（阴历），下雨七天七夜，俺娘就是那年死的，没救过来，死时60多岁。抽筋，没见过得过这种病的（当时在外面，后来回来），没吃没喝，下雨，西边死了老多人。靠河边的人死得多。河边没吃没喝，下雨阴天，下了七天七夜雨。离河远点的好点。没医生。有扎针扎过来的，很少很少。

我20岁出去的，回来时21岁，春天走的，走个旱，庄稼没插镂，春天卫河里还有点水。没听说有蚂蚱。回家后听说下了六七天大雨，没听说有河水进来。

那会不到1000口，各家各户死得不少。回来后生活不中，又上北平干了一年。母亲去世没见面，就说得霍乱死了。没听说从哪儿传来的。也不能吃饭，房还漏，饿的。喝点凉水，吃点野菜啦，没啥可吃的。日本人到过这个村，路过。打人，抢东西，有中国人陪着。皇协军只为混口饭吃，各村都垒炮楼，发东西吃。饿的，别逼着当皇协军，不情愿。听说日本人杀人，皇协军不杀人。

在外面待了两年。出去时上东北（伪满洲国），给日本人修铁道。招工，不去就饿死。有两三个和俺一起去，马头去的有三五个，毛圈有两三个。那一批有五六十招工，坐火车，没强迫，后来都回来了。早晨起来，黑了收工。吃棒子面，在那里饿不死。说给钱，干了一年也没给。

八路军的民政局给打官司，给送回来了人。过了一年，又上北平，给日本人开矿石，挖铁石，炼铁，干了三四个月。啥面也有，豇豆面，绿豆面，俺村有四五个，一块去有七八十个。干了一个月，说好几时都跑回来了，没给钱。跑回来，不逮。带到日本去有，俺村有一个，日本一投降，给送回来。

马兰场

采访时间： 2006年7月9日

采访地点： 馆陶县魏僧寨镇马兰场

采 访 人： 唐 寅 岳 凯 张 敏

被采访人： 张灯法（男 78岁 属蛇）

日本（人）来以前，有老缺，民不聊生，老缺一变就是皇协军。日本（人）来了，日本占领了中国，抢砸奸淫烧杀。俺村就是个岗楼，那时候闹得群众人心惶惶。白天皇协军、日本（人），收了以后，有没有就上你家去，翻抢砸。晚上就是八路军，来做工作，粮食没收，收了就被抢走，挖洞挖坑，柴火垛底下，怎么能把它藏起来不给他，就是好法。晚上八路军就让你上民学，教你识字，念不起书，晚上找个能教的学两个字。

日本（人）住到县城，在北馆陶，下来讨伐，来清找八路军。到村里找不到八路军，就要米要粮，给他就是好的，不给就是汉奸，到村里烧杀抢砸，年轻的妇女被逮住以后，奸淫你，特别是年轻妇女挽辫的，来了以后，他特别的奸淫厉害，因这个，妇女都挽上卷。他讨伐到村里不认识路，只能看看地图，实际上不知道是哪个村，找人带路，晚上讨伐，来了以后不是打就是用枪撴你。到村里以后，如果找不到八路军，找不着粮食，就烧你的房，抢你的粮，碰上年轻人穿得好点，手上没茧子，就挑死，要不就带走。百般打你折磨你，那时候打死个人给拧个蚂蚁的一样。还抓劳工，到他们国去，刘长清被卖劳工，卖到日本扛活去了，死了人连埋都不埋，冬天没力气的连饿带冻就死了，上垛，把人垛起来。中国人在日本回来的有个刘永亭，在日本没死回来了，他才死了两年，他孩子还有儿。抓走不叫你吃不叫你喝还挨揍，死了以后还不埋，往那一垛，三天一出工，五天一出工，村里出民夫，修民壕，一丈多深的壕往上扔土，扔不上去就揍。

那时候老缺逮那个人，还得拿钱，要不把粮食给他，要不就饿死你，要不直接给埋了，这个亡国奴不好当，日本到村里一扫荡先抓鸡赶猪，只要你家里有用的东西就拿走，临走还放把火。以前没闹过霍乱，以后这个过去了也没有。他那个飞机有两翅的有四个翅的，有的月亮在翅膀底下，黑不溜秋的，扔炸弹，一爆炸老大个坑，有机枪。民国32年，俺村里百分之八九十都逃荒要饭，全国各地都有，到河南鱼台老些地方。去了东平州，俺村里大部分（人）待了一年多，民不聊生的，都在外面讨饭。那年收了点都不够他们要的，今儿要明天要，走得早了，带点吃的能活生，走得晚了，路上死老些人，半路上挨饿病灾，走着走着就死了。小孩半路哭叫，大人带不动小孩就丢了，小孩又瘦，肚子又大，头又小，让人带一天就死。

过了八月十五就出去了，粮食收得不多，一共三百二百斤的，见天上家里要去，当时有人搐筋，当时“八月二十三，老天爷阴了天，滴滴星星，昼夜不停，下了七八天”。下雨七八天就得霍乱，开始的时候，还有人扎两针，有老行医的，后来他也得病了，今儿埋了他，明儿就埋了我。俺这村还好点，到了卫东往西，死的人多了去了，开始死的还有人埋，后来死得多了，埋不及了。俺奶奶就是得这个病死的，有60多岁。俺村里死了也得有六七十个。那时候有病有灾没人管。没记得有人扎针，知不道扎哪。知道传染也没办法，得了病，一天就死了，得了病也就动不了了，干哕恶心，躺下以后就不行了，上哕下泄，一搐搐跟麻了腿的样，那时候可残忍了。

以后好一点就出去逃荒了，过了八月十五，九月以前就出去了。出去以后，困难更大，没俺母亲了，俺父亲拉着孩子们，很困难，有的不该娶都娶了，闺女给了人家，活命能活下去。俺父亲舍不得丢俺们几个，属我大，我那时候十二三岁，俺二妹妹小5岁，小妹比俺二妹妹还小两岁。那外面日子不好过，在外面待了两三年，回来就解放了，又分地分的牛，就一步登天了。回来俺父亲当了民兵。

南榆林

采访时间：2006年7月9日

采访地点：馆陶县魏僧寨镇南榆林

采 访 人：兰　坤　姜亚芹　李雪雪　张村清　杨兆乐

被采访人：韩书显（男　78岁　属蛇）

我一直住在南榆林。没上过学，会写自己的名字。大体知道这个事。八月二十三开始下的雨。那年我14（岁）了。下了七天七夜，可没这瓦，土房，屋里下得满水。人没吃的，也没烧的。拾拎一把柴火放锅底下。吃杨树叶。得病的人多，一个村里死了36口。这个病叫霍乱，都这么说。肚子疼，一眨眼就死，上哕下泻，旁的没感觉。不够一个钟头就死了。

那会儿家里有6口人。我父亲、母亲、俺俩（我14岁就结婚了，媳妇比我大6岁）、一个哥、一个嫂子。我家没有得霍乱病的，街里有得的。姓周的一家，我说不清叫啥，女的（婆家姓周）得这个病了。东头也有，姓张的一家5口死得干干净净的。他两口，仨孩子。他们没50岁，40多岁，都死了。下大雨的时候，他们得病了。不是一天死的。孩子先得的。都饿死了。也得霍乱了。连饿，潮湿了，慢慢地就死了。一个一个地死了。没医生，旧社会没医生。那个病放血，就这边儿拍拍，捆住小腿，（拍拍腿弯儿处）一放血就好。好了以后一天不能喝水。喝水再犯了就没救了。

死人，路上净人。谁埋呀？都没走头了，死了就死了，死人太多了。没法管理。哪个村也死人，大村死得多，小村死得少。新庄、坞头、蔺庄，一个村一个村地死。逃荒走的早走了，走得晚了，死了。到阳谷。那年没收好，回回下雨。

皇协军回回抢粮食，有粮食拿拿，没法吃，走了说。他们二月里就走了。家里没粮食了。早走的走了，晚走的走不出去了。我这爷爷前边头天下了一人多深，下了七天七夜。八月二十三开始。第一天不大，哗哗哗地，黑天的下。没法收，少吃无喝。以前，以后都没有那个病。就这杨树叶、椿树叶，榆叶更不用说了，都没了。皇军给抢抢，没啦。有日本人。

村里喝井里的水。俺村就一个井。离这老远，大木筲挑水，就喝凉的。下雨井不挡，没人管。那一天，井口5尺深。井比地面高。

日本人来过。民国32年二月三月里来过。我这闲院子，日本（人）在这坐着，歇着。他要酒，要红薯。端了以后叫咱先喝，看看下药没下药。红薯先叫咱吃。一乍来没皇协军，后来才有皇协军。

他不住村，住北馆陶。"扫荡"，不抢东西。没准，想来就来。没日子。来几十个人。他没人。皇协军后来才有的。炮楼是再后来的。下大雨得病的时候没来。他回城里了。咱都叫日本鬼子，啥军队不知道，穿黄军装，戴帽子，黄帽子，武装得不孬。机关，大炮，飞机。那飞机飞得跟杨树那么高。扫荡，咱这地有兵，咱武器不行。俺这死了一个八路军。他那飞机飞的，这会儿没那玩意儿了，啥色的看不着，都吓跑了。人说话，你不懂的。日本（人）杀人，他不打仗平安天天的，打，不杀人。一打仗，一死日本人，就杀人。光尖庄就死了800多，他一甩，就着。不知道啥东西。

咱这边儿的，事变，遍地老缺，土匪。他打人吃喝。日本人往南去哩。江司令，领着一帮人，一帮老缺。打死了十来个日本（人）。老缺都跑了，光死死了八九百老百姓，（日本人）见人就挑，不管小孩大人，一律挑了。以前不抓人，不拿东西。他不抢不打砸，人家吃人家的东西。

有八路，丁寨那一块，八路军有七八十个。我给他们站岗，那我13（岁）了。五六年了才有皇协军。范筑先以后，就王来贤。王来贤有一万多人哩。范筑先在聊城这边儿。范筑先自个儿来的，把他们收走，编成军队了。闹不懂叫什么部队。日本（人）一进聊城，范筑先自尽的。他的护兵一个人枪毙的，最后自个儿自杀的。指望他（王来贤）保佑的，他领着军队回家了。王来贤在馆陶枪毙的。光杀人杀了成万的。

那时候过船，卫河淹了，这院里，有一米多高的水。从岳城过来的，安阳北边，从岳城水库过来的。那大堤比我这老房还高哩。那闸开开了，人给提哩，不提（就会）崩了。没淹死人。五几年的事儿。

民国32年水没淹，俺这村没淹。俺南地里没水，俺村里能过船。都是雨水，没河水，河水没开。河东崩的。崩开了。咱自个儿崩的。领导让自个儿崩的。

任门寨

采访时间： 2006年7月9日
采访地点： 馆陶县魏僧寨镇任门寨
采 访 人： 唐寅等小组成员
被采访人： 李长春（男　84岁　属猪）

日本鬼子来村东，炸死过人，倒不大抢东西，他没地方搁也不要，皇协军来抢，用枪刺刀挑死人。他们也有一块来的时候。他不杀小孩，也不打小孩。

我那年打鬼子20来岁，民国32年在区小队县营，就在俺这一片，死了老些人，饿死的，皇协军逼着要粮，人都没吃。八月二十三，下雨开始阴天，老天爷变了天，房倒屋塌，连饿带冷都死了，没吃的啥都吃，吃野菜，啥也吃，棒子皮，能往嘴里填的都吃了。弟弟饿得上关外了。下完雨后八九月就霍乱搐筋，得霍乱搐筋身上腿上的筋搐搐，有疙瘩，有行医的，只要一扎黑血往外流就好了，要没有黑血，白眼就完了。光一个胡同死了一二十口子，死了100多口子都，霍乱搐筋的不少啊。俺家巧没有，俺村里有得病的，死了不少。

没发洪水光小雨。飞机有，有飞高的时候有飞矮的时候，从这过老高，在这转悠飞得不高，也有四个翅膀的，也有两个翅膀的，净灰色的。

从前没这种病，都是下雨后得的，以后也没了，也得有一两个月。那时候这里归馆陶又归邱县，又归临清。村里有六七百人，有七八个井，和地平的。

山才村

采访时间：2008 年 9 月 3 日

采访地点：馆陶县魏僧寨镇山才村

采 访 人：陈 艳 刘 欢 王占奎

被采访人：宋德兴（男 75 岁 属猴）

宋德兴

灾荒年我八九岁，逃荒在外，民国 32 年出去的，麦前出去到河南，割麦的时候，阴历五月，在外待了两个月就回来了，过了秋，冬又去江西同山县。咱这霍乱地方，没吃的。在那没亲戚，哪好要饭就到哪。灾荒年割麦的时候，下冰雹，时间比这早点，庄稼熟了，都被砸地里。连阴雨，连下七天七夜，也没吃的，庄稼也打了。冰雹接着就是连阴天，庄稼都砸平了，豆子在地里都成豆芽了。

七月下的雨，庄稼都熟了，就这个时间，早期庄稼收了，小麦收了，一亩地收 100 斤就好地。春天天气没事，一入秋，庄稼也没收，又被日本人、皇协军抢，收一点抢一点，日本人、皇协军下乡光抢，不管你有没有，见了就抢。我刚才说的都是民国 31 年的事，连阴雨，冰雹，就是民国 31 年的事。民国 32 年我就逃荒了，不记得耩上麦子没有，跑山东梁山逃荒去了，河南、郓城那边收得好，这边收得孬，还没收麦子就走了，到那拾麦子去。

民国 32 年麦子收不好，地不敢种，白天日本鬼子扫荡，晚上八路打日本鬼子得吃饭吧？也要。两个月回来的。秋天，又跑江苏逃荒去了，地没法种，种点抢了。秋里十腊月走的，穿棉衣裳了，找亲戚家要的棉絮，去了徐州，那是新四军根据地，日本鬼子不敢去。那里收成好，要饭都要饱了。俺家 7 口人都去了，在那过了一个年第二年秋后回来的，我两个弟弟都给人家，要饭讨饭的，要饭不够吃，他们还小，要了干啥？咱村逃荒的多，剩了100多口人，死的人都抬不出去。没逃荒的咱村有400多人，尽全家的走，上东北、唐山，下煤窑给日本人挖煤，关东、东北三省，上南方、徐州、梁山，上西的很少。剩下的有饿死的。

那时饿死很多，死家的不少。那时生活不好，一有点病没法治。那时有霍乱转筋。那病主要是扎，也有医生扎不回来，村里有个会扎的，有扎好的，有没扎过来的。就那一阵子，几月份闹不清，咱那时候小，记不清。就那一阵子死的人不少。一个多月就过去了。这主要是生活引起的，吃不好。那病啥症状，光就说抽筋，扎针，放放血扎扎就好。咋家没得的，街坊邻居有，我记不清，光知道死了人。宋溪友家死了好几口，5男2女，死了不是仨就是俩。那时干活都在家，也没工厂啥的，在家在地得的不知道，小孩没听说，得的都是十八九（岁）、二十（岁）的。

闹蚂蚱，过了民国32年闹的。也没上洪水，闹洪水还在晚，闹洪水已过了灾荒年，1963年最大的一次，下七天七夜那次没闹，那时河水很小，不是主流。霍乱转筋那会日本鬼子都侵占了。日本鬼子他不打八路军，抢砸，来过咱这一次，河西有个河口，有一伙土匪，打死一个日本人，日本人不敢来了。日本人有没有得这病的咱不知道。他生活好还能得这病。

采访时间： 2008年9月3日

采访地点： 馆陶县魏僧寨镇山才村

采 访 人： 陈　艳　刘　欢　王占奎

被采访人： 宋雪林（男　83岁　属虎）

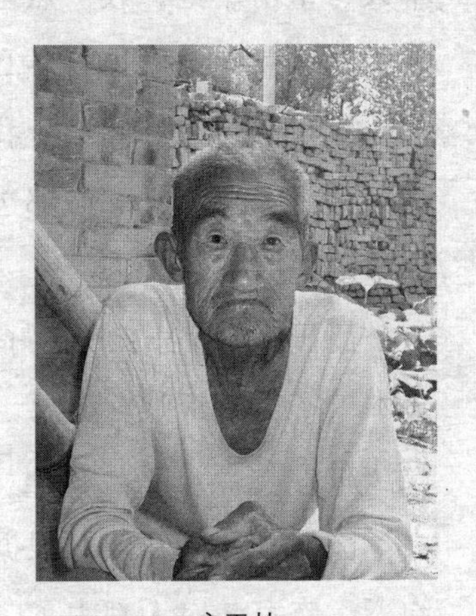

宋雪林

我家贫农，没上过学。那时混乱了，蒋介石退却了，跑了，毛主席来了。灾荒年是不下雨，不兴浇地，靠天吃饭，不收。麦子没收，收不成，不下雨，旱死了。一亩地收六七十斤。旱了很长，我不识字，记不清。后来下雨也收不成，皇协军在这，光抢东西。那时八路军还不实权，后来下雨大，下了老深水，那回我才十二三岁。

民国 32 年也下混乱了，没人管，守着店也挨饿。有逃荒的，咱这都上黄河南，郓城、梁山那一片多了。我 12 岁，虚岁，上郓城，上那边要饭去，跟家里人去的，第二年都到了收麦子回来的。还有老些不回来的，妇女都 xún（嫁）那了，孩子也给人的有得是。民国 32 年饿死老些人，还有病，还闹过霍乱抽筋，也是死人的病。浑身直挺，肚子疼，治不准，要命的病。天气不好，天气不正，下雨，潮湿，都没粮食，吃糠吃菜的。

我见过得这病的，我九大爷、九大娘都灾荒年死的，还有她闺女，得这病死的。是民国 32 年春天得的这病，还没收麦，秋粮食也还没下来，那时死了多少人，那我闹不清。咱这村这会儿人多，1000 多人，那时 300 多人。灾荒年咱村小，现在大。咱村 1963 年开过口子，民国 32 年倒没淹。得霍乱病没人给咱治病，那会没组织，谁管谁啊！民国 32 年以后闹过虫子，棒子叶子都吃光了，多得很。

采访时间： 2008 年 9 月 3 日

采访地点： 馆陶县魏僧寨镇山才村

采 访 人： 陈 艳 刘 欢 王占奎

被采访人： 汪金生（男 79 岁 属马）

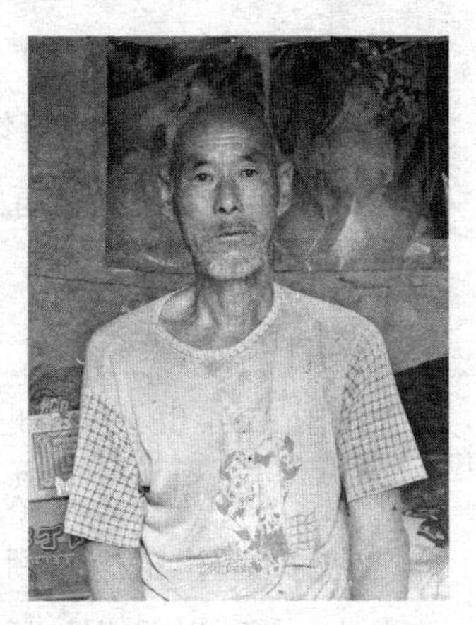

汪金生

我家 16 口人，只剩了 3 口，都饿死了。灾荒年我 13 岁，那会儿也收点，都挨饿。咱家都上地找菜吃，找来就吃，找不来就饿死了，粮食收一点，那会儿收不多，白天皇协军要，黑了八路军要，有一窝粮食也吃了，皇协军都是这一窝的人，都保日本（人）。麦子收，好的麦子收

100斤。

灾荒年下了七天七夜雨，就是过秋的事，没过八月十五，下雨七月了，棒子还不能吃。那会儿也兴种谷子，种棒子，种高粱，收不了。那谷子将黄点，就掐回来了。逃荒死了老多，都上黄河南，下关外，下关外的到现在还有没回来的，俺舅舅下关外出去还没回来，都是挨饿出去的。我也逃荒了，俺和俺娘，民国32年将过年就出去了，没吃少喝的，这一片的人都出去了。

家里没人，都死干净了。这一片都没人了，死的死了，出去的出去了。下雨的时候也有霍乱病，也死人。也没烧的，也没喝的，也没吃的，不饿死？俺见过得霍乱的，一天死五六个、七八个。没人治，谁治？也没先生，得病就躺着饿死了。得那病，躺那抽筋，哆哆，不会说话，一上午躺着就死了，快着呢。有跑茅子跑死的，拉稀都拉死了，死得快。我家也有，我家16口人，就只剩我、我娘、我妹妹，其他的都完了。俺家一大家人，没爷爷，没奶奶。有哥哥、大爷、大娘、小侄啥的，一大家人死得16口就剩了3口。

逃荒的说不清哪月份，老些人，一溜成行，跟赶集样的，要饭要不到就死了，到河南死了老多人，民国32年灾荒年好多人都xún（嫁）那了。说不清哪会儿逃的。我在外待了八九个月吧，回来还是没东西吃，要饭，哪家种了点东西，就去要饭去。逃哪去的都有，往南边去的多，往西北去的混不住，回来，又上唐山，到现在还没回来，在那成家，一大家子人，在西北混不住。那年没来，过了灾荒年了，过了民国32年来的蚂蚱，好大，黄蚂蚱，满天会飞。

民国32年也不旱，也没来洪水，下了七天七夜雨，老天爷下的，也没存水，它不说光下，就是下下停停，停停下下，见见日又哗啦啦下一阵。屋漏，屋里搭个窝棚，上面搭个被，那就是得霍乱的时候，那时得的霍乱，下雨以前没有那病，一下雨，一潮湿就得开霍乱了，还没吃的，还老天下雨，就得霍乱了。时间不短下去的，天冷没有了。有两三个月那病。

日本人不上咱村，咱村东边修个炮楼，日本人在炮楼住，没上咱这来。县上有日本人，北馆陶，现在归山东，那会儿有日本人。人家吃的大白卷子，哪有得病、饿死的？人家吃得好。得这病治不好，地主家有钱治，咱这分文没有，治么？那时饿得无精打采，走不动，刮大风就刮走了。

十里店

采访时间： 2006年7月9日

采访地点： 馆陶县魏僧寨镇魏僧寨敬老院附近

采 访 人： 兰 坤 姜亚芹 李雪雪 张村清 杨兆乐

被采访人： 崔景春（男 79岁 属龙。原十里店人，现在魏僧寨上了三个月学）

民国32年下了七天雨。八月二十一开始，下到二十七（阴历）。人得霍乱都死。得一个，死一个。崔相臣的母亲头一个死的。下了雨，八月十四得的这个病。我亲叔伯哥八月十七得病死了。得这个病，清起来还打枣呢。吃了晚饭一难受，光脚蹬腿。俩人扎都没扎过来。我自己还得哩，就给我扎了5针就好了。我正拉着耧呢，肚子疼，有人背着我走，哕了人家一身。高云平，中医，老先生。一天死了俩。东方一亮，死了一个，快黑死了一个，八月十七死的。村里俩医生，还有一个姓顾的，顾善廷。我扎了5针，扎肚子上，就好了，就停住不疼了。扎上针一会儿就不疼了。以后再没犯。村里死了好几十口子。原来有四五百口人。我家都活着呢那一会儿。那会儿十几口子人。大爷、大娘、叔叔、婶子、我母亲，没有兄弟姐妹，就我自己。俺家再没人得了。

得病的时候也不走亲戚，不串门儿，不知道当时村里什么情况。九月里就过来那个劲儿了。那一个半月就。下雨的时候也死。

那一会儿人不行，民国32年大灾荒没吃的，没有点亮时，有点粮食不够他们要的，皇协军、土匪，八路军也要。不够三下要的。喝小井里的水。吃饭喝热水，喝凉水断不了。九月初一到的水。卫河的水来了，开了，开口子了，挡堤挡不住了，上了就把井给漫了。村后俩井，一个街上吃井水，旁的水咸，都吃着俩井里的水。上了水的时候吃河水。

病叫霍乱抽筋。人都说叫霍乱抽筋，就这灾荒年死得多。后来没有得这个病的。

日本（人）来我10岁了。民国32年我16（岁）了。民国26年来的。日本人从咱这过的，从尖庄往这里来。不打仗没来，不杀人。小孩拍呱，日本升旗。给饼干了。灾荒年他在馆陶，他过过，穿绿军装，呢子，老厚。戴帽子，绿的，前边有个罩。

见过日本飞机。日本人从这里过的时候，步行，走到街上南门外，跟着飞机，还通话了。

皇协军不打仗没事，要粮食吃。不敢不给。灾荒年，得病的时候也来，跟八路军打上了，打了好几回呢。

日本不抓人，不打仗没啥事。村东周庄西边有个炮楼。路桥有个炮楼。

村里没住过老缺。其他的人短不了，七八班子呢。

采访时间：2006年7月9日

采访地点：馆陶县魏僧寨镇十里店

采 访 人：刘京军　赵新燕等小组成员

被采访人：郭计臣（男　72岁　属猪　上过小学）

阴历八月，枣都熟了，来了一个霍乱，下了七天七夜大雨。我母亲就是得这个病死的。一天就死好几个，死的人生活孬，都没人埋了。连下七天七夜大雨，受到潮湿，得这个病。以前没感觉，一感觉，十二三个小时就死了。一得那个病，就上哕下泻，没见吐东西。那个病得了很快，老百姓都叫霍乱搐筋。没医生没扎针的。那个村庄在那个时期，每天死四五个。郭泽林家，一天死三四个。那会哩，河水来了，一个门冲出去，到地里都埋了。水有一米多深，看哪儿高埂，挖个坑埋了。就用席裹着都埋了。东庄不上西庄去，西庄不上东庄来。人都这么说叫霍乱。

朝西邱县，更厉害，一个村死得都不剩几个人。当时俺这个村庄有500来口人，死了有100来口人。得了病就不会顾应（活动），躺着不动了。那会儿谁还管得了谁呀，死了，都死了。上水的时候最厉害，下雨前没有，下雨时开始，阴历九月就没了。上的河水朝北走了。不记得吃特别的东西。新粮食刚下来，才吃了一顿饱饭，刚吃了没多久都死了。庄稼都旱死了。头先旱，后来淹，连点柴火都没有。下得房倒屋塌，一顿饭都吃不到肚子里。好桌子、好椅子，就砸砸，就做一顿饭吃，用席子搭一个小屋。

看见过日本飞机，就是三间房那么大，翅膀上看见红月亮。没见撒多少东西，不打仗不来。

日本人成天来，成天糟蹋人。有皇协军。在我这个地方，没见摔死的，西边抗日区，大人走了，见了小孩就摔死，大人都刺死。没见有留过东西。（日本人）逮，经常逮，到他国干活，都死了。老缺、土匪，一到晚上土匪，白天皇协军，日本人把土匪收编。日本人戴着个铁帽子，说话嘟噜嘟噜的。

采访时间：2006 年 7 月 8 日

采访地点：馆陶县魏僧寨镇十里店

采 访 人：刘京军　赵新燕等小组成员

被采访人：郭计芳（女　71 岁　属鼠）

又下雨又涨河水，起清起来下，露点阳阳，一会儿又下，天西还露，下了七天七夜。八月二十二日开始下的（从歌中得知，共产党教的）。下了七天七夜，还涨河水，房倒屋塌，十家、八家、九家都塌，上面露，人死了老些。

以后老些得抽筋死的。儿都埋爹埋娘，饿得抽筋，俺奶奶、姥娘、姥爷都抽筋抽死了。

爷爷、哥哥、母亲、父亲过了病逃走的。闹洪水麦子没长好，第二年还逃荒。

西边一家一家地死。受潮湿饿的病，一天多两天就死了。尽抽筋，井也流进水，上哪儿摸先生？

发病症状俺没敢看，出来时，用布蒙着，上哪儿摸棺材？卷一领席，带着被子都埋了。埋在烂泥里，掘一锨是水，捞一锨是泥。哪儿还顾得哭啊，还有劲哭啊？

这病怕染，埋也没人埋，绑个绳就埋了。没听说有治好的，知道叫抽筋。当时村子郭家七八口人得病，亲叔伯大爷才去帮忙。

一晴天，不多潮湿了，就轻了。下雨时，井都淹了，井水混着雨水。不知道是否与水有关。

得病前后，串亲戚的不多，有人来说姥娘死了，蹚老深水，没办法去，姥娘出殡，除了娘以外，俺父亲没去。

日本人南下，从这里过。不高不矮，戴着铁帽子。日本人来，给小孩糖，要在村里吃饭。敢吃，不打小孩。打大人，抓走，引路，找到接班的，让回来。皇协军见啥抢啥。

发大水期间，日本人没来。

民国33年，麦子也没长好，逃荒。用棉花籽派一个饼，就吃。啥也敢烧，一顿赶一顿。

史 庄

采访时间：2006 年 7 月 9 日

采访地点：馆陶县魏僧寨镇史庄

采 访 人：唐寅等小组成员

被采访人：申同箱（男　81 岁　属虎）

日本鬼子进中国，讲究“三光”，烧光杀光抢光，日本（人）一来，在尖庄死了 500 多口子，在这边都是烧杀，三月十五大扫荡，在这儿死了 150 多个战士，三面进攻，打死了 100 多个。（指着一个小孩）他老爷爷就是让日本人杀的，一打仗就杀。日本进中国以后才有的皇协军，皇协军来要粮要钱，要东西，在这儿净炮楼。

民国 32 年，那时候日本鬼子就待这儿来，实际上那一年收得也不少，白天日本人、皇协军就来抢东西，晚上八路军也来，人家八路军不抢，来到这儿净给你说好的，给你扫院子挑水。日本人不中。他两面要，把人都要苦了。那一说：“民国三十二年，灾荒真可怜，接接连连下了七八天。”气候不正常吃得又孬，人受不了。光俺这个村里死了 90 多口子，病死的，肚子里也没东西，一起还有人埋，以后就没了，一会儿就完，他这个病就是霍乱转筋，上吐下泻，扎针就扎手肘上面，憋净黑血，一放出来黑血就好了。以前没发生过这事儿，就下雨以后，人吃不饱喝不暖的，没力气。家里人少，没发生这个病。反正光知道咱村里死了 90 多口子，一遭水把村里都围起来了，净下雨下的。以前也有，少，那年最狠，以后都没了，以后那个生活也好了。那年说也有河水，卫河起西北上，一下来直接灌俺这个卫河，河水没过来。

下雨以后（日本）才进来咱村。郭卫湖抓到日本当劳工，他一解放回来，日本一败，把人都放回来了。

日本飞机在天上飞着，就在河东那儿，一树顶子高，飞机飞过去轰隆轰隆的，有机枪给你一梭子，炸弹他也扔。没八路军，他也不打那个。日本进中国，见了你穿得好年轻就挑你，一看你不顺眼，就以为你是八路军，就挑你。日本起尖庄到丁圈，他得给你找个带路的，他出村就给你挑那儿了，寻思他是八路军咧，谁敢救他，吓死人了。他们都有翻译官，吃的净圆井，日本一来也吃咱井水，吃粮食都是自己带的，他吃水都是拿药镇一下子，不敢吃咱这个水，他不吃咱的饭，吃鸡，我那小时，日本人一来他打鸡打得准，在房顶上一家伙他就给你打下来，他光吃鸡。他直接把药放井里，不放井里他不敢吃。

孙雷寨

采访时间： 2006年7月9日

采访地点： 馆陶县魏僧寨镇魏僧寨敬老院

采 访 人： 兰　坤　姜亚芹　李雪雪　张村清　杨兆乐

被采访人： 郝耀东（男　78岁　属蛇　原住在魏僧寨镇孙雷寨村，现在魏僧寨敬老院）

我在卫东寨东北角农村，孙雷寨村。没有改过名字。上过小学，上过两天。

民国32年，灾荒年挨饿。最严重的（数）1943年。有小日本、皇协军、八路，多少也有土匪，也不太多。连年歉收。春天旱得不轻，庄稼都能点着喽。后来下了一场大雨，也收了。主要是谷子。谷子难死，生一个根儿就行。

谷子晒米的时候，阴历七月开始下雨。六月底七月里吧。雨下得大，人死得不少，人正饿呢。这个人，一下雨，得病，叫霍乱抽筋。说死就死。这里死得少。往西30里路都死光了，没人埋。连阴天，下了三五天，下得不小。病就来了。下雨以后病就来了。人饿得不抗病。那会儿（村里）有五六百人。村里得病的多得很。死了也得 200 人。也不算多了。到西边都死光了。得病的还要多，有治好的，有土医生，给扎针。扎肚子上吧腿上哩。

我家有 20 口子人。也有的这个病的。俩妹妹得这个病，死了。医生很少，俺村会扎针的就一个。拉稀，上边吐，有的是吃的那种，跟肚子里的东西坏了一样，泛白。也不是大便。有说是瘟疫，也有说是伤寒的。抽筋。两个妹妹下雨以后得病，都是下雨以后。没几天就来了。也吃不好东西，潮湿。村里人已经有其他人得这个病。不串门，就传染了。人家说吧（这个病传染）。

吃得不好，糠菜。喝井里的水，砖井。下雨之后也喝井水。井比地稍高一点儿，没有盖子，雨水随便往里落。下雨的时候都满了。院子里有半拃深，都流到街上去了。庄稼地有水。高的没来。井里的水来上来了。以前提上来，后来用扁担就弄上来了。渗出来的，烧开了喝，也有喝凉水的。身上抵抗力不行的，也瘦弱。条件好的喝开水，条件弱的喝凉水。

自己家里人怎么也得埋，不得味儿喽呀？埋地里，那水不是老深。小孩（连个妹妹）一点儿，没 10 岁，没有棺材。吃饭都没钱买。多数都没棺材。谁抬呀？都没劲儿了。两边家家死绝。

一看不行了都走了。下雨之前都走了。没吃的，没钱，没劲儿，走不出去了。有东西的、有好房的舍不得，坚持不走，后来走不出去了。

从得病到死去有三五天，很快。也没吃的。扎针很快就好了。一扎，出血就好了。扎两下，不是一下，扎了就好了。人灾就那一发，后来就没有了。

邱县辛店死的人多。我去过，1949 年去的。我拾柴火，听说，也有人逃荒回来的，少了。人比这儿的稀多了。人少，死的。一人合八亩地，干不过来。还有少量的荒地，现在不多。

姓郝的一家先得的，村儿靠南边，早点，记不那么准。后来慢慢就得了。他附近没井，没靠着河。不晚，稍微早一点儿，症状差不多。

村里能吃水的有两口。别的还多，不吃，苦井。在村的两头，东头、西头，东西一条街。

民国32年，（19）43年，我都15（岁）了。

日本人去过村，不经常去。出发干仗呗。不打仗没事儿，在村里就地坐下休息。打仗杀，不管男女。他点火。他有东西，要点这个村儿很快就烧光了。打仗的时候乱了。不打仗的时候也有点儿纪律。主要是烧杀。

皇协军是帮小日本的，也去村里，不是经常。要粮食，要钱。人穷，受得也少。

1937年遍地是土匪。民国32年土匪就少好了。小日本也打土匪，土匪碍着他的事儿。他不是为了抗日。他有枪不打他呀。土匪头儿老些（个），老些庄稼人。乱哄哄没人管。国民党跑了。有共产党，人少，力量小，打游击。

下雨得病的时候（小日本）也去，也得出发。他们也得要东西吃，也吃嘛。吃的也不要，水不要。不太远，就回去了。

开始给小孩东西。开始富，后来穷呀。不给大人，逗小孩玩。打仗就厉害了。得病的时候，日本（人）不管。外国人能管吗？一来，还跑哩，怕呀。说嘛也听不懂。穿黄衣服，戴帽子，前面有个罩。

（日本的飞机）没现在的飞机先进，些笨，飞得些慢。飞矮的时候有两房高，使机枪扫。打仗的时候扔炸弹。很矮的时候能看到那个红月亮。

靠县城的有炮楼，说不上来有几个。日本抓人，给领路。有抓走的，城边上挖沟。不尽在那，干不好也打两下。

八路经常跟他打。枪炮不行。打硬仗不行，抗不住他。国民党不打，往南走了。下雨得病的时候八路军也来，住在农村。

以前也有这个病，也少，少量的。第二年不大有了。这个病都是在热天里，夏秋两季。以后很少有得这个病的。

民国32年下雨的时候卫河没开口。从上游上下来的水，从太行山上。没发水。

吴 庄

采访时间： 2006 年 7 月 8 日

采访地点： 馆陶县魏僧寨镇吴庄

采 访 人： 唐寅等小组成员

被采访人： 李清秀（男　81 岁　属虎）

历史上一直叫吴庄，没改过名。魏僧镇没改过名。我上过小学，就在小学这边。在小学学过点东西。党员，1946 年入党。1945 年解放，日本投降，1946 年咱村的党员说就入了党。参加过八路军，没上过战场。13 岁参加，身体还很好。

民国 32 年，1943 年，没旁的病，都饿死的。那时候不叫霍乱抽筋。大约说，1943 年，这村死了七八十口人。饿死的，没病。这不是灾荒年嘛，家里没啥吃，买也没钱，病，就死了。上西去十来多里地，邱县死得比这儿多。有一个合段寨，这个村人死的人多。那时候我才十来多岁。1944 年那一片，地里也没人种庄稼，净抢。我拾柴火，烧呀，合段寨没人，荒了。跟俺们差不多，400 来口人，俺在那过的时候，就剩四五十口人。村不像村了。净剩草了。死的死了，逃的逃了。那会儿俺住这儿路边听说的。死了一部分逃了一部分。我一直住这个村。我奶奶就是那一年死的。弟兄 3 个，姊妹 5 个，一个姐姐，一个妹妹。奶奶跟俺住一个。就是那一年死的，年纪也大点了。1943 年，只要有病就死了。

那时候小，也不记事，不知道什么病。病就死了，村里也没医生，没听说给看病扎针，也治不起。得了病好也说不准，又拉肚子的，就是上吐下泻，拉几天就死了。那会儿第一个是我小；第二个那时候农村跟现在不一样。没钱，有医生也没钱照顾。东边死的人少。卫河两岸得病的不多，西边多。邱县那死的人多。到俺这个，每个人都合 10 亩地。解放后，1950 年，两边梁庄一个人管 15 亩地。4 口人，60 多亩地，还种

（棉）花。

猛一说，还记不清了。（哪一家先得的病？）不像这个时候，那个时候没有什么条件，病了十天八天就死了。症状都一样，拉肚子。主要是饿，没啥吃。就在家里，得病的人都没走。没得病的，上外逃了老些个。逃走了的有一百多（人）。大部分都上了东南了。有上河南的，有上山东的。病从过了麦开始。

六七月这边。从这开始就往外逃。旱天，老天爷下雨就收点，不下就不收。到第二年就比较好了，冬天里大部分人都在外边。我也在外边过了一年。第二年就收点了。死的人都有人埋，自己家里人。那会儿，日本鬼子还给搅乱。日本（人）不是在这边嘛，小孩倒没记得得没得。1943年我17（岁）了，活也不能干。身上饿得一点劲都没有。喝水都是井水，三口井。井都在村以内。大部分喝开水。大病的时候大部分喝开水。得病前后没感觉水有变化。平常一般吃高粱棒子，吃糠咽菜的。不吃生东西。

得病之前没下雨，光旱。春天旱，过了春还是旱。旱的时候得病的不多。

蚂蚱多，蚂蚱都是趴在庄稼上。吃光了，跟糖葫芦一样。

下大雨的时候我就逃走了。有一个歌，歌记不清了，连阴七八天，八九月那会儿吧。病在下雨之前，下雨之后逃出去了。听说谁的房也塌了，谁的房也倒了，弟兄两个出去，其他人都没走。

1963年南馆陶西边开的口子。都淹了。发水的时候就不住这里了。

俺这地方没有炮楼。东文寨村东有。十里店有一个。最近的俩炮楼日本（人）经常来。得病的时候就不来了。阴历六月走的。来回吊门子一样那样的，还给村里要给养呢，经常见飞机，飞得高。那会儿净日本人的飞机，日本的飞机来回搅乱，没见过往下撒过东西。不给小孩东西吃。没留什么东西。日本（人）来的时候穿绿色的，帽子也是绿色的。有一次是铁帽子。好比说有仨人，也得有俩是皇协军。大约说，日本一进中国，我那会儿十一二（岁）。城墙都毁坏了。日本（人）一来，他再重修。我那时候净修城墙，县上有四五十口人。皇协军有千八百（人）。日本杀倒没杀过人，跟你要东西。抓走，给了东西给放了。皇协军抓的，日本（人）不抓。他啥也不要，上村里抓鸡，鸡子。农民都有喂牛的。他要是住在这儿，他敢杀了牛。皇协军干的。

1942 年，临西县的胡庄扫荡在胡庄住了三天，打第四天头上住在俺这个村上来了。国民党的军队没来。共产党打游击的，今儿个来了，明儿个走了。八路军成天跟日本（人）斗。咱这边有个铁路二中队的，听说哪边有日本（人）就到哪边斗去。八路军有 100 来口人。日本鬼子头进中国的时候，这儿光土匪。那个时候也有。土匪头叫王来贤，也抢东西，八路军打。土匪不是一个头。除了王来贤，王进甲（音），王先恒（音），都是姓王的这俩人。还有邱县的张西岭（音），有十来多班，来村里跟你要东西。

以后再没有，直到 1961 年，死的人倒不多，伤寒病。不知道 1943 年的霍乱抽筋，那会儿我就出去了。

采访时间： 2006 年 7 月 8 日

采访地点： 馆陶县魏僧寨镇吴庄

采 访 人： 唐寅等小组成员

被采访人： 吴东菊（男　71 岁　属鼠）

那一年天旱，到八月里又下。哗哗地下，饿得抽筋，没啥吃，抽成一个蛋蛋，抽完这一阵就过去。一阵阵的，抽几天就死了。乱抽筋有治的，没治的就死。村里没医生，俺没治，治不起，有治好的。给药，中药，也扎，能治好喽。

俺父亲是八月初一死的，俺父亲那会儿蹚着水埋的。40 来岁，俺仨姐姐，数我最小。病的时候就光抽，抽了好几天呢。俺住的那一湾没有得病的，就俺父亲。当时家里穷。治不起。得病得了两天，上吐下泻。他不吐东西，泻。我才 9 岁，要不是俺爹，俺也不知道。那时候都知道这个病。那个时候霍乱抽筋可厉害。不知道谁家先得的，反正俺爹得的早。

地里没水，街上有水，净水。七八天，哩哩啦啦七八天。民国32年，灾难真可怜，提起来。

逃荒走，俺9岁了。那时候病都完了。九月里逃河南，范县，那个地方没有。人家那里好年景，有饭吃。俺父亲以前没得的，死的时候正厉害着哩。跑茅子，上吐下泻。光下的连阴天，还没饭吃。俺地里种甜瓜。雨淌到瓜地里去了。不叫俺吃，他在地里住。他吃得多。他在屋里连吃瓜带淋。他得的这个病。他跟俺弟弟蹚到地里，不叫俺吃，他多吃点。灾荒年，谁也顾不上谁。

直接喝凉水，没柴火，房倒屋塌哩，喝凉水。日本人都在这里。一进村俺们跑，不带干的，带着芝麻，饿得就哭。日本（人）一走，俺就回来。俺父亲瘸点，没出去。他挑水去，这里井都干了。

下的雨进井了，地面跟水都平了。就喝那个。八月里高粱还没熟呢。吃糠咽菜哩。那谷子都沤了。记不清有河水过来了。没下雨之前没得病的。枣树倒些个干巴枣。拾喽煮煮吃。离这一里地有医生。

日本人下着雨都不来。日本人戴铁帽子。日本人抓鸡，鸡蛋，祸害完了就走了，皇协军把好东西拿走。被子都拿走，能看见飞机，那时候小。一来就跑一来就跑，光知道跑。（日本人）没杀人，俺村里没有。那时候还小，不记得抓没抓人。

西　厂

采访时间： 2006年7月9日

采访地点： 馆陶县魏僧寨镇西厂

采 访 人： 刘京军　赵新燕等小组成员

被采访人： 李朝臣（男　74岁　属鸡）

民国32年，差不多都饿死了，秋天，挨饿，就那阴历七八月里。那我十来岁了。不下雨，先旱，旱一家伙，再下雨，连阴天，下了七天七夜，俺家没这病，俺父亲后来饿死的。那会儿有七八百口人，死得不少，搐筋的倒没大些。饿死的多。阴天下雨也死人。邱县那边死得多。

说不清雨多大，房漏得了不得，都是土房子。吃糠吃菜，吃棉花种，用磨拐拐，拐烂，蒸蒸吃。井有，用桶放下去，挑家走。雨水也进去。

逃荒，上黄河南，我去了，离运城不远，上冠县，上莘县，下雨后去的，到冬天才去的。跟人家要饭，在人家门底下，一吃饭，他给你，不吃饭，把门插上。日本人也来，放火，不干正儿八经的事。收点，要点，要得没法了，一家伙给你弄个底朝天，一点也不剩。要粮食、衣裳，和老缺差不多，日本人也要粮食吃。不知道日本头头叫啥。

有老缺，有土匪，土匪就黑下诈你的户，把人架走了，要东西，不给就饿死了。

八路军净偷偷摸摸地到村里来。

采访时间： 2006年7月9日

采访地点： 馆陶县魏僧寨镇西厂

采 访 人： 刘京军　赵新燕等小组成员

被采访人： 王金全（男　70岁　属牛）

那年下了七天七夜雨，没烧的没吃的。住的净土房，生活也不济，有做劳工的。俺这个村得的很多，又蹦又跳的，一得这个病，又伸腿又抽筋，一得病，一会儿就撂那儿了。

俺母亲得这个病，俺一个姥爷会扎，扎过来了。家里有五六口人。浑身扎得都是，得病赶紧抢救。有一个礼拜才好，知道叫霍乱搐筋，很普遍。不知道传染，下雨下的。

外村有，马头的，有得的。这个村得的不少，弄不清谁先得病，上边吐，下边泻。尸体都埋了，土埋，都使棺材，有的买得起，有的买不起哩。连阴，水不是很大。具体什么时候结束弄不清，死多少人弄不清。不知道吃什么东西。

春天旱，前边旱，后边涝。不是太大。砖井，没盖，下雨就下进去。

日本人来过，伪军领着，没给什么东西吃。日本人、汉奸都不抢，差点把村烧了。有八路，打了一仗，黎明走了。八路打死一个伪军队长，报复。南边也有伪军队长，跟咱这有亲家，劝着没烧。

小 屯

采访时间：2006年7月12日

采访地点：馆陶县魏僧寨镇小屯

采 访 人：刘京军 赵新燕等小组成员

被采访人：杨振林（男 78岁 属羊）

历史上一直叫小屯，属善屯乡，现在不到400口人，那会300口人也没有，也就二百八九十口人。念过私塾。

旱，麦子没收成了。临清有个小市，卖衣裳的。欻街，吃东西的，看见你吃东西的，就给你欻过去。卖了钱，都不敢在那儿吃。我去过，跟俺母亲去的，卖衣裳，不值钱，用日本票。吃点饼，树叶、榆树叶都勒着吃。旱的时间不短，是那一年，民国32年。

一直待这屋里，70多年了，七天七夜，屋子都漏遍。那时这边不能住，搬到前面去住。麦后，麦子收了，反正不行啊。秋前，雨下得反正不小，七天七夜，下的时候长，没记得很大。那时候发水，西边有西温、赵村发水。刘家口开口子，在前，民国32年以前，1937年，刘口开口子，那不是日本（人）进中国吗？

（日本人）1937年就过来了，冬天，那时候我9岁。该不跑啊，哪儿都有，外边也有，家里也有，不祸害小（孩），还给小孩饼干哩，没毒。进来那会儿也没什么反感，后来不行了。小媳妇，大闺女，该不害怕啊。来“扫荡”那会儿厉害，讨共产党，讨共。“扫荡”回来，马匹到临清，净黑下，听见马嘶叫。日本人少，皇协军多，他也是雇的，要不都是挨饿嘛，咱村也有几个，都死了。老百姓该不仇恨啊？也是没办法，又挨饿。

日本进来那会儿，该没土匪啊，这儿有栾小尢，在大庙里住，有日本鬼子，投日本鬼子了。来这里牵牛架户，不杀人，抢东西，把人架走，跟你要钱，都带着钱，牛都叫他牵走了，牵了9个大牛哩。瓜厂从前出瓜，俺家的牛都叫他牵走了，大牛，那会儿几百块钱哩，日本票，就看着他牵走了。不要粮食，架人，要钱，给他，就送回来。拣乘（赚）钱的，绑一个小孩，叫你拿钱，再赎回来。砸锅卖铁，也得赎回来。

皇协军回来，敛粮食，要东西啊，一个区为单位，那时候日本鬼子区。八路军那会儿净黑下来，通风送信来，也催公粮。总之两个方面，明的给，暗的也给。

当八路的不少，这边有个联络点，姓赵的那家是个联络点，接头的地方。这里有个在临清当公安局局长。这里还有地下室，挖地窨子。

那会儿喜欢八路，回回见。穿灰衣服，带枪，戴着帽子，过来过，晚上在这里，晚上来了不住这。看什么消息就转过去。

当土匪的，都叫八路给揍死了。到后来“皇协扒皮”，解放投降，当八路去，当兵去。

国民党那会儿不下乡，么也催，么也要。在城里，传票传过去，一个村有村长，看着能干，就当。皇协军当村长，都得听，白天听日本（人）的，黑下听八路的。选的，看着行。帮着日本鬼子，吃点喝点。定不哪会儿就要，回回要，一年不道要多少回，叫他们要，要苦啦。那会儿皇协吃咱老百姓唉，可把老百姓吃苦了。

那时候这边种棉花的多，大多数种棉花，卖给日本人，各村有经济，有奸商。

粮食少了，卖了花再买哎。灾荒，粮食贵。吃糠吃菜，有啥那会儿。

西边儿里地净八路军，日本人有过去“扫荡”的。皇协军领着去，这边还有好几个皇协的区里。八路没个准地方，今儿在这儿，明儿在那儿。在吕寨那边有个蒋长园，“铁壁合围”，在这里牺牲了，兄弟当区长。

地主有的还好，不能一概而论，大部分不孬不好。有的在村子里干好事，借车拉牛的，有的好的，也不一定净好的。地主不跟皇协军一伙，皇协军跟他要得多，地主给皇协军干活的不多。

肖　村

采访时间： 2006年7月9日

采访地点： 馆陶县魏僧寨镇肖村

采 访 人： 唐寅等小组成员

被采访人： 李公明（男　75岁　属猴）

日本来庄里抓人，交不上粮就抓走，不叫吃不叫喝，还揍。那会儿“民国32年，灾荒真可怜”，没吃没喝，还下雨，下了七天七夜，滴滴星星的，房倒屋塌，下不停，尽土房，人死抬不及。俺哥哥得了霍乱过来了，那时候哪来的医生和偏方，还扎针，小妹妹一生下来的时候给饿死了。还遭了蝗虫。

采访时间： 2006年7月9日

采访地点： 馆陶县魏僧寨镇肖村

采 访 人： 唐寅等小组成员

被采访人： 李全珍（女　74岁　属鸡）

民国32年，那年连下七天雨不停，一个劲地下，人又饥又饿，村里人都得霍乱，那时候村里叫李广德的，光抬人都抬不及，上哪找医生去，这个霍乱搐筋，要是给放血，放血还行，使三棱子针放血，光死的就有百十口，有600来人死得剩了500来人，发病的时候都搐筋。我家没有得病的。下那几天大雨，传染病就上来了，主要是下的雨，那时候黍子都黄了，能吃了。

采访时间：2006年7月9日
采访地点：馆陶县魏僧寨镇肖村
采 访 人：唐寅等小组成员
被采访人：王维志（男 78岁）

那时候得霍乱，搐筋，拉肚子。七八月份下雨的时候得的，八九月份逃荒了。井比地高半尺一尺的，下雨的水跟井沿平。

采访时间：2006年7月9日
采访地点：馆陶县魏僧寨镇周庄
采 访 人：兰 坤 姜亚芹 李雪雪 张村清 杨兆乐
被采访人：肖凤兰（女 79岁 属龙）

我民国32年在肖村。那会儿十五六岁。民国32年孬光景。汉奸白天要，八路军黑下要。粮食弄到鸡窝里、粪坑里都弄走，不叫吃。纺花卖钱。磨的糠，在锅里炒炒吃。春天旱，搁不住要，没法浇地。民国32年，灾荒真可怜。老天爷下了七八天。没啥吃，得霍乱，抽筋，跑茅子。没先生。谁顾谁呀那会儿？父子不顾，亲娘也不顾。走着路就死那里了，饿的。死得老些个人。都死了几十口，这一家都死了。有看好的，有看不好的。用门堆起来埋了，当棺材。阴天下雨不停。人没啥吃，得病。喝点水也没有。冷，谁还管呀？俺没事。民国32年，爷爷、奶奶、妈妈、爸爸、我，还有一个妹妹、一个弟弟。俺家没有，俺妹妹喝凉水吃西瓜，跑茅子，没看就好了。妹妹慢慢养养，半月二十天就好了。好的没有，孬的吃不下去。有啥吃啥。吃糠、干米、杨叶、椿叶、芝麻叶，啥都吃过。

下雨河水淹过，那时我十二三岁。民国32年没发大水，水没过来。那会儿喝井里的水。村里有三四个井。上井里打去。

抽筋有看好的，有看不好的。有吃草药的，有卖草药的。那病叫霍乱。人受了潮湿不得霍乱呀？有扎针的，就兴扎针。有好的，有不好的。谁也不顾谁。扎胳膊，扎胸膛。有扎好的。那会儿谁也不上谁家去。没劲儿了，没啥吃。房上漏房。不知道村里有多少人，才14（岁）。

各村里没先生。外村里也有得病的。死的人不少。也有得病的，也有饿死的。那会儿喝开水。病了也不能喝凉水。不病也能喝凉水。下雨那几天也有喝凉水，也有喝开水。吃瓜，西瓜，有甜瓜，小脆瓜。大人不叫吃瓜，得病的好了叫吃。

民国32年前边儿、后边儿都没有这个病。

民国32年我逃荒了，黄河南，范县，北口。上那里逃荒去了。（过了民国32年）正月里走的。没啥吃的，逃荒。

老毛子把书烧了，插个小旗红月亮在当街。日本人进门不低头，碰到横梁上。不打小孩。他好吃鸡，宰了个鸡，烧了就吃，也不择毛。日本人傻瓜。没逮过人。咱给他糖果吃，对他好点儿，迎接他。我不打你，你也不打我。

也有飞机。有老缺。日本人穿黄衣裳，帽子也是黄的，铁帽子。皇协军抢东西。日本鬼子跟着他们扫荡，他们在前面开路。

这庄儿西边有炮楼，于林有一个，东北有一个，都有炮楼。日本人在馆陶，皇协军在炮楼里。我见过打炮楼。他不缴枪，（八路军把他围困在炮楼里）饿他，露头就打他。皇协军的兵、日本的兵都死在济南了。

没上俺家去，俺家穷。"开门！开门！"当官的一吹哨就走了。把小孩抱走了，给钱才放人。比日本人还孬。老缺头儿的名儿，咱不记得。

阎 寨

采访时间：2006 年 7 月 8 日

采访地点：馆陶县魏僧寨镇阎寨

采 访 人：兰　坤　姜亚芹　李雪雪　张村清　杨兆乐

被采访人：刘佰峰（男　72 岁　属猪）

我算小学毕业呗，斗大的字认两个，不是党员，打小在村住着。一直叫这个名，在“文革”的时候叫卫东寨。

民国 32 年，大部分都记得。等到南北日头似落不落的时候就没人了。不在家里睡，往坟里睡，往里面藏，怕日本人来呀。见牛吃牛，见鸡吃鸡。把桌椅板凳搬出来就烧。

下大雨下了七天七夜。各家都漏，房子都不能住了。谷子刚熟的时候开始下。民国 32 年，村里死了（多少人）不清楚，死了三分之一吧。没发大水之前有 700 来口人。主要是饿死的。皇协军抢，日本人也抢。日本人挨家挑，没东西把人抓走。谁敢哼哼呀。

其他的都逃荒了。大雨下了之后，耩上麦子了，逃荒了。过了黄河了。都是壮年。有霍乱，有会扎针的。一针就好，一扎就完。扎腿一放血就好。上唠下泻。抽筋。我家那会儿有七八口人。爷爷、奶奶都活着咧。就剩我、俺爹、俺娘，剩下的都逃荒去了，兄弟饿死的。爷爷奶奶都饿死的。听说村上的人都得病，都埋了。没医生。村里有会扎针的，刘廷赵。他告诉俺们，这病叫霍乱。只要是这种病，一扎就好。哪里么医院，谁敢去呀。进北馆陶，穿紫衣裳，往袋子里一装，扔河里。紫黄衣裳就是汉奸。

扎一针，把血放了，两三个钟头就能走了。放不多点血。当时喝井水。后街仨，前街仨，一共六个井。一进村，路北有一个，再上西，路南里有一个。尽西头有一个。一进村，偏东南有一个。吴家尽西头，西南角有一个。村南挨马路，正南有一个井。那时候不挨村。现在都堵了，没有一个了。以前喝井水，跟地平。民国 32 年水进去了，那也得喝那里边的水。哪个还管干净不干净啦，就喝凉水。没条件。

老毛子一看进村了，二十九军团长住我院里，小老头，一脸麻坑。日本人怕他，他跟日本的装备是一样的。装日本人，实际不是日本人。一身老灰色。发大水的时候，二十九军走了。日本人还有。在炮楼住。周庄有一个，路桥有一个。不一定有一个没一个老毛子。里面有都是中国人，汉奸。汉奸比日本人都坏。日本人骑着马，中国人走，当走狗的兵都有给他开路。碰着谁就抓谁。把人弄到馆陶。一处炮楼不到 100 口。来了抢砸，见粮食就拿，好衣裳也拿走，牲口也牵走。日本人不打小孩，拿甜罐头还给咧。倒不多孬，那家伙懂人性，都是逼近地，一败了就六亲不认，见男女就挑，男女都杀。拿刺刀，见男挑男，见女挑女，见小孩挑小孩，不管大小。一年打多少回了，没天数。（从不杀人到杀人）大概有一年的时候。民国 33 年。发洪水以后就不来了。

村里人得霍乱病是发水之后，没多长时间就得那个病。邻村这边儿村都得那个病。都不轻。河开了，大堤决口了。从北边开的。河在咱们南边。

都是人得，牲口不得。牲口得不得病的谁管它。当时没粮食吃，拾野菜吃，得病以前也吃这个。发大水的时候也没得吃。

水退了没有得病的。扎针不要钱，白给扎，银针。治好的挺多的。接不济。这边没接的，那边就死了。来不及。那个得的邪快，一两晌就完。没看过发病的，听说的，别的村没有会扎针的，那死得更多。再往西去还多。到西 20 多里地，才口（地名）有一段时间死得特别多，老的死了，小孩死了，壮年得这个病也没好。没多长时间这个病就好了。没水以后慢慢就好了。冬天时候，没到冬天，就没这个病了。一个来月水退了，九月里水靠下去的。从七月里下的。过了一个多月水没有了。耩完麦子，水就靠下去了。

水下了以后，去黄河那边去了。有住一年的，逃荒逃一年。第二年，麦子、高粱收了（七八月），他们就回来了。有男的回来，耩上就走了。

土匪多了。都是咱庄上的人，不抢人，抢好户。逼迫的当土匪。土匪头多了，各村都有。土匪都在家住，出村抢的。他们黑了以后抢。谁知道呀。

土匪跟皇协军，日本人都有勾连。土匪遍地，发水的时候也有。那个断不了。没吃的喝的就抢去呀。倒日本（人）一撵走就好了。日本在这住的时候，炮楼着了。一跑就自个儿点着了。

八路军在这住着，喝红高粱糊。得病的时候他们不在，国民党也不在，没人管，自个管自个儿。

得病的也走亲戚，那也来回走。那时候谁管谁？谁也不管谁。没有头儿，没法儿管。以后没有这么大范围得这个病的。

采访时间：2006 年 7 月 8 日

采访地点：馆陶县魏僧寨镇阎寨

采 访 人：兰 坤 姜亚芹 李雪雪 张村清 杨兆乐

被采访人：刘崔氏（女 83 岁）

那时候已经住这儿了。民国 32 年九月初上河水，死了老些人。家里死了两口人，死了爷爷和兄弟媳妇。那年头先没雨，后来淹了。麦子没收。家中有爷爷、奶奶、孩子的爷爷奶奶、弟兄仨，我排行老大。

头先没雨，后来七月下雨，十拉月冻得水冰茬子。

下了七八天，八月十二开始下雨，上河水了。一下，露房，没吃的，没喝的。在院子里刮水吃。下雨在院子里舀点水，就喝。水把井满住了。光下雨了，没干柴火了。人人得霍乱，扎针的就活了。有大夫，有扎好的，扎过的就活了，扎不过的就死了。没药，光扎针。老五爷（姓刘）会扎，记不清了，死了好几十年了。老了不记得了。吃得好了，喝得好了，把孬的都又忘了。俺爷爷先死的，闹不清中间差几天，兄弟媳妇就死了。

人人得霍乱，下雨，七八天不停。人得了霍乱，唠，抽筋。难受，肚子疼。爷爷、兄弟媳妇死了埋家了。地里有水，院里没水，没水了再埋。能埋的时候埋，水净水，冲的冲走。大夫说这病叫霍乱。不知道咋得的。吃糠吃菜。地里没收哩，麦子使水耗的，没落雨，到七月里才下雨。我没得过霍乱，传染。也没法。不记得死多少了，都得这个病。走不动了，死半路里了。逃荒，向南方逃荒。河水开口从南方过来的，往北流。

日本人不知道什么时候来的，皇协军抓人。日本人不杀人，抓人。有钱就放。抓人抓到炮楼上去。

当时有八路军。不记得村里有几口井。不上河水喝井水。东头有井，西头有井，当中也有井。没改过名，就叫阎寨。

采访时间： 2006年7月8日

采访地点： 馆陶县魏僧寨镇阎寨

采 访 人： 兰 坤 姜亚芹 李雪雪 张村清 杨兆乐

被采访人： 刘孟格（男 82岁 属牛）

民国32年，大灾荒，地里不收。收点儿皇协军也要，八路军也要。皇协军抢，八路军不抢。这么大的小孩都丢了，不要了。顾不住小孩。都饿死了。臭蒿子长一人多深，长不了庄稼。

天也不好，光阴天下雨，庄稼收不好。民国32年（阴历）六月份开始下雨。初几十几那时候吧。那时候20来岁。下了七天七夜，阴天，一潮地，没法吃，生病死了好多人。抽筋，说死就死，一会儿就死。上吐下泻，身上发黑。不觉不知地，一个钟头就死了。上吐，么都吐出来了。那时候吃树叶，树叶都没了。上河水，河里一发水就开。公家修理水库水就小了。在西南角，离这儿有二三百里。发水后修的，现在还修着咧，见年（整年）建设。以前喝山沟里的水，一年四季哗哗地，吃沟里的水。

那时候喝井水，好几眼井呢。俺后边两眼，前边两眼。现在没了。全村有4眼井。记不起来在哪里了。人吃牲口也吃。俺就在前边打水。老宅子那边。

下雨以后也喝。下雨水不脏呀？脏了也喝。一人深，得过且过。街上、院里一样，进屋里来了。房都倒了。庄稼都淹了。井里也老深的水，井都漫了。还是吃井里的水。平常喝热水。要不生病呀？没柴火了。

村里生病的多。下雨那几天得的病。人受潮湿，生活再不好，不生病呀？村里没医生，自管自。那病叫搐筋。也没有药，都草药呀。死的人多。也有轻的，自个儿就好了，年轻，体力壮。年轻的也死了老些人。百分之三十的有病。俺这村儿里死了四五十人口。那时700多口人。也有过来的。有医生，好几十里路。下雨谁出门呀。不出门。村里没医生。那时候有扎针的，有扎不过来的，有扎好的。扎针都有穴道，知道扎哪儿。扎身上。村上有扎针的（人太多，扎不过来）。疼得了不得。扎过来的也不少。百分之十的吧能好。扎针不是胡乱扎的，扎完没什么反应，过一天就好了。都经过的事，我都知道。扎针的叫刘廷赵。村里就这一个会扎针的。

当时俺家里有爷爷、奶奶、父亲、母亲，我姐妹仨，我是老大，有弟弟、妹妹。家里没有得这个病的。搐筋快得很。小孩的奶奶就是得这个病死的。她那时候，半天时候还没事呢，说不得劲。身上变形了，身上发黑，来不及治病。俺父亲背来的先生，一看，说不行了。上吐下泻。吐出来的东西邪味儿。俺村死了好几个呢，那时候有二十五六（岁），那弯儿吧。两个钟头就不行了。不知道怎么得的。家里有啥吃啥。发大水以后得这个病。那时候是热天里，穿单衣裳。庄稼地里高粱都歪了。高粱长十个叶的时候（七八月）。谷子都生芽了。死了埋地里，地里还有水，高地方没水。当时死了就埋了。

以前没有得这个病的。没有其他的人过来得这个病的。不知道谁先得病的。一下子就多起来了。那种病传染，没法接近人。年轻力壮的，能抗住。体格弱的，抗不住。这个病一个多月吧。八月二十多天这个病就没了。民国32年前没得过，后也没得过。动物没有得的。

卫河淹的，离这18里地。水大得很。卫河跟漳河挨着呢。连阴天，咱这一下雨，漳河发水就淹了。下雨的时候冲垮了（卫河）。东堤、西堤一里多宽。水多得到大堤尖儿了。（堤）没有3米也差不多。上级叫俺们挡河坝去呀。老蒋叫我们去挡。河东开的少，一开就河西。河西开的哦，房一砌就倒了。

发大水的时候日本（人）还没来哩，也没有皇协军。那时候老蒋占着呢。皇协军跟日本一起儿来的。我那时候20多岁吧。

日本人来过俺村，住过一会儿。我记得三月十五，大扫荡，各村里一起儿动手。四十九军都20多岁，黄埔大学毕业。都是大学生，打仗。日本（人）不抢东西，也不打仗，他好好的。跟国民党一打仗跟八路军一打仗，就毁了，见人就挑。

日本人和皇协军一起儿来的。不打仗的时候他们往城市里走。皇协军抢东西，好东西都弄走。皇协军都是咱的人，都是日本人的走狗。他们住在十八里那个城，北馆陶。每回来都四五十个，六七十个，没准，想来就来了。

孩子奶奶死的时候二十五六（岁），我十七八（岁），她比我大8岁。河水还没发呢，光下雨那时候。七八月里河水就来了。孩子奶奶死的时候河水还没来。河水来的时候就没人得这个病了。

雨水不下了，河水又来了。

日本人来的时候不记得有多大了。进村里儿的时候，我还没20哩。日本人住在北馆陶，城墙都坏了。抓人给他修去。我那时十四五（岁），还没娶媳妇儿。父亲不敢去，怕人打，就叫我去。他们拉着小孩的手，待见小孩。没听说给小孩东西。我家小孩也这么这么小。见天去，跟日本熟识了。不给饭，自个儿带饭的。跟日本人熟识了，问日本人要烟。不叫烟，叫“da ma gao”。干到半晚夕，太君让俺们开路开路的，就叫俺们走了。打大人。看见愣的就揍他。不打勤的，不打懒的，光打没眼的。日本人也有小孩儿，不打小孩。日本人也掉泪。上级叫他们走，他们就得走。太君就是一个官，不知道他们的名儿。

日本有三十二十口在北馆陶。

给日本人修城墙的时候十四五（岁），老伴儿死的时候十八九（岁），十七八（岁）。

二十九军也住馆陶，营长说开枪就打起来了，死得多了，震得俺这窗户纸哗哗地响。国民党兵顶不住了，就退走了。

村里也有上级，派的（专修城墙）。发大水得病的时候谁管谁呀。下雨得病的时候日本人没来。

日本的飞机上边有个小红月儿，一边翅儿上一个，全红。日本的飞机飞得不高，不撒东西。往下打机关枪。打仗的时候见着老百姓也打。不打仗在这儿飞。

那个时候谁的拳头硬谁大哥。没穷没富。见人就抢。家里有百十斤粮食都算好户。

张　店

采访时间： 2006年7月8日

采访地点： 馆陶县魏僧寨镇张店

采 访 人： 刘京军　赵新燕等小组成员

被采访人： 张成海（男　76岁　属羊）

民国32年，肿腿，流黄水，那时不是淹就是旱，上河水把村淹了。堵堤挡不住，水大，开了一个大窟窿，从南馆陶来了，越开水越下朦胧雨。死的人不少，吃孬巴东西吃的，吃树叶子、糠、菜。

俺奶奶（先）、大娘（民国32年死）、父亲、母亲十几口人，没啥吃，饿。不拉肚子，腿上胖，流黄水，不是传染病，一样的病，知不道叫什么，有半年时间死亡，那会儿没医生，也没医院，都说水肿病。八九岁，种谷子、高粱，谷穗都有粒了，淹了。大多数都是这个病，没有医生。得病时没有逃的。

那会儿100多口人，死了有20多口子。没人埋了，有人的，用一个推牛车推倒地里，坑都不挖，饿的人都不股应了（动弹）。到河南逃荒的，有的在半路都死了。

亲戚都不走动了。开始旱，后来淹，下雨时，蹚着水，到井里掂，把井淹了。

一天天搁家躺着，饿着，吃树叶子。没蚂蚱，猪也淹死了。

先生说是霍乱抽筋。

日本人待了一夜就走了。到侯庄都打了。日本人打人，皇协军抢东西。日本人只抓鸡，烧着吃，村里的食物不吃，人家吃飞机运来的，飞机飞得很高。发大水以前飞机来过，没扔过东西。不给小孩东西吃。

皇协军日本人走的时候带走了20多口子，后来在侯庄打仗回来了，就一人没回来。解放后，张起孝回来，说在日本挖煤窑。

赵官寨

采访时间：2006年7月9日

采访地点：馆陶县魏僧寨镇南榆林

采 访 人：兰 坤 姜亚芹 李雪雪 张村清 杨兆乐

被采访人：韩夏氏（女 82岁 原赵官寨，现在南榆林）

（雨）下的天不少，记不清有多少天。有棒子的时候，长棒子了，绿豆角都熟了，棒子煮着吃了，开始下大雨。俺家没抽筋，不记得家里有几口人了。村里有抽筋的。谁看呀？都饿死了。没有先生。当时有十来岁。抽筋有死的，有不死的。

我没见过日本人，也没见过八路军。光记得挨饿，光想吃点。往地里掰嫩棒子吃。没柴禾，阴天下雨，下着天数不少。

没见过皇军，谁知道抢不抢东西呀！

家里没有得病的，记不清有几口人。那病也得死几个，都说搐筋，哪见过？后来没听说得过。都饿怕了，饿毁了。喝井里的水，打水井。

周　庄

采访时间： 2006年7月9日

采访地点： 馆陶县魏僧寨镇魏僧寨敬老院

采 访 人： 兰　坤　姜亚芹　李雪雪　张村清　杨兆乐

被采访人： 高建玉（女　85岁　原住在周庄，现在魏僧寨敬老院）

我娘家十里店，婆家周庄。21（岁）到周庄。民国32年在周庄。

民国32年挨饿，没啥吃。也收，收得不好。七月二十六下雨，下了七天。死了没地门儿埋。下雨没啥吃的。一家家的死。霍乱抽筋死。一家家死好多。

那会儿公公婆婆都那一年死的。跟公公一堆儿（一块）过。婆婆民国32年死，得霍乱抽筋，不记得她死的咋样。家里人说，我没见。老奶奶得霍乱抽筋，下大雨，没地埋，埋俺家了。地里不能挖坑了。婆婆埋坟地里了，那还没下雨，下雨以后死的。

灾荒那年老毛子没来。

采访时间： 2006年7月9日

采访地点： 馆陶县魏僧寨镇周庄

采 访 人： 兰　坤　姜亚芹　李雪雪　张村清　杨兆乐

被采访人： 徐岐山（男　88岁　属羊）

我一直住周庄，没改过名儿。没上过学。

（民国）32年光景些孬。皇协军抢，老缺抢。皇协军白天抢，八路军黑了要。老缺明要。八月二十二阴天，一下七八天。房子都塌了，房子孬。啥也没吃的，人都得病了。没柴火烧。喝凉水得病。抽筋，病就叫抽筋。人得了病，先生给治，顾不过来。一个村有俩人会治的。扎针有治轻的，有治好的。不知道扎哪里。俺家四口人，一个兄弟，一个妹妹，还有俺娘。俺家没有人得这个病。俺兄弟得病走了，就剩俺仨。

1000口人剩300口，有逃出去的，有得病死了的，死了有一半。抽筋，身上不动。好好的年轻的不得，凡是死的是老人，孩子死得多。下的雨不大，光连阴，也不小，房倒屋塌的，平地没水，水也不大。

卫河发水了，九月开口子了。净淹这边儿，河西开了。上河水了。下雨也没淹，河水淹的。民国32年淹的。下了雨以后，到九月里开的河口子。耩地的时候开的，不能耩了。净水了。也不是很大，淹了一些。

得病，没下雨没得病，下雨以后得的病。没发水的时候就得病了。没热水了，不喝凉水呀？喝井水。没柴火，喝凉水。

那会儿谁也不见谁。不知道谁先得的。下着雨，不见人，不走亲戚。下雨之前都逃荒了，河南哩。没人治也有人好的。病死了埋村外。俺前那家存着好几个死尸，来不及（埋）。有使门的，有不使门的。慢慢地（那病）就没了。耩麦子以后，十月份吧，就没了。

吃谷子，搓搓连皮吃。那会儿抢，皇协军抢。村儿有仨炮楼围着咱村儿。

老毛子不抢，皇协军抢。来也不打人。见过老毛子。来打仗。进村儿不咋孬。逮个鸡啦，到村儿里也不乱转悠。民国32年，下雨前后都来过。咱不知道干啥。穿黄衣服。日本人没看病。日本人自己带着吃的，喝咱的水。喝井水。一会儿就走了。逮住人叫人给他干活儿，从村里给他干这干那。他对小孩好。他拿了吃的给小孩吃，罐头啥的。待见小孩。得病的时候不知道来没来，反正那一年来。

皇协军坏，北方离这里十五里地的人，叫王来贤。他是皇协军的头儿。

八路军不敢露头，人少。当八路军受屈，不敢言语。皇协军挺逞，人多。国民党一开始坐村，后来走了。皇协军进楼了，多了，他也走了。不打仗，打不多。一来八路军就跑了。（八路军）不穿军装，穿便衣。俺村里认出来喽，外边儿认不出来。

日本飞机来过。飞机飞得矮。打赵官寨的时候，飞得矮。飞机尽大飞机，四个翅儿的。日本人跟着呢。皇协军紧跟着，不见日本人。

民国 32 年以前、以后都没得这个病的。

其他

采访时间：2006 年 10 月 4 日

采访地点：山东省聊城市冠县东古城镇北刘庄

采 访 人：薛鹤婵　姜卫东　崔海伟

被采访人：焦美容（女　73 岁　属狗）

我叫焦美容，今年 73 岁，属狗的，这个村子以前叫刘庄。娘家是南馆陶的，小时候家里有五六口人，一亩地也没有。有爷爷、奶奶、爹、娘、一个兄弟、姊妹俩，要饭，串村要，人家有地，俺家没有，俺爹拉小车，吃糠，吃菜。

见过日本鬼子，民国 32 年见过，春天见过，穿着绿衣裳，戴着铁锅，拿着枪，带着刺刀，有骑马的，见过飞机，不多，那时没有扔炸弹，没有在这里住过。

民国 32 年正月，逃荒去了黄河南，拉小车去的。逃到河南郓城、罗庄，待了八九个月，九月回来的。日本鬼子住在南馆陶。没有见过土匪，见过皇协军，日本鬼子在么庄一个，北馆陶一个，没有见过日本人杀人。日本人进了家，用枪托子撴着胸脯说：鸡蛋的干活。拉着人去干活，拉东西，给日本人拉机枪、炮弹。给日本人干活的人有的回来了，有的没有回来，不知道没有回来的多不多。

我八九岁的时候见到过八路军，一会儿去这村，一会儿去那村。他们给扫院子，给挑水，没有见过八路军跟日本鬼子打仗。日本人没有给东西吃。

民国32年灾荒年，谷子正抽穗的时候，那一年没有下过雨，谷子没有长粒，民国32年那年在娘家，正月出去逃荒，七月下了七天七夜的雨，房子都塌了。逃荒那会儿，用拉去的东西换人家一把胡萝卜吃。俺在河边住，水都堵着门。下完雨以后，出现霍乱抽筋，家里没有人得那病。不知道谁先得的。死了十几口子，用小船一会儿运一个，一会儿运一个。不知道村子里有多少人。没有听说有什么症状。村子里老嬷嬷用针扎扎手指甲缝里，出黑血是有病的。那时候听大人说霍乱抽筋。村子都吃井水。一块吃饭、喝水就传染。这种病传染。水都围着村子，出不去。病持续了一年，人死了就埋到地里，个人埋个人的地里。得病三四天就死了。不知道周围村子里有没有的病的。喝河水。河水浑得不得了。

日本人没有来过村子。没有见过穿白衣服的日本人，没有把人聚在一块。见到日本人打靶。趴在那打，打完了跑，跑了再打。

采访时间： 2006年7月

采访地点： 馆陶县魏僧寨镇

采 访 人： 邵贞先等小组成员

被采访人： 赵学典（男 80岁 属虎）

小时候十多口人，俺俩哥俩姐，爷爷奶奶，爸爸妈妈，还有我，别提生活，都快饿死了，一亩地打100斤还是好的，一般打八九十斤。家里30来亩，不够吃的，吃糠咽菜，吃花籽。当时吃黑饼，油星星的，吃了5天，不吃粮食，再吃就死了，人多地少，喝南瓜菜，糊上高粱面。村小有地主，100多亩地，600口人，现在千口子。土匪咋不多，南馆陶河东，张大麻子，张云庆，护村的，光打土匪，不打日本人，没子弹。张云庆是镇长，护村的头，打土匪的。北边十多里，那就是县大队。北边净是土匪，吴作修、王来贤，土匪头多着咧！当时咱这就是根据地。

日本人民国26年来，这里上河水的时候来的。一个村没几间房，好几人深，从南边来的，漳河河水涨，河堤挡不住，连人带牛都冲走了。

日本（人）一来，八路一来，土匪就少了。范司令在聊城收了十个大队，死在聊城了。死守聊城，聊城在他就在，土匪就没了。皇协军都是本地人，没啥吃，抢，当皇协军。日本人来了，村里就跑了。提着衣裳，提着粮食快走。家里有法的，给点钱就放人，日本人不架人。（日本）说你是八路，就挑死。逃荒逃到南园寺，身上净刺刀。5点来钟，吃了就向河湾里跑，那净坑，日本不往那里去，天明就回来。

灾荒年，民国31年，庄稼没收，都挨饿。种上麦子没下雨。麦子长那高，有穗，没籽，一亩地二三十斤。人都饿死了，下关外，黑龙江。妇女都去那了，那里有火车，那里能干活。村里有十多家子，上沿村多。

一家人都上火车了，爹没上去，丢了，叫俺把婶子丢了。咱没去，吃糠咽菜，吃树叶，吃树皮，榆树还是好的，有啥吃啥。换东西，把孩子给人。人不能过了就卖媳妇。

到后来就下雨了，一下下了四五天，还往前，不记得下了多久。

下雨又种了点粮食，村里有霍乱抽筋，差不多都那样，俺村先生多，四五个先生，给那个扎，给这个扎，死了俩人。生病的多，得病的四五十口子。光抽筋，一扎一放就好了。弄不准扎什么地方，没多长时间就好了。不扎就死，扎晚了就死。早忘了什么月份，都不记得了。当时，先生说是霍乱抽筋。喝开水。

这里没河。那年没淹，河水没流过来，闹病的时候没来，闹病的时候早。

八路军过来就没事了，打扫院子，给你挑水，吃了饭就走，八路军不少。区里有兵，村里就有。村里有特务，叫几分队，离馆陶近就不住村里。（八路）不是住村里，给你要，自己带小米烧了柴火还给钱，光喝稀饭，土布衣裳，还是村里织的，灰色的。日本人见了灰色了不得。怎么没打仗，日本人来了就打。

1943年馆陶县雨、洪水、霍乱调查结果

馆陶县乡镇总数：8个；调查乡镇总数：8个

村庄总数：278个；调查村庄总数：102个

乡　镇	雨				洪水				霍乱				采访村庄总数
	有	无	未提及	记不清	有	无	未提及	记不清	有	无	未提及	记不清	
柴堡乡	18	0	1	1	13	5	0	2	20	0	0	0	20
房寨镇	6	0	0	0	2	4	0	0	6	0	0	0	6
馆陶镇	10	0	1	0	9	0	2	0	10	1	0	0	11
路桥乡	16	0	0	0	12	2	0	2	15	1	0	0	16
南徐村乡	8	1	0	0	2	5	2	0	7	1	0	1	9
寿山寺乡	6	2	0	0	2	5	0	1	8	0	0	0	8
王桥乡	6	1	3	1	4	2	5	0	9	1	1	0	11
魏僧寨镇	20	1	0	0	5	11	5	0	18	2	1	0	21
合　计	90	5	5	2	49	34	14	5	93	6	2	1	102

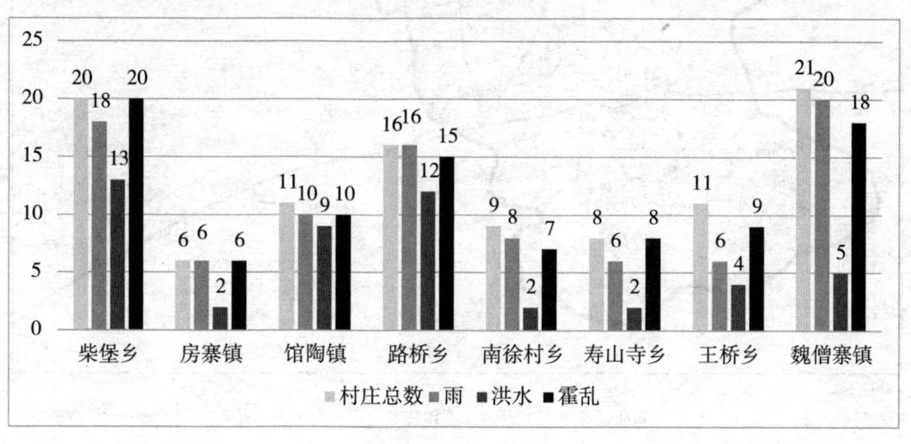

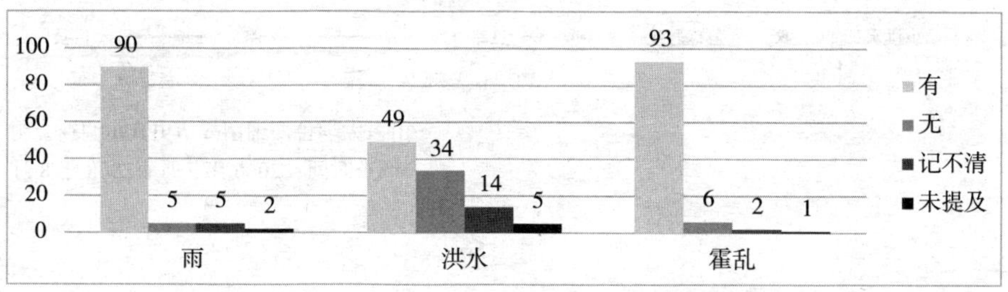

河北省馆陶县1943年霍乱流行示意图

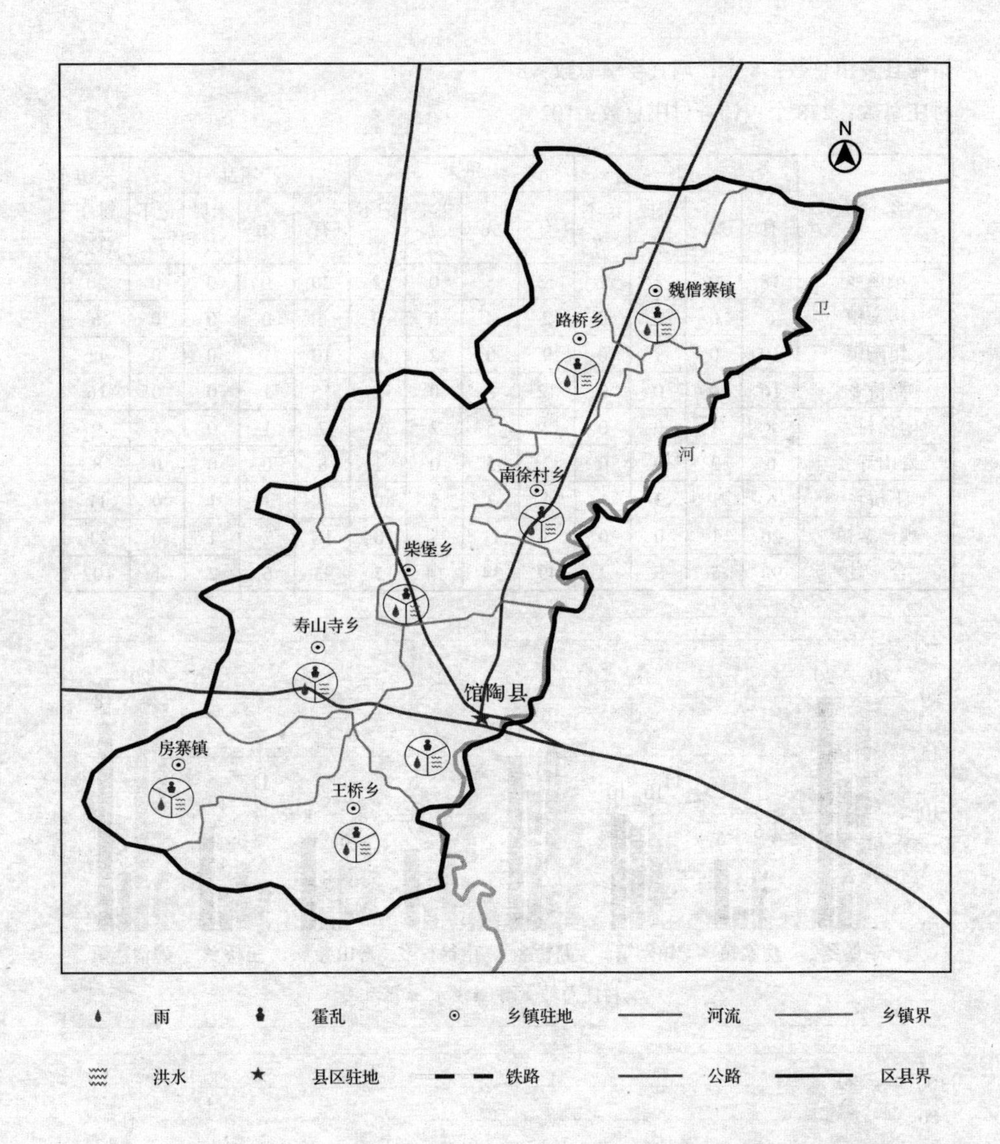

	雨		霍乱		乡镇驻地		河流		乡镇界
	洪水	★	县区驻地		铁路		公路		区县界

山东大学鲁西细菌战历史真相调查会制

调查时间：2006年7月、2008年8月

1943年馆陶县柴堡乡雨、洪水、霍乱调查结果

调查村庄总数：20

	雨	洪水	霍乱
有	18	13	20
无	0	5	0
记不清	1	0	0
未提及	1	2	0

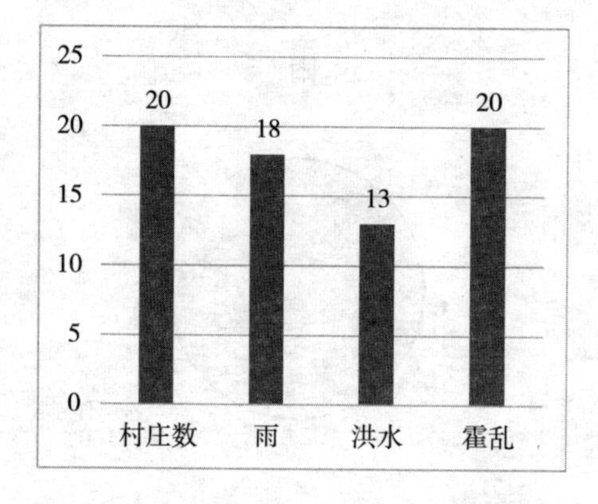

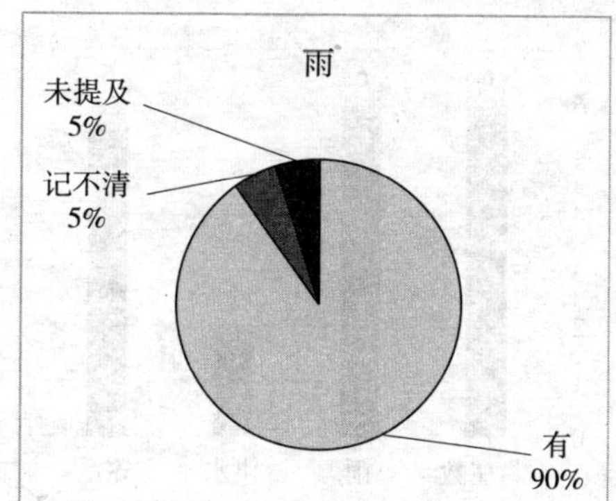

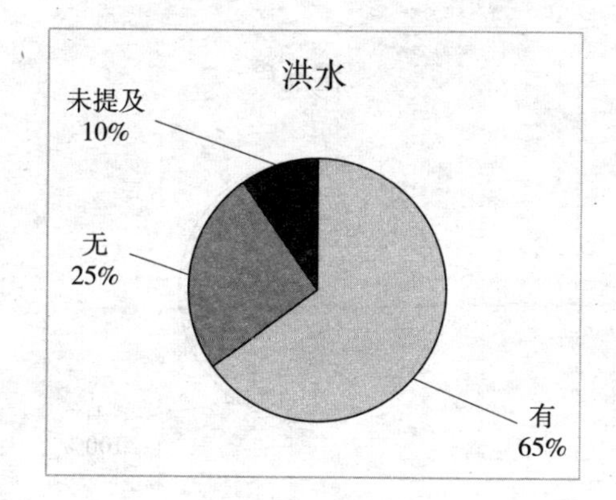

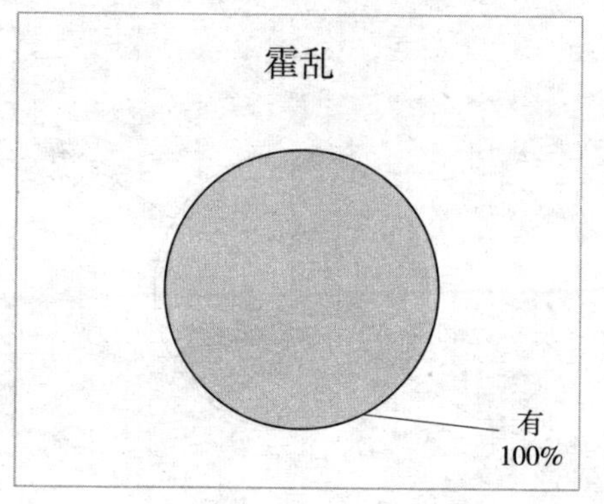

1943年馆陶县房寨镇雨、洪水、霍乱调查结果

调查村庄总数：6

	雨	洪水	霍乱
有	6	2	6
无	0	4	0
记不清	0	0	0
未提及	0	0	0

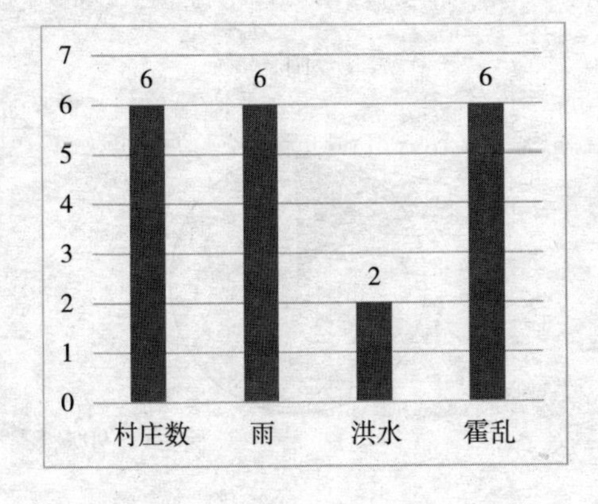

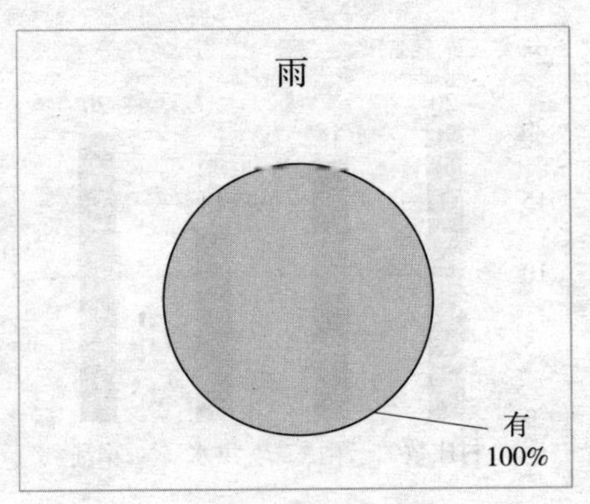

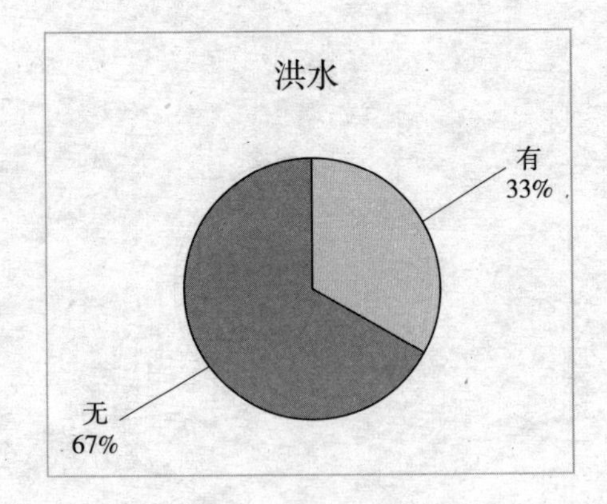

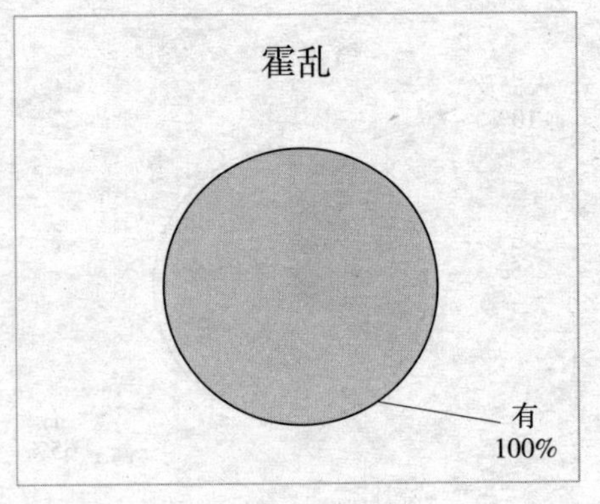

1943年馆陶县馆陶镇雨、洪水、霍乱调查结果

调查村庄总数：11

	雨	洪水	霍乱
有	10	9	10
无	0	0	1
记不清	1	2	0
未提及	0	0	0

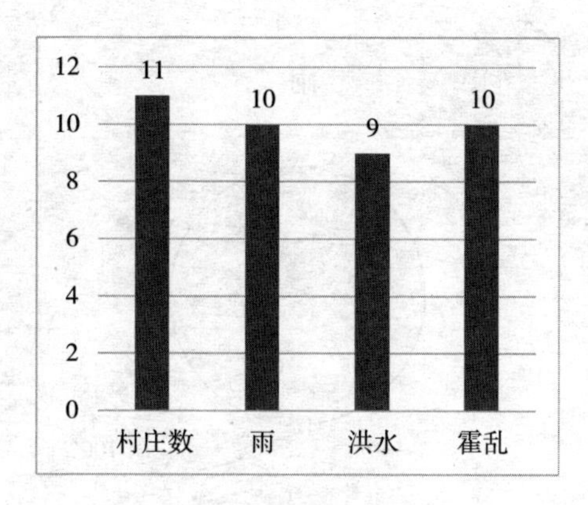

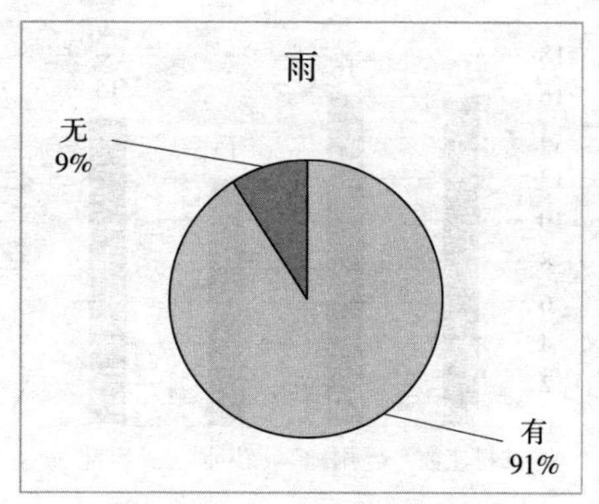

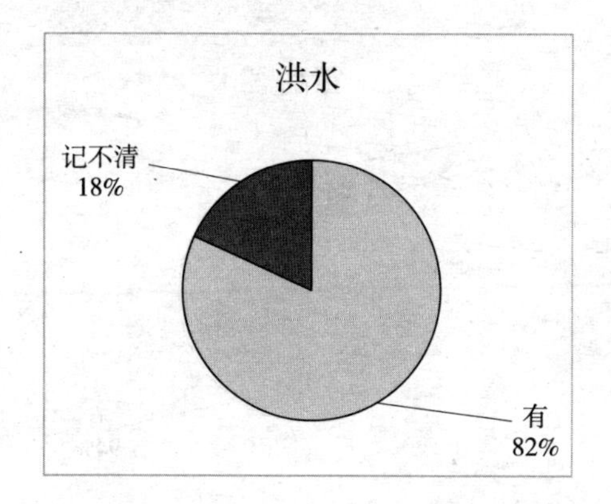

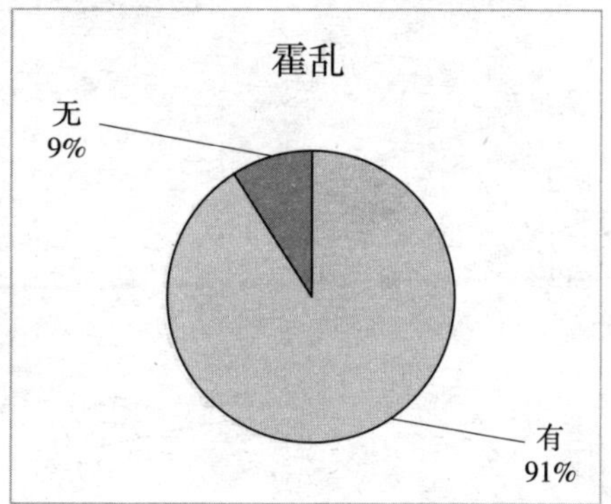

1943 年馆陶县路桥乡雨、洪水、霍乱调查结果

调查村庄总数：16

	雨	洪水	霍乱
有	16	12	15
无	0	2	1
记不清	0	0	0
未提及	0	2	0

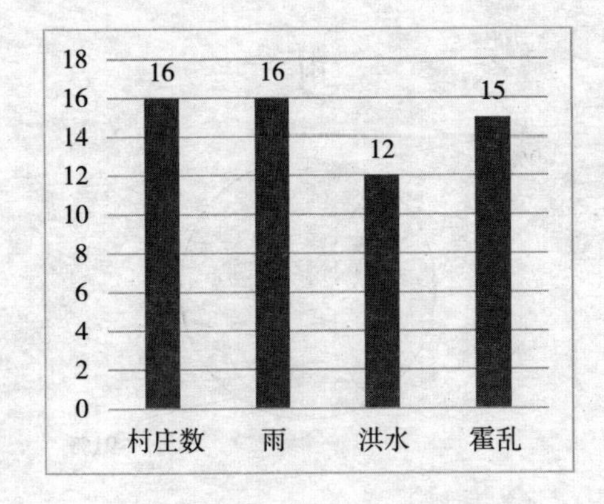

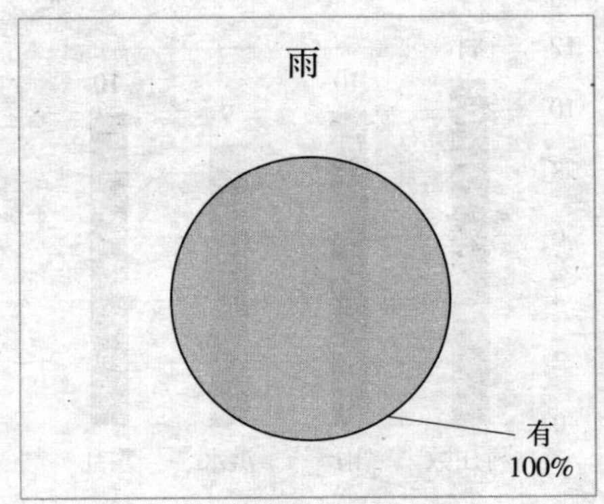

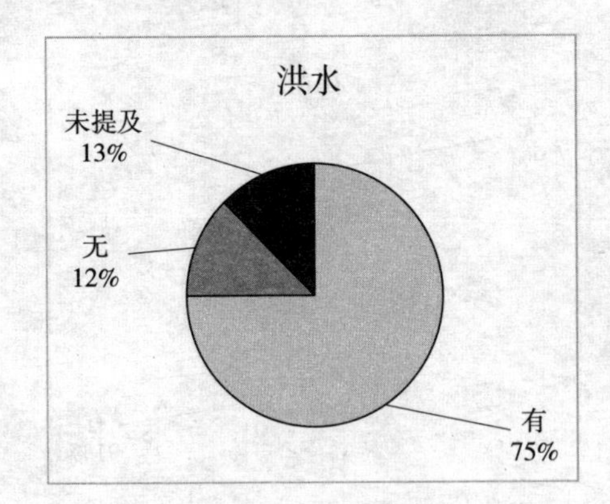

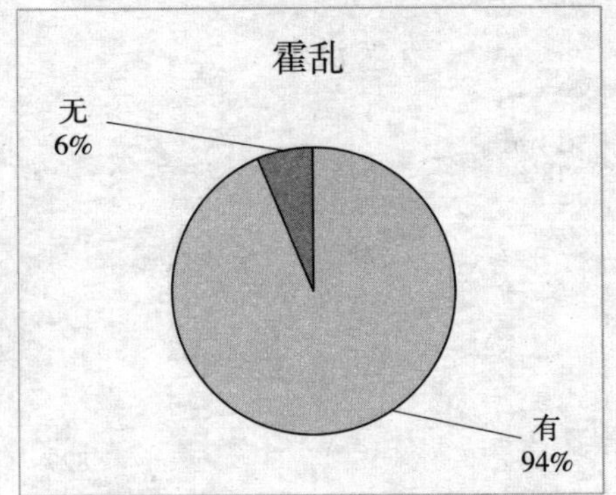

1943 年馆陶县南徐村乡雨、洪水、霍乱调查结果

调查村庄总数：9

	雨	洪水	霍乱
有	8	2	7
无	1	5	1
记不清	0	2	0
未提及	0	0	1

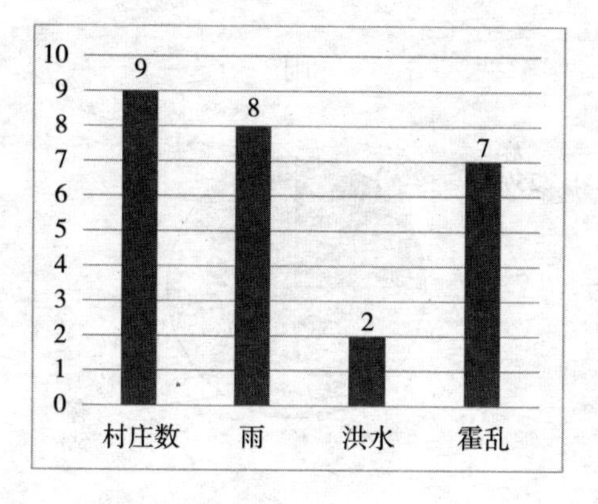

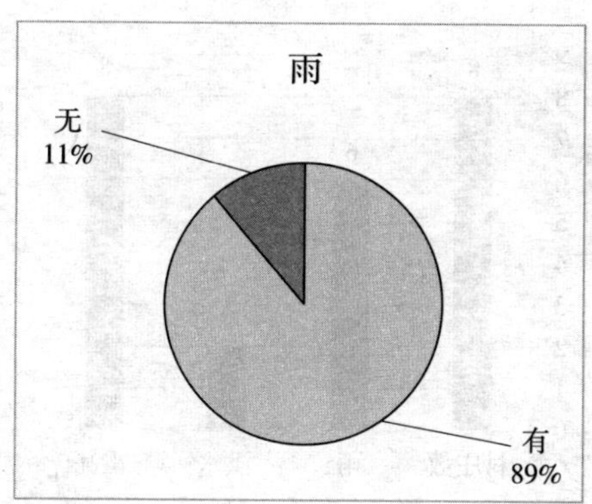

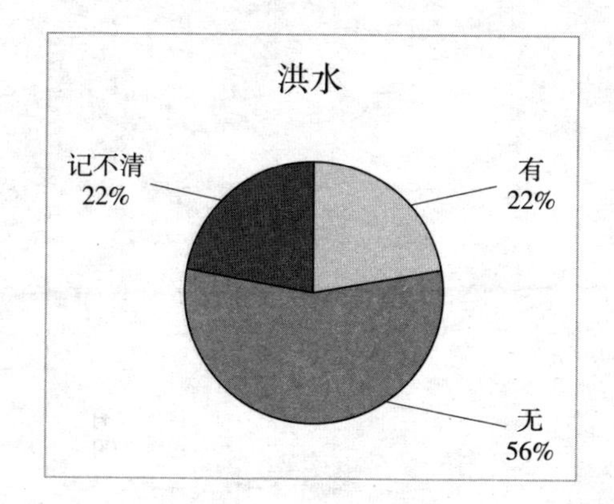

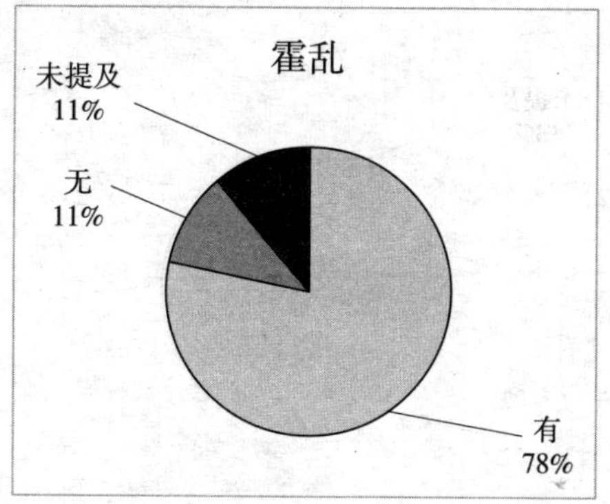

1943年馆陶县寿山寺乡雨、洪水、霍乱调查结果

调查村庄总数：8

	雨	洪水	霍乱
有	6	2	8
无	2	5	0
记不清	0	0	0
未提及	0	1	0

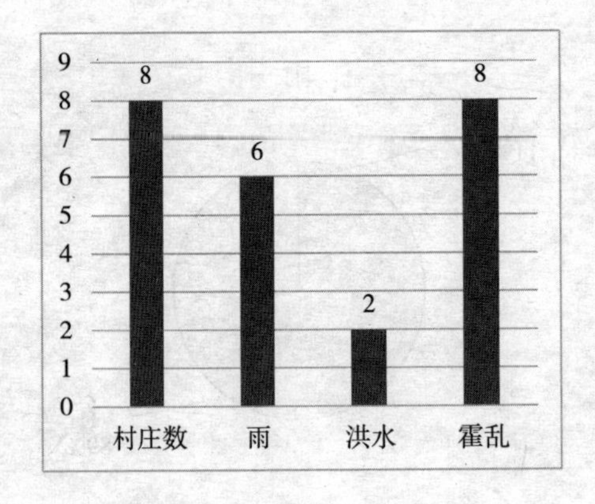

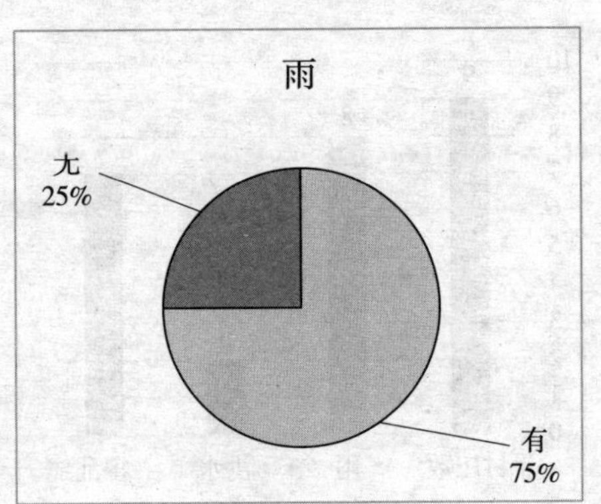

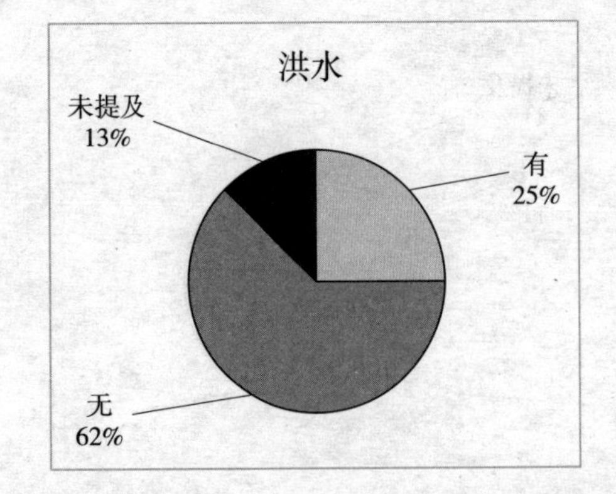

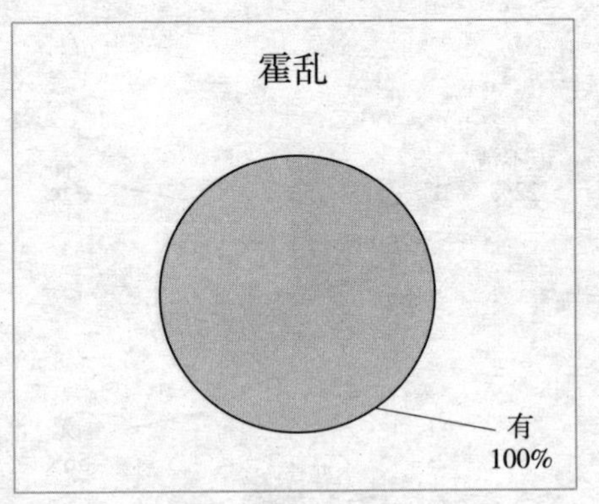

1943年馆陶县王桥乡雨、洪水、霍乱调查结果

调查村庄总数：11

	雨	洪水	霍乱
有	6	4	9
无	1	2	1
记不清	3	5	1
未提及	1	0	0

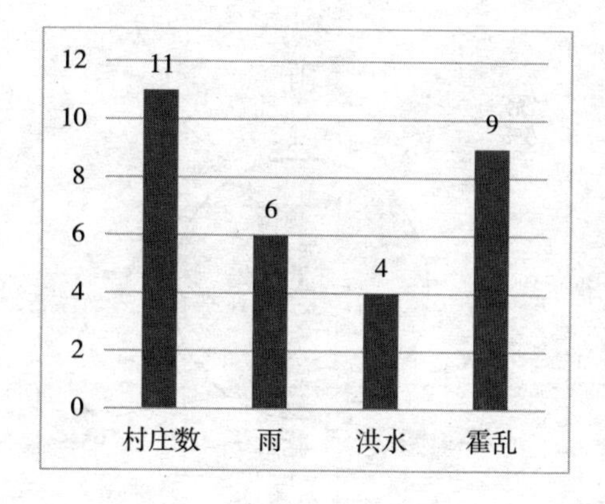

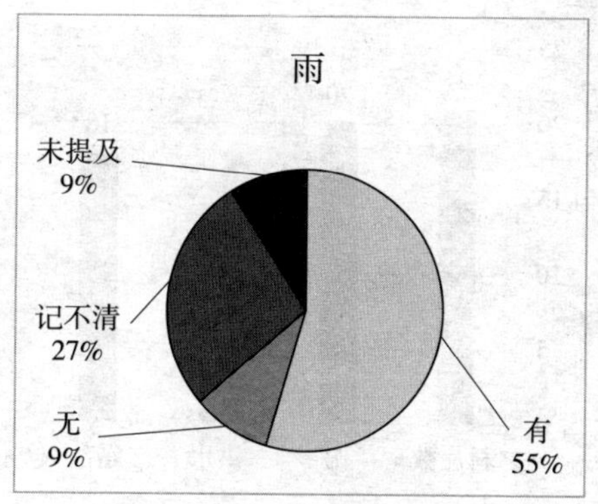

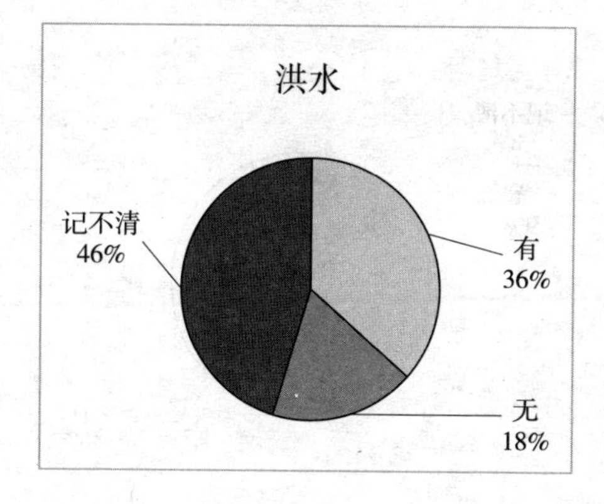

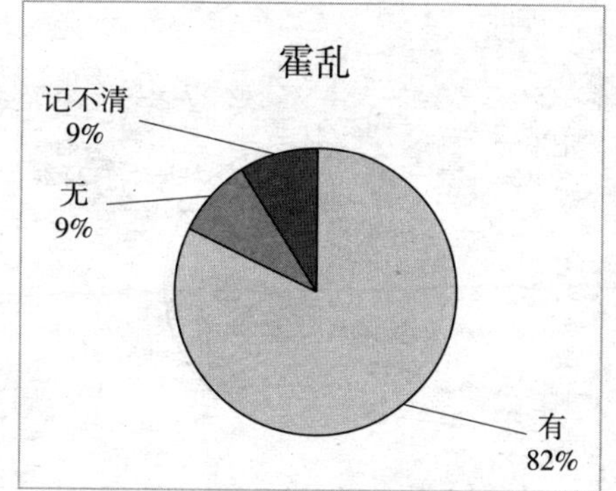

1943年馆陶县魏僧寨镇雨、洪水、霍乱调查结果

调查村庄总数：21

	雨	洪水	霍乱
有	20	5	18
无	1	11	2
记不清	0	5	1
未提及	0	0	0

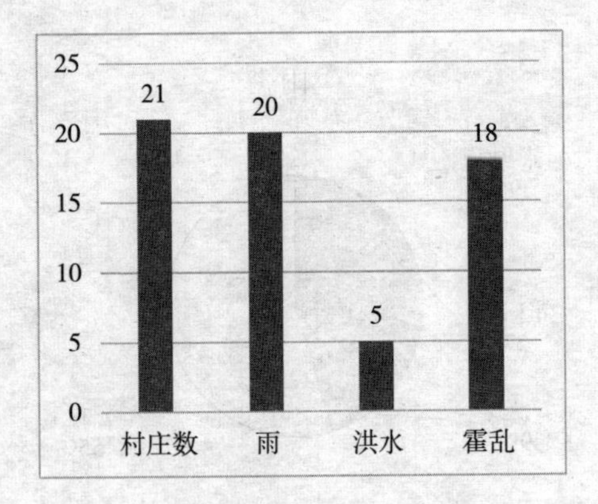

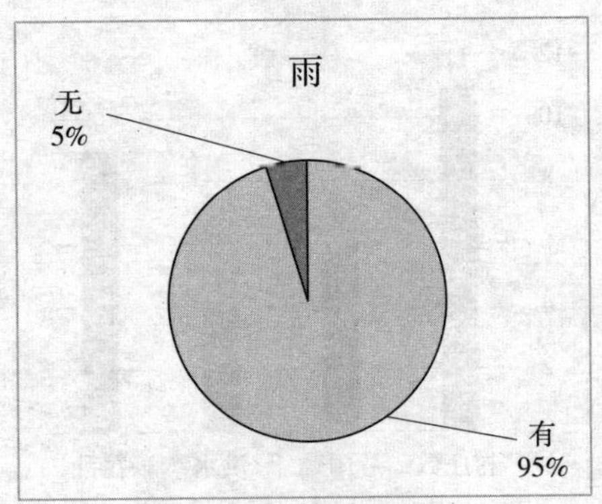

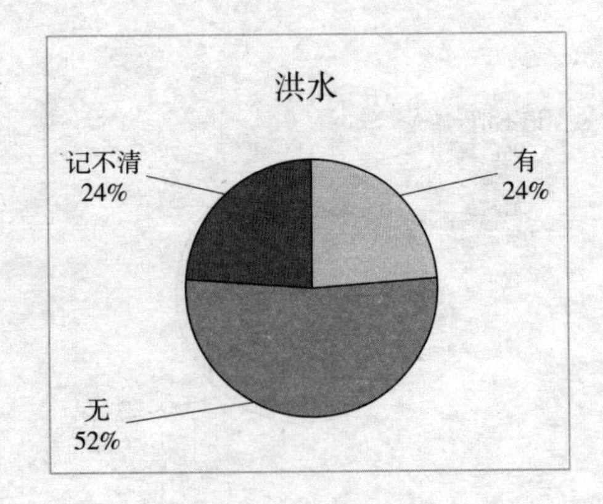

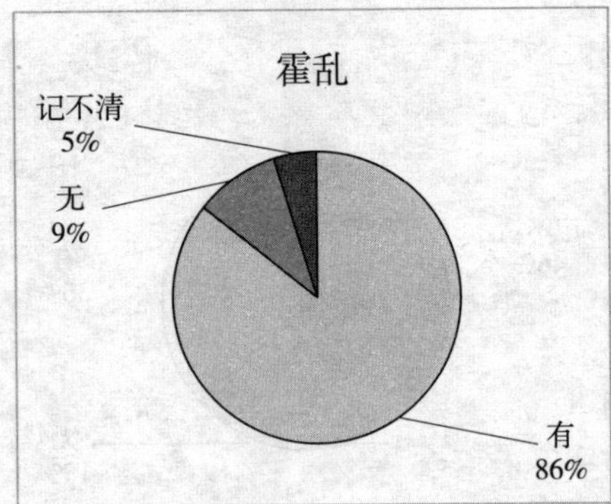